"双高"建设规划教材

高职高专"十四五"规划教材

冶金工业出版社

冶金炉热工基础

主编 齐素慈 李建朝 戚翠芬

扫码获取
全书数字资源

北 京

冶金工业出版社

2023

内 容 提 要

本书主要介绍冶金炉在冶金生产中的热工基本理论和基础知识，全书分为四部分，内容包括燃料及燃烧、气体流动、热量传递、耐火材料。为了加强学生学习和理解，在相关知识点均配有视频、动画等多媒体资源，扫描即可观看；为了培养学生分析问题及解决问题的能力，各章节还配有自测题和知识拓展。

本书可作为高职高专钢铁智能冶金技术专业、智能轧钢技术专业的教学用书，也可供中等职业学校相关专业教学参考，也可作为企业职工培训用书。

图书在版编目（CIP）数据

冶金炉热工基础／齐素慈，李建朝，戚翠芬主编 . —北京：冶金工业出版社，2023.8

"双高"建设规划教材

ISBN 978-7-5024-9578-7

Ⅰ.①冶…　Ⅱ.①齐…　②李…　③戚…　Ⅲ.①冶金炉—热工学—高等职业教育—教材　Ⅳ.①TF061.2

中国国家版本馆 CIP 数据核字（2023）第 136920 号

冶金炉热工基础

出版发行	冶金工业出版社	电　话	(010)64027926
地　址	北京市东城区嵩祝院北巷 39 号	邮　编	100009
网　址	www.mip1953.com	电子信箱	service@mip1953.com

责任编辑　卢　敏　姜恺宁　美术编辑　吕欣童　版式设计　郑小利
责任校对　郑　娟　责任印制　禹　蕊
三河市双峰印刷装订有限公司印刷
2023 年 8 月第 1 版，2023 年 8 月第 1 次印刷
787mm×1092mm　1/16；18.5 印张；409 千字；281 页
定价 42.00 元

投稿电话　(010)64027932　投稿信箱　tougao@cnmip.com.cn
营销中心电话　(010)64044283
冶金工业出版社天猫旗舰店　yjgycbs.tmall.com
（本书如有印装质量问题，本社营销中心负责退换）

"双高"建设规划教材
编 委 会

吉林电子信息职业技术学院	秦绪华
天津工业职业学院	张秀芳
天津工业职业学院	林 磊
邢台职业技术学院	赵建国
邢台职业技术学院	张海臣
新疆工业职业技术学院	陆宏祖
河钢集团钢研总院	胡启晨
河钢集团钢研总院	郝良元
河钢集团石钢公司	李 杰
河钢集团石钢公司	白雄飞
河钢集团邯钢公司	高 远
河钢集团邯钢公司	侯 健
河钢集团唐钢公司	肖 洪
河钢集团唐钢公司	张文强
河钢集团承钢公司	纪 衡
河钢集团承钢公司	高艳甲
河钢集团宣钢公司	李 洋
河钢集团乐亭钢铁公司	李秀兵
河钢舞钢炼铁部	刘永久
河钢舞钢炼铁部	张 勇
首钢京唐钢炼联合有限责任公司	王国连
河北纵横集团丰南钢铁有限公司	王 力

本书编审委员会

主　　编　齐素慈　李建朝　戚翠芬

副 主 编　刘燕霞　关　昕　王　飞　白玉伟

主　　审　时彦林

编写人员　曹　磊　黄伟青　赵秀娟　韩立浩
　　　　　　王素平　石永亮

前　言

　　本书的编写参照冶金行业职业技能标准和职业技能鉴定规范，依据专业调研报告和人才培养方案，根据冶金企业的生产实际和岗位群的技能要求，同时通过校企合作，改革课程体系，优化教学内容，适应智能化、绿色化钢铁工业发展的需求。

　　本书根据高职高专钢铁智能冶金技术专业、智能轧钢技术专业的人才培养需求，以"应用"为主，以"必需、够用"为度，合理确定教材内容，满足钢铁冶金生产数字化、绿色化的发展需求。同时，为了加强学习和理解，在相关知识点处配有视频、动画等多媒体资源，以二维码的形式体现，扫描即可观看；为了培养学生分析问题及解决问题的能力，各章节均配有自测题和知识拓展。

　　本书由河北工业职业技术大学齐素慈、李建朝、戚翠芬任主编，河北工业职业技术大学刘燕霞、关昕、白玉伟和石家庄铁路职业技术学院王飞任副主编，河北工业职业技术大学时彦林任主审。参与编写工作的还有河北工业职业技术大学曹磊、黄伟青、赵秀娟、韩立浩、王素平、石永亮。

　　由于编者水平有限，书中不足之处，敬请读者批评指正。

编　者

2022 年 12 月

目　录

0 绪 论

0.1 冶 金 炉

冶金炉是指在冶金生产过程中对各种物料或工件进行热工处理的工业炉。热工处理是以物料或工件的升温为重要特征的处理过程，例如焙烧、熔炼、加热、热处理、干燥等。现代冶金工业用炉，按炉内物理化学变化可分熔炼炉和加热炉。其中熔炼炉按热源不同，可分为燃料炉、电炉、自热炉三大类；加热炉按操作过程，可分为间歇式炉和连续式炉两大类；此外，以新能源（如太阳能、原子能）为热源的冶金炉正处于研制阶段。

冶金生产中的熔炼炉中，物理参数的改变往往伴随着物理形态的改变，同时各物料之间也存在着激烈的化学反应。熔炼炉分类如下：

（1）燃料炉。以燃料的燃烧热为热源，在冶金生产中使用最为广泛。由于炉内的热工特征不同，燃料炉又可分为火焰炉、竖炉、流态化炉和浴炉等四类。

1）火焰炉。特征是火焰或燃烧产物占据炉膛的一部分空间，物料占据另一部分空间。一般情况下，火焰与物料直接接触；但在有些情况下，例如为防止物料的氧化，将火焰与物料隔开，火焰的热量通过隔墙传给物料。

2）竖炉。特征是炉身直立，大部分空间堆满块状物料，炉气通过料层的孔隙向上流动，与炉料间呈逆流换热。

3）流态化炉。特征是炉内为细颗粒物料的流态化床，气体由下部通入，使物料"沸腾"成流态化（流态化焙烧）。

4）浴炉。特征是炉内盛有液体介质（熔融盐类或熔融金属）。将物料浸入此介质中进行加热，主要用于热处理。浴炉热源可用燃料，也可用电。

（2）电炉。特征是以电为热源。由于电热转换方法不同，又分为电阻炉、感应炉、电弧炉三种。

（3）自热炉。特征是靠炉料自身产生的热量维持炉子的正常工作，除炉料的预热或预熔化外，炉内不需要或基本上不需要外加热量。例如：炼钢转炉，铜、镍吹炼转炉和铝热法冶炼炉。

加热炉有间歇式炉和连续式炉之分。

（1）间歇式炉。特征是分批装料、出料，炉子温度在生产过程中呈周期性变化。

（2）连续式炉。特征是钢坯连续穿炉运行，按工艺要求控制炉内各部分的温度，并保持稳定。连续式炉在产量、质量、燃料消耗、机械化、自动化等方面都比间歇式炉优越。

此外还有按照装料和出料方法、装料和出料机械、炉体形状、附属设备如空气预热器的名称、温度高低等称呼炉子的。

0.2　热工过程

冶金炉中的热工过程是指热的来源、传递、利用过程。

冶金生产大多数需要在高温下进行，其所需热量，除电炉外，大部分仍靠燃烧燃料供给。这部分主要内容包括：冶金常用燃料的特性、燃料计算、燃烧方法、燃烧设备和燃料节约等方面的基本知识。

燃料燃烧需要供入炉内大量空气，并在炉内产生大量的炉气。炉内气体的运动，对炉子的产量、产品质量、生产成本、炉子寿命、安全操作等方面都有直接影响。因此，根据炉子的生产要求正确地向炉内供气，合理地组织炉内气体运动，根据炉子生产的需要及时地将炉内产生的炉气排出，是组织好炉子生产的极重要环节。

这部分主要内容包括：气体流动基本规律、烟囱排烟、供气系统、压缩性气体流动、炉内气体流动。

任何炉子，总是离不开热量传递现象。高温的炉气是传热的介质，当它将大部分热能传给被加热的物料以后就从炉内排出。如果排出的炉气温度较高，还可用废热回收装置再收回部分热能。在多数情况下，传热的强弱，能决定炉子生产率的高低，也有一些场合（如炉壁、蒸汽或重油输送管道），则要求尽量减少传热，以避免热量过多地散失。

这部分主要内容包括：传热方式、传热基本规律和余热利用。

耐火材料是砌筑冶金炉用的主要材料，直接接触高温反应区，工作温度高，强度大，损耗快，要经常检修，因而直接影响劳动条件、成本、产品的产量和质量。正确地选择和使用耐火制品，不但可以提高炉子寿命，而且可以在更高的温度下进行熔炼或快速加热，因而提高产品产量和质量，降低成本。所以，冶金工作者应当具备有关耐火材料的基本知识。

这部分主要内容包括：冶金常用耐火材料的性能及选用耐火材料的基本知识。

以上这些基础知识和基本规律运用到具体炉子中，并和该冶金炉工艺相结合就构成了冶金炉的热工理论。

1 燃料及燃烧

现代化、智能化冶金生产大多数处于高温作业环境，其热量来源大部分依靠燃料燃烧，燃料是冶金生产中不可缺少的重要原材料之一。因此冶金工业是燃料巨大消耗的行业，燃料工业的发展直接影响冶金工业的发展。

燃料是在燃烧过程中能够放出热量并能加以利用的可燃物质，其可燃部分主要是含碳物质或碳氢化合物。根据其物理形态，燃料可以分为固体燃料、液体燃料和气体燃料；根据来源又可分为天然燃料和加工燃料。天然燃料（如煤炭和石油）若直接燃烧在经济上不合算，在技术上也不合理，应当开展综合利用，把天然燃料首先作为化工原料，提取出一系列重要产品。现代冶金联合企业主要是使用各类加工的燃料。此外还有利用原子核反应放出巨大热量的核燃料等。

常见燃料的分类见表1-1。

表1-1　常见燃料的分类

燃料的物态	来源	
	天然燃料	加工燃料
固体燃料	木柴、泥煤、褐煤、烟煤、无烟煤	木炭、焦炭、粉煤、型煤、型焦
液体燃料	石油	汽油、煤油、柴油、重油、焦油、煤水浆
气体燃料	天然气	高炉煤气、焦炉煤气、发生炉煤气、水煤气、石油裂化气、转炉煤气

1.1　冶金企业常用燃料及其特性

冶金生产所使用的燃料，一般应具备如下条件：

（1）燃烧所放出的热量必须满足生产工艺要求；

（2）便于控制和调节燃烧过程；

（3）蕴藏量丰富，成本低，使用方便；

（4）燃烧产物必须是气体，对人、动植物、厂房、设备等无害。

1.1.1　冶金企业常用燃料

1.1.1.1　固体燃料

冶金生产中应用较广泛的固体燃料是煤、焦炭和粉煤。

常用燃料的
种类性质和
用途（录课）

A　煤

煤是植物遗体经过复杂的生物、地球化学、物理化学作用转变而成的。从植物死亡、堆积到转变，煤经过了一系列的演化过程，这个过程称为成煤过程。成煤过程分为泥炭化和煤化作用两个阶段，在煤化阶段，泥炭先变成褐煤，再由褐煤变成烟煤和无烟煤。

煤由有机质和少量矿物质构成，其实体就是有机质加矿物质。为了进行煤质的评价和分类以及洁净合理地利用煤炭资源，除了对煤的化学结构和岩相组成进行科学分析外，还需对煤的化学性质和工艺性质进行检测。通过煤的工业分析法，可基本了解煤的化学组成和使用性质。

a　煤的工业分析法

采用工业分析法，把煤分为四个组成部分：挥发分、固定碳、水分和灰分。

我国国家标准《煤的工业分析方法》(GB/T 212—2022) 规定了我国煤的工业分析方法（表 1-2），本标准适用于褐煤、烟煤和无烟煤。

表 1-2　煤的成分测定

测定内容	水　分　测　定			灰　分　测　定			挥　发　分　测　定		
测定项目	方法	加热温度/℃	干燥时间/h	方法	加热温度/℃	500℃保持时间/h	加热温度/℃	加热时间/min	坩埚材质
GB 212—2022	通氮枯燥法	105～110	1.5～2	灰化法	815±10	0.5	900±10	7	瓷

（1）挥发分 V：主要是各种碳氢化合物的气体混合物。这些气体都是可燃的，而且发热能力高。所以，挥发分高低是选用煤时必须考虑的重要指标，挥发分高的煤，燃烧时速度快，温度高，火焰长。

煤在高温下分解出来的挥发物，经过冷凝后，能分离出煤焦油，从煤焦油中可提炼出许多有用的化工原料。因此，挥发分多的煤适宜于综合利用。

（2）固定碳 FC：在测定煤的挥发分时，剩下的不挥发物称为焦渣，焦渣减去灰分称为固定碳。固定碳的主要成分是 C，但不是纯 C，还残留有少量其他元素如 H、O、N 等。固定碳是可以燃烧的，它在煤里的含量一般超过挥发分的含量，所以它是煤中的重要发热成分，也是衡量煤使用特性的指标之一。

（3）灰分 A：煤完全燃烧以后，残留下来的固体矿物灰渣，称为灰分。它是煤中的矿物质经过氧化、分解而来。灰分对煤的加工利用极为不利。灰分越高，热效率越低；燃烧时，熔化的灰分还会在炉内结成炉渣，影响煤的气化和燃烧，同时造成排渣困难；炼焦时，全部转入焦炭，降低了焦炭的强度，严重影响焦炭质量。煤灰成分十分复杂，成分不同直接影响到灰分的熔点。为此，在评价煤的工业用途时，必须分析煤灰成分，测定灰分熔点。

（4）水分 M：煤中的水分有外在水分、内在水分、结晶水和化合水。一般以煤的内在水分作为评定煤质的指标。煤化程度越低，煤的内部表面积越大，水分含量越高。

水分对煤的加工利用来说是有害物质：在煤的贮存过程中，它能加速风化、破裂，甚至自燃；在运输时，会增加运量，浪费运力，增加运费；炼焦时，消耗热量，降低炉温，延长炼焦时间，降低生产效率；燃烧时，降低有效发热量；在高寒地区的冬季，还会使煤冻结，造成装卸困难。只有在压制煤砖和煤球时，需要适量的水分才能成型。

综上所述，工业分析法对煤的选择使用很有实际意义，故工业上一般只给出煤的工业分析结果。

b　煤的分析基及换算

"基"表示化验结果是以什么状态下的煤样为基础而得出的。煤质分析中常用的"基"有空气干燥基、干燥基、收到基、干燥无灰基、干燥无矿物质基。

其含义如下：

（1）空气干燥基：以与空气湿度达到平衡状态的煤为基准，表示符号为 ad（air dried）；

（2）干燥基：以假想无水状态的煤为基准，表示符号为 d（dry）；

（3）收到基：以收到状态的煤为基准，表示符号为 ar（as received）；

（4）干燥无灰基：以假想无水、无灰状态的煤为基准，表示符号为 daf（dry ash-free）；

（5）干燥无矿物质基：以假想无水、无矿物质状态的煤为基准，表示符号为 dmmf（dry mineral matter-free）。

各种分析基同煤质指标间的关系示于图 1-1 中。

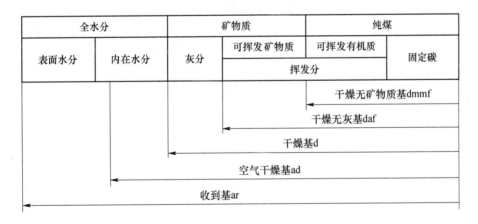

图 1-1　煤质指标与各种不同分析基之间的关系

表 1-3 列出了煤质分析中不同基准之间的换算公式。表中，M 表示水分，A 表示灰分，MM 表示煤中矿物质，下标 ar、ad、d、daf 和 dmmf 表示各种分析基。

c　煤的分类

（1）褐煤。褐煤是变质程度最低的煤类，特点是挥发分含量高，水分含量高，氧元素含量高，富含腐殖酸。由于有较高的氧含量和水分含量，褐煤的发热量很低。存放在空气中时易风化变质，破碎成小块岩甚至粉末。褐煤一般用于发电，也可作为气化的燃料。

表 1-3 煤质分析中不同基准间换算

已知基	欲 求 基				
	空气干燥基 ad	收到基 ar	干燥基 d	干燥无灰基 daf	干燥无矿物质基 dmmf
空气干燥基 ad		$\dfrac{1-w(\mathrm{M})ar}{1-w(\mathrm{M})ad}$	$\dfrac{1}{1-w(\mathrm{M})ad}$	$\dfrac{1}{1-[w(\mathrm{M})ad+w(\mathrm{A})ad]}$	$\dfrac{1}{1-[w(\mathrm{M})ad+w(\mathrm{MM})ad]}$
收到基 ar	$\dfrac{1-w(\mathrm{M})ad}{1-w(\mathrm{M})ar}$		$\dfrac{1}{1-w(\mathrm{M})ar}$	$\dfrac{1}{1-[w(\mathrm{M})ar+w(\mathrm{A})ar]}$	$\dfrac{1}{1-[w(\mathrm{M})ar+w(\mathrm{MM})ar]}$
干燥基 d	$1-w(\mathrm{M})ad$	$1-w(\mathrm{M})ar$		$\dfrac{1}{1-w(\mathrm{A})d}$	$\dfrac{1}{1-w(\mathrm{MM})d}$
干燥无灰基 daf	$1-[w(\mathrm{M})ad+w(\mathrm{A})ad]$	$1-[w(\mathrm{M})ar+w(\mathrm{A})ar]$	$1-w(\mathrm{A})d$		$\dfrac{1-w(\mathrm{A})d}{1-w(\mathrm{MM})d}$
干燥无矿物基 dmmf	$1-[w(\mathrm{M})ad+w(\mathrm{MM})ad]$	$1-[w(\mathrm{M})ar+w(\mathrm{MM})ar]$	$1-w(\mathrm{MM})d$	$\dfrac{1-w(\mathrm{MM})d}{1-w(\mathrm{A})d}$	

（2）烟煤。烟煤在自然界中最重要、分布最广、品种最多。呈灰黑至黑色，具沥青光泽至金刚光泽，通常有条带状结构，不含原生腐殖酸。大部分烟煤具有黏结性，燃烧时火焰高而有烟，故名烟煤。其挥发分含量高，灰分及水分较少，发热量高，低发热量大多介于27210～31400kJ/kg，最高可达33490kJ/kg。

作冶金燃料时，燃烧生成的火焰较长，有利于炉内温度的分布。此外，在选用烟煤作冶金炉燃料时，主要考虑以下几方面的指标：首先是挥发分及发热量；其次是灰分含量及其熔点；在某些情况下还必须考虑含硫量。此外，还应考虑煤的粒度大小，因粒度对煤的燃烧影响很大。

根据烟煤中挥发分及固定碳的含量不同，烟煤可细分为长焰煤、气煤、肥煤、结焦煤、瘦煤等。前两种适用于冶金炉中需要长火焰的时候；肥煤适于直接燃烧，可作无特殊要求的一般冶金炉燃料；结焦煤有很强的结焦性，用以冶炼焦炭；瘦煤含挥发物很少，性质接近无烟煤。

烟煤在工业上用途广泛，其挥发分中含有许多宝贵的化工原料，当作燃料直接燃烧在经济上不合理，所以应尽量做到综合利用，以节约国家资源。

（3）无烟煤。无烟煤是变质程度最高的煤种，固定碳含量高，挥发分含量低，氢含量低，纯煤密度高，燃点高，燃烧时无烟。无烟煤组织致密、坚硬、不易吸水，便于长期保存，发热量可达32060kJ/kg，是一种很好的民用燃料。

无烟煤的某些性质与焦炭近似，焦炭缺乏时，可用无烟煤代替焦炭。无烟煤具有热裂性，遇热后即爆裂成粉末，但经过热处理后，可得到热稳定性好的无烟煤（也叫白煤）。其方法是将无烟煤逐渐加热到1150℃，保温12～14h，再经6～8h的冷却，以缓慢除去无烟煤内部的结晶水、碳化物、挥发物特别是氢，经过这样的加热处理之后，可得到热稳定性好、不易崩裂的无烟煤，可用作小型高炉或鼓风炉的燃料。

此外，低灰、低硫、质软、易磨的无烟煤，不仅是理想的高炉喷吹物和铁矿石烧结用的燃料，而且是制造炭素材料的原料，可制造电极、电极糊、碳质吸附剂以及多层滤池的滤料。

B　焦炭

焦炭是结焦性烟煤在隔绝空气的条件下加温至900～1000℃进行高温干馏，而得到的多孔性固体块状物。焦炭是银灰色或没有光泽的灰黑色块状物。每块焦炭上有许多孔隙。冶金焦炭孔隙度为45%～55%，各孔隙分布均匀。

焦炭是冶金工业的重要固体燃料，以高炉炼铁消耗的焦炭量最大。为了保证高炉冶炼的顺行和获得良好的生产指标，对焦炭提出如下要求：

（1）固定碳含量要高，灰分含量要低。焦炭中所含有的挥发分和有机物数量不多，除固定碳以外，大部分是灰分。因此，要求焦炭固定碳含量尽可能高，灰分含量尽可能低，即灰分含量在15%以下。根据统计，焦炭中灰分如降低1%，在其他条件相同时，焦炭消耗量减少2.2%～2.3%，高炉生产率提高2.2%。供炼焦的原煤中若灰分含量过高，通常要经过选煤，以减少灰分。

（2）机械强度好。焦炭在高炉下部高温区作为支撑料柱的骨架，承受着上部料柱的巨大压力。若焦炭的机械强度差，则易形成大量碎焦，恶化炉缸的透气性和透液性，破坏高炉顺行，严重时无法进行正常生产。另外，机械强度不好的焦炭，在运输过程中也易产生大量粉末，造成损失。因此，要求焦炭必须具有足够的机械强度。工业上一般用转鼓指数来说明焦炭机械强度的大小。

（3）粒度均匀，粉末少。焦炭的粒度影响炉料层的透气性，炉料层透气性好，气流上升均匀，化学反应及燃烧进行充分，有利于提高生产率。冶金焦炭的粒度一般规定为 25～125mm，小于 25mm 者不超过 2%。

（4）反应能力低，抗碱性强。冶金焦炭的反应能力是指高温下焦炭还原 CO_2 的能力，一般高炉要求焦炭的反应性要低，若焦炭反应性高，会造成强度降低，加快焦炭破坏，恶化高炉料柱的透气性。而焦炭的抗碱性应尽可能高，因为碱侵蚀会降低焦炭强度，给高炉生产造成负面影响。

（5）水分含量稳定。焦炭中的水分在高炉上部即可蒸发完毕，对高炉冶炼没有太大影响。但由于焦炭是按质量入炉的，水分含量波动必然要引起下焦量的变化，从而引起炉况波动。因此，要求焦炭水分含量稳定，以便配料准确，稳定炉况。

焦炭是消耗量大、成本高的冶金燃料。为了节约焦炭和降低冶炼成本，我国近几年来采用了高炉风口喷油或喷粉煤，使用焦化煤球炼铁等先进技术。

C　粉煤

将块煤或碎煤磨至 0.05～0.07mm 的粒度即称粉煤。粉煤能在较小的空气消耗系数下完全燃烧，能使用预热空气，所以燃烧时能得到较高的温度。高炉使用粉煤作喷吹燃料。粉煤的碾磨粒度，与炉子对火焰长度的要求及原煤挥发物含量有关。炉子燃烧空间较小，火焰要求较短时，应磨细一些；挥发物多，煤粒较易燃烧，可磨粗些。国内外实践经验表明，喷吹单一煤种比较难以满足高炉冶炼的要求，提倡混合喷吹两种或两种以上的煤，特别是烟煤和无烟煤的混合喷吹。

粉煤因表面积很大，吸附空气的能力很强，有流动性，一般使用空气输送。空气中悬浮一定浓度的粉煤时极易发生爆炸，故使用粉煤应注意安全。粉煤输送管或储煤管是容易发生爆炸的地方，发生爆炸的基本原因是粉煤析出的挥发物与空气形成遇火源即爆炸的混合物。所以挥发物含量越高的粉煤爆炸危险越大。为防止爆炸，要求输送时空气粉煤混合物的温度不超过 100℃，不允许在运输系统中长期停积粉煤。贮粉仓在长期中断使用时应倒空。在输送管道和设备上均应安装安全阀，以防止爆炸的破坏作用。

1.1.1.2　液体燃料

冶金炉所用的液体燃料主要是重油。重油是原油提取汽油、柴油后的剩余重质油，呈暗黑色。其特点是分子量大、黏度高。由于重油在冶金企业生产中用途最广，故在此将其元素组成和几种重要特性作一简单介绍。

A　重油的元素组成和发热量

重油是由 85%～87% C，10%～12% H，1%～2% O，1%～4% S，0.3%～1% N，0.01%～0.05% A，0～0.3% M 等成分组成的。重油主要是碳氢化合物，杂质很少。一

般重油的低发热量为 40000 ~ 42000kJ/kg，燃烧温度高，火焰的辐射能力强，是钢铁生产的优质燃料。

B 水分

重油含水分过高使着火不良，火焰不稳定，降低燃烧温度，所以限制重油的水分在 2% 以下。但加温往往采用蒸汽直接加热，因而使重油含水量大大增加，一般应在储油罐中用沉淀的方法使油水分离而脱去。

C 残碳率

使重油在隔绝空气的条件下加热，将蒸发出来的油蒸汽烧掉，剩下的残碳以质量百分比表示就叫残碳率。我国重油的残碳率一般在 10% 左右。

残碳率高时，可以提高火焰的黑度，增强火焰的辐射能力，这是有利的一面；但残碳多时会在油烧嘴口上积炭结焦，造成雾化不良，影响油的正常燃烧。

D 闪点、燃点、着火点

重油加热时表面会产生油蒸汽，随着温度的升高，油蒸汽越来越多，并和空气相混合，当达到一定温度时，火种一接触油气混合物便发生闪火现象，也就是爆炸燃烧现象，这时的温度就叫重油的闪点。

不同产地和不同牌号的重油，其闪点温度不同，通常从原油中提炼出来的石油产品越多，重油越重，黏度越大，闪点温度就越高。重油的闪点温度与安全生产和保证生产正常进行有很大关系，闪点低的重油如果加热温度过高，则容易引起火灾，所以重油的闪点是控制加热温度的依据。

再继续加热，产生油蒸汽的速度更快，此时不仅闪火而且可以连续燃烧，这时的温度叫燃点。继续提高重油温度，即使不接近火种，油蒸汽也会发生自燃，这一温度叫重油的着火点。对于重油，它的闪点一般在 80 ~ 130℃，燃点一般比闪点高 7 ~ 10℃。而它的着火点一般在 500 ~ 600℃，当炉温低于着火点时，则重油就不能进行很好的燃烧。

E 黏度

黏度是表示流体流动时内摩擦力大小的物理指标。即黏度越大，流体质点间内摩擦力越大，流体的流动性越差。黏度的大小对重油的运输和雾化有很大影响，所以在使用时对重油的黏度应当有一定的要求并且保持稳定。

黏度的表示方法很多，我国工业上表示重油黏度通用的是恩氏黏度 E，它是用恩格拉黏度计测得的数据，即：

$$E = \frac{t℃\ 200mL\ 油从容器中流出的时间}{20℃\ 200mL\ 水从容器中流出的时间}$$

重油的黏度主要与温度有关，随着温度的升高，它将显著下降。由于重油的凝固点一般在 30℃ 以上，因此在常温下大多数重油都处于凝固状态，故它的黏度很高。为了保证重油的输送和进行正常的燃烧，一般采用电加热或蒸汽加热等方法来提高油的温度，以降低油的黏度，提高其流动性和雾化性。对于要求输送的重油，加热温度一般以 70 ~ 80℃ 为宜（30 ~ 40°E），在喷嘴前，一般油温以 110 ~ 120℃ 为佳（10 ~ 15°E）。这样可提高油的雾化质量，使油能充分完全燃烧。

F 重油的标准

我国现行的重油标准共有四个牌号，即 20、60、100、200 四种，每个牌号的命名是按照该种重油在50℃时的恩氏黏度来确定的。例如，20号重油在50℃时的恩氏黏度为20。各牌号重油的分类标准见表1-4。

表1-4　重油的分类标准（SYB 1091-77〈88〉）

指　标	牌　号			
	20	60	100	200
恩氏黏度/°E				
80℃时不大于	5.0	11.0	15.5	
100℃时不小于				5.5~9.5
闪点（开口）/℃,不低于	80	100	120	130
凝固点/℃,不高于	15	20	25	36
灰分/%	0.3	0.3	0.3	0.3
水分/%	1.0	1.5	2.0	2.0
硫分/%	1.0	1.5	2.0	3.0
机械杂质/%	1.5	2.0	2.5	2.5

1.1.1.3　气体燃料

冶金生产常用煤气有高炉煤气，焦炉煤气，转炉煤气，发生炉煤气，天然气等。

A　高炉煤气

高炉煤气是高炉炼铁生产的副产品，冶炼每吨生铁大约得到4000Nm^{3}的煤气。其中主要可燃成分为CO，一般不超过三分之一。大量是不可燃的N_2，含量超过50%，CO_2含量超过10%，故高炉煤气发热量很低，仅3560~3980kJ/m^3，理论燃烧温度为1400~1500℃，一般与焦炉煤气混合使用。

现代高炉往往采用富氧鼓风和高压炉顶技术，采用富氧鼓风时，高炉煤气的CO和H_2升高，而N_2含量降低，所以煤气的发热量相应提高。采用高压炉顶技术时，随着炉顶压力的升高，煤气中CO含量略有降低，而CO_2相应升高，所以煤气的发热量也稍有下降。

由于高炉煤气中含有大量CO，在使用中应特别注意防止煤气中毒事故。

B　焦炉煤气

炼焦时产生的气体和液体产物经净化之后可得到焦炉煤气，1t煤炼焦过程中大约得到300~350Nm^{3}煤气。其中主要成分是H_2，含量超过50%；其次是CH_4，含量占25%；其余是少量CO、N_2、CO_2、H_2S等。焦炉煤气发热量比较高，可达16750~18840kJ/m^3，一般与高炉煤气混合使用。

C　转炉煤气

转炉煤气是转炉炼钢的副产品，主要成分为CO、CO_2和N_2。鞍钢的转炉煤气成分在表1-5中所列的范围内浮动。

表 1-5 鞍钢转炉煤气成分 （%）

组成	H_2	CO	N_2	CO_2
含量（体积分数）	1.0~2.0	50~60	25~35	15~18

转炉煤气的发热值一般为 6262~6300kJ/m^3，是非常宝贵的燃料，其用途也越来越广泛。一般以钢铁厂自备电厂、锅炉为主要应用对象。另外，在石灰窑、热轧加热炉、冷轧加热炉、高炉热风炉中也有使用。

D 发生炉煤气

在没有高炉煤气和焦炉煤气的地区，将固体燃料在煤气发生炉中进行气化而得到的人造气体燃料。根据气化剂不同，分为空气发生炉煤气、水煤气、混合发生炉煤气，冶金生产常用的是混合发生炉煤气，气化剂为空气和水蒸气的混合物。

发生炉煤气主要成分是 CO，含量不到三分之一；其次是 H_2，含量可达 10%；不可燃成分主要是 N_2，含量超过 50%，发生炉煤气发热量比较低，仅 5020~6280kJ/m^3。

E 天然气

我国是发现和利用天然气最早的国家，天然气的产地或在石油产区，或为单纯的天然气田。和石油产在一起的天然气中含有石油蒸气，称为伴生天然气或油性天然气。纯粹气田产的天然气，因不含有石油蒸气，所以称为干天然气。

天然气的主要成分为甲烷，其次为乙烷等饱和碳氢化合物。伴生天然气因含有石油蒸气，故除甲烷外，还含有较多的重碳氢化合物。上述各种碳氢化合物在天然气中的含量在 90% 以上，因此，天然气的发热量很高，一般为 33400~41800kJ/m^3 或更高。

天然气无色，稍带腐烂臭味，比空气轻（密度约为 0.73~0.80kg/m^3），而且极易着火，与空气混合到一定比例（容积比约为 4%~15%），遇到明火会立即着火或爆炸，现场操作时应注意这一特征。天然气燃烧时所需的空气量很大，1m^3 天然气需 9~14m^3空气，燃烧火焰明亮，辐射能力强，因为燃烧时甲烷及其碳氢化合物分解析出大量固体碳粒。

F 使用煤气安全知识

使用煤气要注意安全。输送管道要严密无缝隙。防毒、防爆，严格遵守煤气安全制度。煤气能和空气构成爆炸性混合物，所以煤气管道要避免混入空气，一般保持煤气管内是正压，以免在管内发生爆炸事故。由于输送管道保持正压，煤气管道必须严防漏气，以免煤气逸出，引起中毒或在厂房内形成爆炸性混合物。一般有煤气设备的厂房内必须装抽风机以改善通风条件，严禁烟火，采取措施预防某些机器开动时火花的形成。

为了减弱爆炸的破坏力，煤气设备上应安装安全阀。在煤气管道的个别地方应设有放散管，直通车间房顶外，以便发现可疑情况时能将煤气放散到大气中。煤气管道在与煤气系统接通时，应首先用蒸汽将管道内的空气经放散管吹净。

煤气设备及管道上应安装发声、发光或其他低压警报器或指示仪器，以提醒工作人员及时处理。一般指示灯亮或煤气降压铃响后，应立即关闭阀门，防止回火。煤气烧嘴应有火焰监测装置，火灭时将信号传给继电器，关闭阀门。

　　冶金工厂使用煤气的车间，均制定有煤气使用制度及安全操作规程，这些合理的规章制度是前人丰富实践经验的总结，必须认真严格执行。还应对煤气工作人员进行安全技术培训，经考试合格的人员才准上岗作业。有条件的企业应设高压氧仓，对煤气中毒者进行抢救和治疗。

常用燃料的
特性（录课）

1.1.2　常用燃料的特性

　　各种燃料的性质都是比较复杂的，这里重点是要了解那些和炉子热工过程有关的性质，即燃料的化学组成及其发热能力。

1.1.2.1　燃料的化学组成及其成分换算

A　液体和固体燃料的化学组成及成分换算

a　元素分析法

自然界中的液体和固体燃料是古代植物和动物在地下经过长期物理和化学变化而生成的，所以它们都是由有机物和无机物两部分组成。有机物有 C、H、O 及少量的 N、S 等构成。对这些复杂的有机化合物进行分析十分困难，所以一般只测定 C、H、O、N、S 的百分含量，与燃料的其他特性配合起来，帮助我们判断燃料的性质和进行燃烧计算。燃料的无机物部分主要由水分 M 和灰分 A（矿物质 Al_2O_3、SiO_2、MgO 等）组成。

上述七种物质构成了固体及液体燃料，其中 C 与 H 燃烧并大量放热，是主要组成物，S 虽能燃烧放热，但生成物 SO_2 有害，N、O、灰分、水分则都不能放热。分述如下。

（1）碳（C）。碳是固体和液体燃料的主要成分，常以其含量评价燃料的质量。在固体燃料中碳含量变动在 50% ~90% 之间，在液体燃料中碳含量一般在 85% 以上。碳完全燃烧生成 CO_2，氧气不足时则不完全燃烧生成 CO，发热值会大大降低，因此不需要 CO 气氛（即还原性气氛）的情况下，应避免碳不完全燃烧。

（2）氢（H）。氢是固体和液体燃料的第二主要成分，发热量约为碳的 3.5 倍，但含量低。在燃料中有两种存在形式：一种叫可燃氢，和碳、硫结合在一起的氢，燃烧时能大量放热，又称为有效氢；另一种叫化合氢，与氧结合为水，不能燃烧放热。在燃烧计算式中，以可燃氢为准。

（3）氮（N）。氮不参加燃烧反应，不能放热，是燃料中的惰性元素。氮存在时相对降低了碳、氢等可燃物的含量，在高温条件下，氮和氧形成 NO_x，这是一种对大气有严重污染作用的有害气体，但由于含量低，通常只有 0.5% ~2%，故在燃烧计算时近似认为，燃料燃烧后氮全部以氮气的形态进入废气。

（4）氧（O）。氧是固体和液体燃料中的有害组成物，它不能燃烧，也不能助燃。因为它已和燃料中的碳、氢等可燃物形成 H_2O、CO 等氧化物，使这部分可燃物不能燃烧放热，从而降低了燃料的发热能力。所以含氧量高是燃料局部氧化的标志，也是质量低劣的标志。故希望燃料中的含氧量越少越好，但在固体燃料中有时含氧量高达 10%，这是不利因素。

(5) 硫 (S)。硫是有害组成物,在燃料中有三种存在形式:

1) 有机硫,与其他成分形成化合态,均匀分布;

2) 黄铁矿硫,与铁结合在一起,形成 FeS_2;

3) 硫酸盐硫,主要是 $CaSO_4 \cdot 2H_2O$ 和 $FeSO_4$。

前两种硫能燃烧放热,计算中把它们当作自由存在的硫,统称可燃硫或挥发硫。最后一种硫不能燃烧,它以各种硫酸盐的形式存在于燃料中,硫燃烧的化学反应式如下:

$$S + O_2 \longrightarrow SO_2 + 409930kJ$$

硫燃烧生成 SO_2 气体。SO_2 在一定条件下能生成酸根,对设备有腐蚀作用,SO_2 是有毒气体,超过一定浓度,对人的身体健康有影响,对动植物生长亦有影响。在加热炉中能造成金属的氧化和脱碳,在锅炉中能引起锅炉换热面的腐蚀,而且,焦炭中的硫还能影响生铁和钢的质量。因此,作为冶金燃料,对其含硫量必须严格控制,一般只允许在 0.5% 以下。为了防止污染,应将废气中的 SO_2 回收制造硫酸,这样可变害为利。

(6) 水分 (M)。水分是有害组分。本身不能放热,还要吸收大量热以加热其至蒸汽,降低燃烧产物的温度。水分含量高,相对降低其他可燃物的含量,也就是降低燃料的发热能力。液体燃料中水分含量较少,一般在 2% 以下;固体燃料的水分含量较高。

水分存在形式:

1) 外部水分 (也叫做湿分或机械附着水),指的是不被燃料吸收而是机械地附着在燃料表面上的水分,它的含量与大气湿度和外界条件有关,当把燃料磨碎并在大气中自然干燥到风干状态后即可除掉。

2) 内部水分,指的是达到风干状态后燃料中所残留的水分,它包括被燃料吸收并均匀分布在可燃质中的化学吸附水和存在于矿物杂质中的矿物结晶水。由此可见,内部水分只有在高温分解时才能除掉。通常在做分析计算和评价燃料时所说的水分就是指的这部分水分。

(7) 灰分 (A)。灰分是最有害的组成物。燃料中的灰分就是一些不能燃烧的矿物杂质。冶金所使用的液体燃料灰分含量很低,一般在 0.3% 以下;固体燃料中灰分比较多,波动范围较大。

其危害表现在:灰分多相对降低了其他可燃物的含量,灰分本身升温及分解消耗热量,灰渣中不可避免地夹杂有未燃烧的燃料,造成机械性不完全燃烧损失;灰分的燃烧过程不易控制,灰分进入炉膛,影响工艺操作;灰分多,渣多,清灰渣消耗大量人力,影响劳动条件。此外还要求灰分的熔点高。因灰分熔点低,会结成较大渣块,堵塞通风,使燃烧过程遭到破坏。所以选用燃料时必须考虑灰分的含量及其熔点。由于灰分是由多种化合物构成的,因此它没有固定的熔点,只能以灰分试样软化到一定程度的温度作为灰分的熔点。一般是将试样做成三角锥形,并以试样软化到半球形时的温度作为熔点。

b 成分表示及换算

固体和液体燃料的化学组成是指 C、H、O、N、S 五种元素和水分、灰分在燃料中占的质量分数 (表1-6)。根据燃料中灰分和水分的变化情况,对应煤的分析基,固体和液体燃料分为4种表示基准：应用基 y（收到基 ar）、分析基 f（空气干燥基 ad）、干燥基 g（干燥基 d）、可燃基 r（干燥无灰基 daf）。

表1-6　固体和液体燃料的化学组成

基　质	元　素　分　析	工　业　分　析
应用基 y （收到基 ar）	$w^y(C) + w^y(H) + w^y(O) + w^y(N) + w^y(S) + w^y(A) + w^y(M) = 100\%$	$w^{ar}(FC) + w^{ar}(V) + w^{ar}(A) + w^{ar}(M) = 100\%$
分析基 f （空气干燥基 ad）	$w^f(C) + w^f(H) + w^f(O) + w^f(N) + w^f(S) + w^f(A) + w^f(M) = 100\%$	$w^{ad}(FC) + w^{ad}(V) + w^{ad}(A) + w^{ad}(M) = 100\%$
干燥基 g （干燥基 d）	$w^g(C) + w^g(H) + w^g(O) + w^g(N) + w^g(S) + w^g(A) = 100\%$	$w^d(FC) + w^d(V) + w^d(A) = 100\%$
可燃基 r （干燥无灰基 daf）	$w^r(C) + w^r(H) + w^r(O) + w^r(N) + w^r(S) = 100\%$	$w^{daf}(FC) + w^{daf}(V) = 100\%$

应用基是以实际使用的燃料为基准而测出的各元素的质量百分组成，是燃料的实际组成，是进行物料平衡、热平衡、燃料燃烧计算的依据。所以实际生产中，要进行燃料各种基之间的转化（表1-7）。

表1-7　固体和液体燃料的成分换算

已知基	所要换算的基			
	应用基 y	分析基 f	干燥基 g	燃烧基 r
应用基 y	1	$(1-w^f(M))/(1-w^y(M))$	$1/(1-w^y(M))$	$1/[1-(w^y(M)+w^y(A))]$
分析基	$(1-w^y(M))/(1-w^f(M))$	1	$1/(1-w^f(M))$	$1/[1-(w^f(M)+w^f(A))]$
干燥基 g	$1-w^y(M)$	$1-w^f(M)$	1	$1/(1-w^g(A))$
燃烧基 r	$1-(w^y(M)+w^y(A))$	$1-(w^f(M)+w^f(A))$	$1-w^g(A)$	1

例1-1　已知烟煤组成如下：

$w^r(C)$	$w^r(H)$	$w^r(O)$	$w^r(N)$	$w^r(S)$	$w^g(A)$	$w^y(M)$
80.67%	4.85%	13.10%	0.8%	0.58%	10.92%	3.20%

将其换算成应用基表示的燃料组成。

解：由干燥基换算成应用基的换算系数为：

$$1 - w^y(M) = 1 - 0.032 = 0.968$$

以应用基表示的灰分组成为：

$$w^y(A) = w^g(A) \times 0.968 = 10.92\% \times 0.968 = 10.57\%$$

由可燃基换算为应用基的换算系数为：

$$1 - (w^y(A) + w^y(M)) = 1 - (0.1057 + 0.0320) = 0.86$$

以应用基表示的其他成分为：

$$w^y(C) = w^r(C) \times 0.86 = 80.67\% \times 0.86 = 69.38\%$$

$$w^y(H) = w^r(H) \times 0.86 = 4.85\% \times 0.86 = 4.17\%$$

$$w^y(O) = w^r(O) \times 0.86 = 13.10\% \times 0.86 = 11.27\%$$

$$w^y(N) = w^r(N) \times 0.86 = 0.80\% \times 0.86 = 0.69\%$$

$$w^y(S) = w^r(S) \times 0.86 = 0.58\% \times 0.86 = 0.5\%$$

此烟煤的应用基组成为：

$w^y(C)$	$w^y(H)$	$w^y(O)$	$w^y(N)$	$w^y(S)$	$w^y(A)$	$w^y(M)$
69.38%	4.17%	11.27%	0.69%	0.50%	10.57%	3.20%

B 气体燃料的化学组成及成分换算

a 气体燃料的化学组成

气体燃料是由几种较简单的化合物所组成的机械混合体。其中：CO、H_2、CH_4、C_2H_4、C_mH_n、H_2S 等是可燃性气体成分，能燃烧放出热量；CO_2、N_2、SO_2、H_2O、O_2 等则是不燃成分，不能燃烧放热，故其含量均不宜过多。

SO_2 有毒性，它对人身和设备都有害，所以应视为煤气中的有害成分。此外煤气中还含有少量灰尘，在煤气中这些不可燃成分的增加就使得可燃成分减少从而使其发热量有所降低。

C_mH_n 总称为重碳氢化合物，包括 C_3H_6、C_2H_6、C_2H_2、…。每单位体积的重碳氢化合物燃烧，约放出 71176kJ 热量。

气体燃料中的氧，在高温预热的情况下，能与可燃成分作用，从而降低气体燃料燃烧时的放热量。若氧的含量超过一定数量则有爆炸危险。因此，氧的含量应受到限制，一般应小于 0.2%。

b 成分表示及换算

由于气体燃料是由各独立化学成分所组成的机械混合物构成，可采用吸收法进行化学成分分析，分析结果能够确切地说明燃料的化学组成和性质。但是吸收法分析所得到的结果是不包括水分在内的干成分（干基），但在实际中，煤气成分都含有一定的水分。因此作燃烧计算时应以湿成分（湿基）为基准。

气体燃料的成分系以各组成物的体积百分数表示。

干成分：$\varphi(CO^d) + \varphi(H_2^d) + \varphi(CH_4^d) + \cdots + \varphi(C_mH_n^d) + \varphi(CO_2^d) + \varphi(O_2^d) = 100\%$

湿成分：$\varphi(CO^v) + \varphi(H_2^v) + \varphi(CH_4^v) + \cdots + \varphi(C_mH_n^v) + \varphi(CO_2^v) + \varphi(O_2^v) + \varphi(H_2O^v) = 100\%$

其中 $\varphi(CO^v)$ 等符号分别代表湿气体燃料中各成分的体积分数；$\varphi(CO^d)$ 等符号则分别代表干燥气体燃料中各成分的体积分数。

气体燃料的干湿成分之间可以进行换算：

$$\varphi(x^v) = \varphi(x^d)[1 - \varphi(H_2O^v)] \tag{1-1}$$

各项成分均可依照类似的公式进行换算。

式中，$\varphi(H_2O^V)$ 为湿气体燃料中水分的体积分数。但我们从饱和水蒸气表中（见表1-8）所查到的水蒸汽含量不是用 $1m^3$ 湿气体中所含水蒸气的体积来表示，而是用 $1m^3$ 干气体所能吸收的水蒸汽的质量（g）来表示。换句话说，如果用符号 $g_{H_2O}^d$ 代表饱和水蒸气的含量，则单位是 g/m^3 干气体。进行干湿成分的换算时，必须首先把 $g_{H_2O}^d$ 变成 $\varphi(H_2O^V)$。

表1-8　不同温度下的饱和水蒸气量

温度/℃	饱和蒸汽分压力/Pa	每立方米干气体含水量($g_{H_2O}^{干}$)/g·m^{-3}	温度/℃	饱和蒸汽分压力/Pa	每立方米干气体含水量($g_{H_2O}^{干}$)/g·m^{-3}
20	2335	19.0	39	6991	59.6
21	2522	20.2	40	7378	63.1
22	2642	21.5	41	—	—
23	2815	22.9	42	8205	70.8
24	2989	24.4	44	9112	79.3
25	3175	26.0	46	10100	88.8
26	3362	27.6	48	11169	99.5
27	3562	29.3	50	12341	111
28	3776	31.1	52	13622	125
29	4003	33.1	54	15009	140
30	4243	35.1	56	16517	156
31	4496	37.3	58	18158	175
32	4763	39.8	60	19932	197
33	5030	42.0	62	21854	221
34	5323	44.5	64	23922	248
35	5897	47.3	66	26163	280
36	5950	50.1	68	28578	315
37	6284	53.1	70	31179	357
38	6631	56.2	72	33968	405

$$\varphi(H_2O^V) = \frac{22.4 \times \dfrac{g_{H_2O}^d}{1000 \times 18}}{1 + 22.4 \times \dfrac{g_{H_2O}^d}{1000 \times 18}} = \frac{0.00124 g_{H_2O}^d}{1 + 0.00124 g_{H_2O}^d} \tag{1-2}$$

式中　0.00124——1g 水蒸气的体积。

例1-2　某天然气的干成分为 $\varphi(CH_4^d) = 90.50\%$，$\varphi(C_2H_6^d) = 5.78\%$，$\varphi(C_2H_4^d) = 2.30\%$，$\varphi(CO_2^d) = 0.30\%$，$\varphi(N_2^d) = 1.12\%$，求30℃时湿成分。

解： 由表1-8查出30℃时的饱和水蒸气量 $g_{H_2O}^{干} = 35.1 g/m^3$，根据式（1-2）得：

$$\varphi(H_2O^V) = \frac{0.00124 \times 35.1}{1 + 0.00124 \times 35.1} \times 100\% = 4.17\%$$

$$\varphi(\mathrm{CH_4^V}) = \varphi(\mathrm{CH_4^d}) \times (1 - \varphi(\mathrm{H_2O^V})) = 90.50\% \times (1 - 0.0417)$$
$$= 90.50\% \times 0.9583 = 86.73\%$$
$$\varphi(\mathrm{C_2H_6^V}) = 5.78\% \times 0.9583 = 5.54\%$$
$$\varphi(\mathrm{C_2H_4^V}) = 2.30\% \times 0.9583 = 2.20\%$$
$$\varphi(\mathrm{CO_2^V}) = 0.30\% \times 0.9583 = 0.29\%$$
$$\varphi(\mathrm{N_2^V}) = 1.12\% \times 0.9583 = 1.07\%$$

$\varphi(\mathrm{CH_4^V}) + \varphi(\mathrm{C_2H_6^V}) + \varphi(\mathrm{C_2H_4^V}) + \varphi(\mathrm{CO_2^V}) + \varphi(\mathrm{N_2^V}) + \varphi(\mathrm{H_2O^V}) = 86.73\% + 5.54\% + 2.20\% + 0.29\% + 1.07\% = 100\%$

1.1.2.2 燃料的发热量

燃料发热量的高低是衡量燃料价值的重要指标，也是计算燃烧温度和燃料消耗量时不可缺少的依据。在实际生产中知道燃料的发热量将有助于正确的评价燃料质量的好坏，以此指导现场操作。

A 发热量的概念

单位质量或单位体积的燃料在完全燃烧情况下所能放出热量的千焦数叫做燃料的发热量，符号一般以 Q 表示。

对固体、液体燃料而言，发热量的单位是千焦/千克（kJ/kg）；气体燃料发热量的单位是千焦/米³（kJ/m³）。

燃料的发热量只取决于燃料内部的化学组成，不取决于外部的燃料条件。

燃料完全燃烧后放出的热量还与燃烧产物中水的状态有关，基于燃烧产物中水的状态不同而把燃料的发热量分为高发热量和低发热量。

当燃烧产物的温度冷却到使其中的水蒸气冷凝成为0℃的水时，所放出的热量称为燃料的高发热量，用 Q_{gr} 表示。

当燃烧产物中的水分不是呈液态，而是呈20℃的水蒸气存在时，由于扣除了水分的汽化热而使发热量降低，这时得到的热量称为燃料的低发热量，用 Q_{net} 表示。

在实验室条件下测定发热量时，燃烧产物中的水被冷却成液态水，故可得到高发热量。在冶金生产的实际条件下，由于温度高，水蒸气不会冷却为水，所以低发热量是实际应用中的概念。

高发热量与低发热量之间的换算关系如下：

水在恒压下由0℃的水变为20℃蒸汽的汽化热近似地为2512kJ/kg，设燃料中的氢为 $w^y(\mathrm{H})$，水为 $w^y(\mathrm{M})$，故高发热量与低发热量之间的差额为 $2512 \times (9w^y(\mathrm{H}) + w^y(\mathrm{M}))$ kJ/kg。

$$Q_{gr} = Q_{net} + 2512 \times (9w^y(\mathrm{H}) + w^y(\mathrm{M})) \quad (\mathrm{kJ/kg}) \tag{1-3}$$

B 发热量计算式

计算原理是根据燃料中各可燃成分的燃烧热，乘以相应成分的百分数，加起来就等于整个燃料的发热量。

固体、液体的低发热量计算，目前工业炉上广泛应用的是门捷列夫公式：

$$Q_{net} = 339100w^y(C) + 125600w^y(H) - 108900(w^y(O) - w^y(S)) - 25120(9w^y(H) +$$
$$w^y(W))(kJ/kg) \tag{1-4}$$

式中　$w^y(C), w^y(W), \cdots$——100kg 燃料中各成分的质量分数。

气体燃料的低发热量计算式如下：

$$Q_{net} = 12770\varphi(CO^v) + 10800\varphi(H_2^v) + 35960\varphi(CH_4^v) + 59870\varphi(C_2H_4^v) +$$
$$23100\varphi(H_2S^v) + \cdots(kJ/m^3) \tag{1-5}$$

式中　$\varphi(CO^v), \varphi(H_2^v), \cdots$——气体燃料中各成分的体积分数；

　　　$12770, 10800, \cdots$——每 $1Nm^3$ 各组成气体的发热量。

从发热量计算式可看出，燃料的发热量大小取决于燃料中可燃成分的含量及各种不同可燃成分的比例。燃料发热量的大小影响燃料的燃烧温度，欲提高燃烧温度，其措施之一就是提高燃料的发热量。

C　标准燃料

为了与各种燃料进行对比并用来作为表示燃料用量的单位，引用标准燃料这一概念。所谓标准燃料是指发热量等于29308kJ的燃料。例如，某燃料的发热量为23446kJ，则它的发热量相当于 $23446 \div 29308 = 0.8kg$ 标准燃料。因此，消耗 1t 该种燃料相当于消耗了 0.8t 标准燃料。这样相除得到的数值称为热当量。

自　测　题

一、单选题（选择下列各题中正确的一项）

1. 煤里面工业分析成分灰分用字母_____表示。

　　A. V　　　　　　　B. F　　　　　　　C. M　　　　　　　D. A

2. 用来界定烟煤和无烟煤的参数是_____。

　　A. 固定碳　　　　B. 灰分　　　　　C. 挥发分　　　　D. 水分

3. 工业上应用最多的煤是_____。

　　A. 泥煤　　　　　B. 褐煤　　　　　C. 烟煤　　　　　D. 无烟煤

4. 焦炭缺乏时，可用_____代替焦炭。

　　A. 泥煤　　　　　B. 褐煤　　　　　C. 烟煤　　　　　D. 无烟煤

5. 焦炭是结焦性烟煤在_____条件下加温至 900～1000℃进行高温干馏的产品。

　　A. 空气中　　　　B. 隔绝空气　　　C. 密闭容器　　　D. 敞口容器

6. 为便于输送，常把重油加热到_____℃左右。

　　A. 75　　　　　　B. 115　　　　　　C. 35　　　　　　　D. 130

7. 下列煤气中，_____不是副产品。

　　A. 焦炉煤气　　　B. 发生炉煤气　　C. 高炉煤气　　　D. 转炉煤气

8. 高炉煤气的主要可燃成分是_____。

　　A. H_2　　　　　　B. CH_4　　　　　C. CO　　　　　　D. C_2H_4

9. 下列气体燃料中，发热量最高的是_____。

　　A. 焦炉煤气　　　B. 高炉煤气　　　C. 发生炉煤气　　D. 天然气

10. 固液体燃料在进行燃烧计算时是以_____为依据。

　　A. 应用基　　　　B. 分析基　　　　C. 干燥基　　　　D. 可燃基

二、填空题（将适当的词语填入空格内，使句子正确、完整）

1. 按照煤的生成过程，煤可分为四类：_____、_____、_____及_____。

2. 采用工业分析法，将煤分成四个组成物：_____、_____、_____及_____。

3. 20 号重油表示_____。

4. 如果煤气管道上的降压铃响后，应_____，防止回火。

5. 常用燃料的特性主要包括_____、_____两方面。

6. 固液体燃料是由_____、_____、_____、_____、_____、_____组成。

7. 固液体燃料的成分是以_____表示。

8. 气体燃料是由_____和_____组成。

9. 气体燃料的成分是以_____表示。

10. 燃料的各种成分相互换算的依据是_____。

三、计算题

1. 已知某高炉煤气的干成分为：

$\varphi(CO^d) = 27.2\%$，$\varphi(H_2^d) = 3.2\%$，$\varphi(CH_4^d) = 0.2\%$，$\varphi(CO_2^d) = 14.7\%$，$\varphi(O_2^d) = 0.2\%$，$\varphi(N_2^d) = 54.5\%$。求 30℃时湿成分。

2. 已知高炉煤气的湿成分为：

$\varphi(CO^v) = 25.96\%$，$\varphi(H_2^v) = 6.12\%$，$\varphi(CH_4^v) = 0.29\%$，$\varphi(CO_2^v) = 10.55\%$，$\varphi(N_2^v) = 53.0\%$，$\varphi(H_2O^v) = 4.18\%$。求其低发热量是多少？

知 识 拓 展

1. 何谓燃料，冶金生产中常用哪些燃料？

2. 为什么说在各种煤中烟煤的工业价值最高，烟煤根据挥发物和固定碳的不同又可分为哪几种？

3. 在选用烟煤作冶金炉燃料时，主要考虑几方面的指标？

4. 冶金焦炭应满足哪些要求，为什么？

5. 为什么使用煤气和粉煤要注意安全？

6. 重油是冶金炉优良燃料又是化工的重要原料，你认为如何使用才合理？

7. 熟悉固体、液体燃料中各成分的作用。

8. 固（液）体燃料、气体燃料的成分表示方法有何不同，热工计算时分别用什么成分？

9. 为什么 1kg 氢燃烧放出的热量要比 1m³ 氢燃烧放出的热量多？

10. 燃料的高发热量与低发热量有何不同，如何换算？

1.2 燃烧计算

1.2.1 概述

燃料的燃烧是一种激烈的氧化反应，是燃料中的可燃成分与空气中的氧气所进行的氧化反应，要使燃料达到完全燃烧并充分利用其放出的热量，首先要对燃烧反应过程做物料平衡和热平衡计算，算出燃料燃烧时需要的空气量，产生的燃烧产物量，燃烧产物成分、密度以及燃烧后能够达到的温度等。只有在此基础上我们才能有根据地去选择风机、确定烟道和烟囱尺寸以及改进燃烧设备，控制燃烧过程，达到满意的燃烧效果。

燃烧过程是很复杂的，为了使计算简化，在燃烧计算中作如下几项假定：

（1）燃料中可燃成分完全燃烧。元素的分子量取近似整数计算。例如氢的分子量为 2.16，计算时分子量取整数 2。

（2）气体的体积都按标准状态（0℃和101325Pa）计算，任何气体在标准状态下的千克分子体积（或千摩尔体积）都是 22.4m³。

（3）当温度不超过2100℃时，在计算中不考虑燃烧产物的热分解，亦不考虑固体燃料中灰分的热分解产物。例如 $CaCO_3 \rightarrow CaO + CO_2$，计算中不考虑这部分 CO_2 体积。

（4）计算空气量时，忽略空气中的微量稀有气体及 CO_2，认为空气中 O_2 和 N_2 的比例为：

干空气中	按体积	按质量
O_2	21.0	23.2
N_2	79.0	76.8

$$\frac{N_2}{O_2} = \frac{79}{21} = 3.762$$

$$\frac{空气}{O_2} = \frac{100}{21} = 4.762$$

另外，在进行燃烧计算时要用到以下两个概念。

（1）完全燃烧和不完全燃烧。

1）完全燃烧。燃料中的可燃物质和氧进行了充分的燃烧反应，燃烧产物中已不存在可燃物质，称为完全燃烧。如燃料中的碳全部氧化生成 CO_2，而不存在 CO。

2）不完全燃烧。不完全燃烧是指燃料经过燃烧后在燃烧产物中存在着可燃成分如 CO 等，不完全燃烧又分两种情况：

① 化学性不完全燃烧。燃料中的可燃成分由于空气不足或燃料与空气混合不好，而没有得到充分反应的燃烧，如燃烧产物中尚有 CO。燃料燃烧时如果火焰过长而呈黄色，则是煤气不完全燃烧现象，应及时增加空气量或适当减少煤气量；如果火焰过短、发亮而有刺耳噪声，则是空气量过多现象，应及时增加煤气量或减少空气量。

② 机械性不完全燃烧。燃料中的部分可燃成分没有参加或进行燃烧反应就损失了的燃烧过程。如灰渣裹走的煤，炉栅漏下的煤，管道漏掉的重油或煤气。可燃成分发生不完全燃烧的发热量远远低于完全燃烧的发热量。例如碳在完全燃烧时的发热量要比不完全燃烧时的发热量高约 3.25 倍，因此，除了工艺上需要 CO 气氛外，应尽量避免碳的不完全燃烧。

（2）空气消耗系数 n。

燃料燃烧时所需的氧气通常是由空气供给的。根据化学反应方程式计算的每

1kg 或 1m³ 燃料完全燃烧时所需的空气量，叫理论空气需要量。由于空气供给不足或燃料与空气的混合不好，会造成化学性不完全燃烧。因此，为了保证燃料的完全燃烧，所供给的空气量实际上都大于理论的空气需要量。L_n 代表实际供给空气量，L_0 代表理论空气需要量，则二者的比值称为空气消耗系数，用 n 表示，即 $n = L_n/L_0$。

对于各种燃料，如何确定 n 将直接关系到燃料能否实行完全燃烧，原则上应当是保证燃料完全燃烧的基础上使 n 越接近 1 越好。当 $n > 1$ 时，当燃料燃烧结束后势必要多出一部分空气量，而这部分空气量的存在将带来以下几点不利因素：1）燃烧后进入燃烧产物，增加了燃烧产物的体积，使废气带走的热损失增加，而且还需增大附属设备的容量；2）由于这部分空气要吸收一部分燃料燃烧所放出的热量，从而降低了炉温；3）这些多余的空气进入燃烧产物后将使炉膛内氧化性增强，而造成钢的大量氧化和脱碳，严重影响产品质量。

空气消耗系数 n 的选择与燃料的种类、燃烧方法、燃烧装置结构及工作的好坏等都有直接关系：

1）与燃料的种类有关：

气体：$n = 1.05 \sim 1.15$；液体：$n = 1.15 \sim 1.25$；

固体（块状）：$n = 1.3 \sim 1.7$；固体（粉末）：$n = 1.1 \sim 1.3$。

结论：固体燃料越细匀，n 越小。

2）与燃烧气氛有关：

氧化气氛，$n > 1$；还原气氛，$n < 1$。

3）与燃烧方式有关：

如对于气体燃料，长焰燃烧，$n = 1.2 \sim 1.6$；无焰燃烧，$n = 1.05$。

4）与燃烧设备有关：

对于粉煤燃烧，n 较大；而对于回转窑，n 较小。

1.2.2　燃料燃烧的分析计算

燃料燃烧的分析计算是根据化学反应进行计算。计算中的关键是计算燃烧所需的氧，然后按空气中 N_2 和 O_2 的比例就可求出所需的空气量和燃烧产物量，燃烧产物成分及密度。

1.2.2.1　固体和液体燃料完全燃烧的分析计算

固体和液体燃料的燃烧反应以 kmol 为依据求出所需氧的 kmol 数，再换算为体积的。固体和液体燃料的主要可燃成分是碳和氢，还有少量的硫也可以燃烧。在计算空气需要量和燃烧产物量时，是根据各可燃元素燃烧的化学反应式来进行的。例如

$$C + O_2 == CO_2$$

1kmol : 1kmol : 1kmol

具体的计算方法和步骤可以用表1-9说明。

液体和固体
燃料的燃烧
计算（录课）

表 1-9　每 1kg 固、液体燃料的燃烧反应

各组成物含量		反应方程式 （kmol 比例）	燃烧时所需 氧的 kmol 数	燃烧产物的 kmol 数				
应用成分	kmol 数			CO_2	H_2O	SO_2	N_2	O_2
$w^y(C)$	$\dfrac{w^y(C)}{12}$	$C + O_2 = CO_2$ $1 : 1 \ : \ 1$	$\dfrac{w^y(C)}{12}$	$\dfrac{w^y(C)}{12}$				
$w^y(H)$	$\dfrac{w^y(H)}{2}$	$H_2 + 0.5O_2 = H_2O$ $1 : 0.5 \ : \ 1$	$\dfrac{1}{2} \times \dfrac{w^y(H)}{2}$		$\dfrac{w^y(H)}{2}$			
$w^y(S)$	$\dfrac{w^y(S)}{32}$	$S + O_2 = SO_2$ $1 : 1 \ : \ 1$	$\dfrac{w^y(S)}{32}$			$\dfrac{w^y(S)}{32}$		
$w^y(O)$	$\dfrac{w^y(O)}{32}$	助燃，消耗掉	$-\dfrac{w^y(O)}{32}$					
$w^y(N)$	$\dfrac{w^y(N)}{28}$	不燃烧，到烟气中					$\dfrac{w^y(N)}{28}$	
$w^y(M)$	$\dfrac{w^y(M)}{18}$	不燃烧，到烟气中			$\dfrac{w^y(M)}{18}$			
$w^y(A)$		不燃烧，无气态产物						
1kg 燃料燃烧所需氧的 kmol 数			$\dfrac{w^y(C)}{12} + \dfrac{w^y(H)}{4} + \dfrac{w^y(S)}{32} - \dfrac{w^y(O)}{32}\,(m^3/kg)$					
1kg 燃料燃烧所需氧的体积数			$22.4\left[\dfrac{w^y(C)}{12} + \dfrac{w^y(H)}{4} + \dfrac{w^y(S)}{32} - \dfrac{w^y(O)}{32}\right](m^3/kg)$					
理论空气需要量 $L_0 = 4.762 \times 22.4\left[\dfrac{w^y(C)}{12} + \dfrac{w^y(H)}{4} + \dfrac{w^y(S)}{32} - \dfrac{w^y(O)}{32}\right](m^3/kg)$							$0.79L_0$	
实际空气需要量　$L_n = nL_0\,(m^3/kg)$								
过剩空气量　$\Delta L = L_n - L_0 = (n-1)L_0\,(m^3/kg)$							$0.79(n-1)L_0$	$0.21(n-1)L_0$

根据表 1-9 的分析，可得出各有关燃烧参数的计算公式。

（1）空气需要量。

$$L_0 = 4.762 \times 22.4\left[\frac{w^y(C)}{12} + \frac{w^y(H)}{4} + \frac{w^y(S)}{32} - \frac{w^y(O)}{32}\right](m^3/kg) \tag{1-6}$$

$$L_n = nL_0\,(m^3/kg) \tag{1-7}$$

（2）燃烧产物量。

$n = 1$ 时的理论燃烧产物量：

$$V_0 = 22.4\left(\frac{w^y(C)}{12} + \frac{w^y(H)}{2} + \frac{w^y(S)}{32} + \frac{w^y(N)}{28} + \frac{w^y(M)}{18}\right) + 0.79L_0\,(m^3/kg) \tag{1-8}$$

$n > 1$ 时的实际燃烧产物量：

$$V_n = V_0 + (n-1)L_0\,(m^3/kg) \tag{1-9}$$

（3）燃烧产物成分。

$$\varphi'(CO_2) = \frac{22.4 \times \dfrac{w^y(C)}{12}}{V_n} \times 100\%$$

$$\varphi'(H_2O) = \frac{22.4 \times \left(\dfrac{w^y(H)}{2} + \dfrac{w^y(M)}{18}\right)}{V_n} \times 100\%$$

$$\varphi'(SO_2) = \frac{22.4 \times \dfrac{w^y(S)}{32}}{V_n} \times 100\%$$ \qquad (1-10)

$$\varphi'(N_2) = \frac{22.4 \times \dfrac{w^y(N)}{28} + 0.79L_n}{V_n} \times 100\%$$

$$\varphi'(O_2) = \frac{0.21(n-1)L_0}{V_n} \times 100\%$$

（4）燃烧产物密度。

当已知燃烧产物的成分时，固体、液体燃料的燃烧产物的密度 ρ_0 为：

$$\rho_0 = \frac{44\varphi'(CO_2) + 18\varphi'(H_2O) + 64\varphi'(SO_2) + 28\varphi'(N_2) + 32\varphi'(O_2)}{22.4} \ (kg/m^3)$$

$$\qquad (1-11)$$

式中 $\varphi'(CO_2), \varphi'(H_2O), \cdots$——$1m^3$ 的燃烧产物中各成分的体积分数，m^3。

当不知燃烧产物成分时，根据质量守恒定律，按 1kg 燃料参加燃烧反应前后的质量平衡即可写出下式：

$$\rho_0 V_n = (1 - w^y(A)) + 1.293L_n$$

所以 $\qquad\qquad \rho_0 = \dfrac{(1 - w^y(A)) + 1.293L_n}{V_n} \ (kg/m^3) \qquad (1-12)$

式中 $w^y(A)$——1kg 燃料的灰分质量分数，kg；

1.293——空气在标准状态下的密度，kg/m^3；

L_n——燃烧反应所需的实际空气量，m^3/kg。

例 1-3 已知烟煤的成分：$w^y(C) = 56.7\%$，$w^y(H) = 5.2\%$，$w^y(S) = 0.6\%$，$w^y(O) = 11.7\%$，$w^y(N) = 0.8\%$，$w^y(A) = 10.0\%$，$w^y(M) = 15.0\%$，当 $n = 1.3$ 时，试计算完全燃烧时的空气需要量、燃烧产物量、燃烧产物成分和密度。

解：（1）空气需要量。

$$L_0 = 4.762 \times 22.4 \left(\frac{0.567}{12} + \frac{0.052}{4} + \frac{0.006}{32} - \frac{0.117}{32}\right) = 6.07 \ (m^3/kg)$$

$$L_n = 1.3 \times 6.07 = 7.89 \ (m^3/kg)$$

（2）燃烧产物量。

$$V_0 = 22.4 \left(\frac{0.567}{12} + \frac{0.052}{2} + \frac{0.006}{32} + \frac{0.008}{28} + \frac{0.15}{18}\right) + 0.79 \times 6.07 = 6.63 \ (m^3/kg)$$

$$V_n = 6.63 + (1.3 - 1) \times 6.07 = 8.45 \ (m^3/kg)$$

（3）燃烧产物成分。

$$\varphi'(CO_2) = \frac{22.4 \times \dfrac{0.567}{12}}{8.45} \times 100\% = 12.53\%$$

$$\varphi'(H_2O) = \frac{22.4 \times \left(\dfrac{0.052}{2} + \dfrac{0.15}{18}\right)}{8.45} \times 100\% = 9.09\%$$

$$\varphi'(SO_2) = \frac{22.4 \times \dfrac{0.006}{32}}{8.45} \times 100\% = 0.05\%$$

$$\varphi'(N_2) = \frac{22.4 \times \dfrac{0.008}{28} + 0.79 \times 7.89}{8.45} \times 100\% = 73.83\%$$

$$\varphi'(O_2) = \frac{0.21 \times (1.3 - 1) \times 6.07}{8.45} \times 100\% = 4.52\%$$

（4）燃烧产物密度。

$$\rho_0 = \frac{(1 - 0.1) + 1.293 \times 7.89}{8.45} = 1.32 \ (kg/m^3)$$

气体燃料的
燃烧计算
（录课）

1.2.2.2 气体燃料完全燃烧的分析计算

已知气体燃料的湿成分：
$$\varphi(CO^v) + \varphi(H_2^v) + \varphi(CH_4^v) + \varphi(C_mH_n) + \varphi(H_2S^v) + \varphi(CO_2^v) +$$
$$\varphi(SO_2^v) + \varphi(O_2^v) + \varphi(N_2^v) + \varphi(H_2O^v) = 100\%$$

因为每 1mol 任何气体在标准状态下的体积为 22.4m³，所以参加燃烧反应的各气体与生成物之间的摩尔数之比，就是其体积比。例如：

$$H_2 \quad + \quad \frac{1}{2}O_2 \quad = \quad H_2O$$

$$1mol \quad : \quad 0.5mol \quad : \quad 1mol$$

$$1m^3 \quad : \quad 0.5m^3 \quad : \quad 1m^3$$

因此，气体燃料的燃烧计算可以直接根据体积比进行。其计算步骤用表 1-10 说明。

表 1-10   每 100m³ 气体燃料的燃烧反应

湿成分 /%	反应方程式（体积比）	需 O_2 体积 /m³	燃烧产物体积/m³				
			CO_2	H_2O	SO_2	N_2	O_2
$\varphi(CO^v)$	$CO + \dfrac{1}{2}O_2 = CO_2$ $1 : \dfrac{1}{2} : 1$	$\dfrac{1}{2}\varphi(CO^v)$	$\varphi(CO^v)$				
$\varphi(H_2^v)$	$H_2 + \dfrac{1}{2}O_2 = H_2O$ $1 : \dfrac{1}{2} : 1$	$\dfrac{1}{2}\varphi(H_2^v)$		H_2^v			
$\varphi(CH_4^v)$	$CH_4 + 2O_2 = CO_2 + 2H_2O$ $1 : 2 : 1 : 2$	$2\varphi(CH_4^v)$	$\varphi(CH_4^v)$	$2\varphi(CH_4^v)$			

湿成分 /%	反应方程式 （体积比）	需 O_2 体积 /m^3	燃烧产物体积/m^3				
			CO_2	H_2O	SO_2	N_2	O_2
$\varphi(C_mH_n^v)$	$C_mH_n + \left(m+\dfrac{n}{4}\right)O_2$ $=mCO_2+\dfrac{n}{2}H_2O$ $1:\left(m+\dfrac{n}{4}\right):m:\dfrac{n}{2}$	$\left(m+\dfrac{n}{4}\right)\varphi(C_mH_n^v)$	$m\varphi(C_mH_n^v)$	$\dfrac{n}{2}\varphi(C_mH_n^v)$			
$\varphi(H_2S^v)$	$H_2S^v+\dfrac{3}{2}O_2=SO_2+H_2O$ $1:\dfrac{3}{2}:1:1$	$\dfrac{3}{2}\varphi(H_2S^v)$		$\varphi(H_2S^v)$	$\varphi(H_2S^v)$		
$\varphi(CO_2^v)$	不燃烧,到烟气中		$\varphi(CO_2^v)$				
$\varphi(SO_2^v)$	不燃烧,到烟气中				$\varphi(SO_2^v)$		
$\varphi(O_2^v)$	助燃,消耗掉	$-\varphi(O_2^v)$					
$\varphi(N_2^v)$	不燃烧,到烟气中					$\varphi(N_2^v)$	
$\varphi(H_2O^v)$	不燃烧,到烟气中			$\varphi(H_2O^v)$			
$100m^3$ 气体燃料燃烧所需 O_2 的体积数 $\left[\dfrac{1}{2}\varphi(CO^v)+\dfrac{1}{2}\varphi(H_2^v)+2\varphi(CH_4^v)+\left(m+\dfrac{n}{4}\right)\varphi(C_mH_n^v)+\dfrac{3}{2}\varphi(H_2S^v)-\varphi(O_2^v)\right]$ (m^3)							
理论空气需要量 $L_0=\dfrac{4.762}{100}\left[\dfrac{1}{2}\varphi(CO^v)+\dfrac{1}{2}\varphi(H_2^v)+2\varphi(CH_4^v)+\left(m+\dfrac{n}{4}\right)\varphi(C_mH_n^v)+\dfrac{3}{2}\varphi(H_2S^v)-\varphi(O_2^v)\right]$ (m^3/m^3)						$0.79L_0$	
实际空气需要量: $L_n=nL_0$							
过剩空气量: $\Delta L_n-L_0=(n-1)L_0$						$0.79(n-1)L_0$	$0.21(n-1)L_0$

（1）空气需要量。

理论空气需求量：

$$L_0=4.76\left[\frac{1}{2}\varphi(CO^v)+\frac{1}{2}\varphi(H_2^v)+2\varphi(CH_4^v)+\left(m+\frac{n}{4}\right)\varphi(C_mH_n^v)+\right.$$

$$\left.\frac{3}{2}\varphi(H_2S^v)-\varphi(O_2^v)\right](m^3/m^3) \tag{1-13}$$

实际空气供给量 $$L_n=nL_0(m^3/m^3) \tag{1-14}$$

（2）燃烧产物量。

理论燃烧产物量：

$$V_0=\left[\varphi(CO^v)+\varphi(H_2^v)+3\varphi(CH_4^v)+\left(m+\frac{n}{2}\right)\varphi(C_mH_n^v)+\varphi(CO_2^v)+2\varphi(H_2S^v)+\right.$$

$$\left.\varphi(N_2^v)+\varphi(SO_2^v)+\varphi(H_2O^v)\right]+0.79L_0(m^3/m^3) \tag{1-15}$$

实际燃烧产物量 $$V_n=V_0+(n-1)L_0(m^3/m^3) \tag{1-16}$$

还应指出：以上求出的 L_0、L_n 均为忽略了空气中水分的干空气量。实际上即使常温下空气中也含有一定的水蒸气量，故在精确计算时应把水蒸气量估算进去。当估算空气中的水分后则实际湿空气消耗量 L_n^v 和实际湿燃烧产物量 V_n^v 为：

$$L_n^v = (1 + 0.00124g_{H_2O}^d)L_n (m^3/m^3) \tag{1-17}$$

$$V_n^v = V_n + 0.00124g_{H_2O}^d L_n (m^3/m^3) \tag{1-18}$$

在接下来的计算中，不需要精确计算时，L_n、V_n 不考虑空气中的水蒸气量。

（3）燃烧产物成分。

各成分的体积百分比为：

$$\varphi'(CO_2) = \frac{\varphi(CO^v) + \varphi(CH_4^v) + \varphi(mC_mH_n) + \varphi(CO_2^v)}{V_n}$$

$$\varphi'(H_2O) = \frac{\left(\varphi(H_2^v) + 2\varphi(CH_4^v) + \frac{n}{2}\varphi(C_mH_n^v) + \varphi(H_2S^v) + \varphi(H_2O^v)\right)\frac{1}{100}}{V_n} \times 100\%$$

$$\varphi'(SO_2) = \frac{(\varphi(H_2S^v) + \varphi(SO_2^v))\frac{1}{100}}{V_n} \times 100\%$$

$$N_2' = \frac{\varphi(N_2^v) \times \frac{1}{100} + 0.79L_n}{V_n} \times 100\%$$

$$\varphi'(O_2) = \frac{0.21(n-1)L_0}{V_n} \times 100\%$$

$$\tag{1-19}$$

（4）燃烧产物的密度。

当已知燃烧产物成分时，气体燃料燃烧产物密度 ρ_0 的计算与固液燃料一致，都可用式（1-11）。

当不知燃烧产物成分时，可根据质量守恒定律（参加燃烧反应的原始物质的质量应等于燃烧反应生成物的质量），用下式计算燃烧产物密度：

$$\rho_0 = \Big[(28\varphi(CO^v) + 2\varphi(H_2^v) + 16\varphi(CH_4^v) + 28\varphi(C_2H_4^v) + \cdots + 44\varphi(CO_2^v) + 28\varphi(N_2^v) +$$

$$18\varphi(H_2O^v))\frac{1}{22.4 \times 100} + 1.293L_n\Big]/V_n (kg/m^3) \tag{1-20}$$

式中　$\varphi(CO^v), \varphi(H_2^v), \cdots$——气体燃料各成分的体积分数，$m^3$。

例1-4　已知高炉煤气的湿成分：$CO^v = 26.1\%$，$H_2^v = 3.07\%$，$CH_4^v = 0.19\%$，$CO_2^v = 14.1\%$，$N_2^v = 52.2\%$，$O_2^v = 0.19\%$，$H_2O^v = 4.17\%$。试确定 $n = 1.2$ 的条件下完全燃烧所需的实际空气量、实际燃烧产物量、燃烧产物成分和密度。

解：（1）空气需要量。

$$L_0 = \frac{4.762}{100}(0.5 \times 26.1 + 0.5 \times 3.07 + 2 \times 0.19 - 0.19) = 0.705 (m^3/m^3)$$

$$L_n = 1.2 \times 0.705 = 0.846 (m^3/m^3)$$

（2）燃烧产物生成量。

$$V_0 = (0.261 + 0.0307 + 3 \times 0.0019 + 0.141 + 0.522 + 0.0417) + 0.79 \times 0.705 = 1.56 \ (\mathrm{m^3/m^3})$$

$$V_n = 1.56 + (1.2 - 1) \times 0.705 = 1.70 \ (\mathrm{m^3/m^3})$$

（3）燃烧产物成分。

$$\varphi'(CO_2) = \frac{0.261 + 0.0019 + 0.141}{1.70} \times 100\% = 23.8\%$$

$$\varphi'(H_2O) = \frac{0.0307 + 2 \times 0.0019 + 0.0417}{1.70} \times 100\% = 4.48\%$$

$$\varphi'(N_2) = \frac{0.522 + 0.79 \times 0.846}{1.70} \times 100\% = 70.02\%$$

$$\varphi'(O_2) = \frac{0.21(1.2 - 1) \times 0.705}{1.70} \times 100\% = 1.74\%$$

（4）燃烧产物密度。

当已知燃烧产物成分时，密度的计算如下：

$$\rho_0 = \frac{44 \times 0.238 + 18 \times 0.0448 + 28 \times 0.7002 + 32 \times 0.0174}{22.4} = 1.41 \ (\mathrm{kg/m^3})$$

1.2.3 燃烧温度

燃料温度
（录课）

冶金炉多在高温下工作，炉内温度的高低是保证炉子工作的重要条件，而决定炉内温度的最基本因素是燃料燃烧时燃烧产物达到的温度，即所谓燃烧温度。在实际条件下的燃烧温度与燃料种类、燃料成分、燃烧条件和传热条件等各方面的因素有关，并且归纳起来，将决定于燃烧过程中热量收入和热量支出的平衡关系。所以从分析燃烧过程的热平衡，可以找出计算燃烧温度的方法和提高燃烧温度的措施。

1.2.3.1 燃烧温度的概念

燃料燃烧放出的热量包含在气态燃烧产物中，则气态燃烧产物的温度要升高，燃烧产物所能达到的温度叫燃料的燃烧温度，又叫火焰温度。

燃烧温度既与燃料的化学成分有关，又受外部燃烧条件的影响。化学成分相同的燃料，燃烧条件不同，燃烧产物的数量也不同，燃烧产物中所含的热量也就不同。所以燃烧温度的高低，取决于燃烧产物中所含热量的多少，而燃烧产物中所含热量的多少，取决于燃烧过程中热量的收入和支出。

根据能量守恒和转化定律，燃料燃烧时燃烧产物的热量收入和热量支出必然相等，由热量收支关系可以建立热平衡方程式，根据热平衡方程式即可求出燃烧温度。现以每千克或每立方米燃料为依据来计算燃烧过程的热平衡如下。

热收入各项有：

（1）燃料燃烧的化学热，即燃料的低发热量

$$Q_{\text{net}} \quad \mathrm{kJ/m^3(kJ/kg)}$$

（2）燃料带入的物理热

$$Q_{\text{燃}} = c_{\text{燃}} t_{\text{燃}} \quad \mathrm{kJ/m^3(kJ/kg)}$$

式中 $c_{燃}$——$t_{燃}$ 温度下燃料的平均比热，kJ/（m³·℃）；

$t_{燃}$——燃料的实际温度，℃。

（3）空气带入的物理热

$$Q_{空} = L_n c_{空} \, t_{空} \quad kJ/m^3 (kJ/kg)$$

式中 $c_{空}$——温度为 $t_{空}$ 时空气的平均比热，kJ/（m³·℃）；

$t_{空}$——空气的预热温度，℃；

L_n——实际空气需要量，m³/m³。

热支出各项有：

（1）燃烧产物所含的热量

$$Q_{产} = V_n c_{产} \, t_{产} \quad kJ/m^3 (kJ/kg)$$

式中 $c_{产}$——燃烧产物在 $t_{产}$ 温度下的平均比热，kJ/（m³·℃）；

$t_{产}$——燃烧产物的温度，℃；

V_n——实际燃烧产物量，m³/m³。

（2）由燃烧产物向周围介质传递的散热损失以 $Q_{介}$ 表示，它包括炉墙的全部热损失，加热金属和炉子构件等的散热损失。

（3）燃料不完全燃烧损失的热量以 $Q_{不}$ 表示，它包括化学性不完全燃烧损失和机械性不完全燃烧损失两项。

（4）高温下燃烧产物热分解损失的热量以 $Q_{解}$ 表示，因为热分解是吸热反应故要损失部分热量。

因此，可以建立热平衡方程式如下：

$$Q_{net} + Q_{燃} + Q_{空} = V_n c_{产} \, t_{产} + Q_{介} + Q_{不} + Q_{解} \tag{1-21}$$

根据热平衡方程式，得

$$t_{产} = \frac{Q_{net} + Q_{空} + Q_{燃} - Q_{介} - Q_{不} - Q_{解}}{V_n \cdot c_{产}} \tag{1-22}$$

由式（1-22）所确定的燃烧产物温度 $t_{产}$ 就是实际燃烧温度。由于影响 $t_{产}$ 的因素很多，特别是 $Q_{介}$ 在实际条件下很难确定，不完全燃烧的热损失从理论上计算也很困难，所以不可能进行实际燃烧温度的理论计算。

燃料在绝热系统中完全燃烧，燃烧产物所达到的温度，是某种燃料在某一燃烧条件下所能达到的最高温度，称为理论燃烧温度。理论燃烧温度是燃料燃烧过程的一个重要指标，是分析炉子的热工作和热工计算的一个重要依据，对燃料和燃烧条件的选择、温度制度和炉温水平的估计及热交换计算方面都有实际意义。

在实际的燃烧条件下，由于向周围介质散失的热量和燃料不完全燃烧造成的损失，实际燃烧温度比理论燃烧温度低得多。通过对各类炉子长期实践，总结出炉子的理论燃烧温度与实际燃烧温度的比值大体波动在一个范围内，即

$$t_{实} = \eta t_{理} \tag{1-23}$$

式中 η——炉温系数。

加热炉和热处理炉的炉温系数经验数据见表 1-11。

表 1-11 η 的经验数据

炉 型		炉温系数 η
室状加热炉		0.75 ~ 0.80
连续加热炉	炉底强度 200 ~ 300kg/($m^2 \cdot h$)	0.75 ~ 0.80
	炉底强度 500 ~ 600kg/($m^2 \cdot h$)	0.70 ~ 0.75
均热炉		0.68 ~ 0.73
热处理炉		0.65 ~ 0.70

1.2.3.2 燃烧温度的计算

根据 $t_{实} = \eta t_{理}$，只要算出理论燃烧温度 $t_{理}$ 就可以大体上知道炉子所能达到的温度水平。

下面着重讨论理论燃烧温度的计算。

根据理论燃烧温度的概念：

$$t_{理} = \frac{Q_{net} + Q_{空} + Q_{煤气} - Q_{解}}{V_n c_{产}} \tag{1-24}$$

为了计算理论燃烧温度，必须分别求出以下各项参数：

（1）燃烧产物的体积 V_n，其计算方法前已详述；

（2）燃烧产物的平均热容量 $c_{产}$，可以根据燃烧产物的成分及每种成分的平均热容量来计算；

（3）燃料的低发热量 Q_{net}，其计算方法前已详述；

（4）空气的物理热 $Q_{空}$，可用下式计算：

$$Q_{空} = L_n c_{空} t_{空} \tag{1-25}$$

式中　L_n——燃料燃烧时所需要的空气量，m^3/kg 或 m^3/m^3；

　　　$c_{空}$——空气在 $0 \sim t_{空}$℃范围内的平均热容量，$kJ/(m^3 \cdot ℃)$；

　　　$t_{空}$——空气的预热温度，℃。

（5）煤气的物理热 $Q_{煤气}$，计算公式为：

$$Q_{煤气} = L_n c_{煤气} t_{煤气} \tag{1-26}$$

式中　$c_{煤气}$——煤气在 $0 \sim t$℃范围内的平均热容量，$kJ/(m^3 \cdot ℃)$，可根据煤气成分及每种成分的热容量求出；

　　　$t_{煤气}$——煤气的预热温度，℃。

（6）由于燃烧产物的热分解所损失的热量 $Q_{解}$：它指的是燃烧产物中三原子以上的气体（主要是 CO_2 和 H_2O）在高温下发生分解时所消耗的热量。

在炉子设计等工程计算中，为了避免 $Q_{解}$ 的繁琐计算，我们可以利用现成的图表来求理论燃烧温度，其中应用比较广泛的是罗津和费林格编制的 i-t 图（见图 1-2）。

i-t 图的纵坐标是燃烧产物的热含量 i（$kcal/m^3$），横坐标是理论燃烧温度 t（℃），它的用法是：

1）求出燃烧产物的热含量 i。所谓燃烧产物的热含量，指的是 $1m^3$ 燃烧产物所含

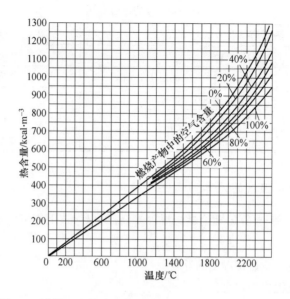

图 1-2　计算理论燃烧温度的 $i\text{-}t$ 图　（1kcal×4.187 = 1kJ）

有的热量，它来自三个方面，即：

$$i = c_{产} \, t_{产} = i_{燃} + i_{空} + i_{煤气} \tag{1-27}$$

式中，

$$i_{燃} = \frac{Q_{\mathrm{net}}}{V_{\mathrm{n}}}$$

$$i_{空} = \frac{Q_{空}}{V_{\mathrm{n}}} = \frac{L_{\mathrm{n}}}{V_{\mathrm{n}}} c_{空} \, t_{空}$$

$$i_{煤气} = \frac{Q_{煤气}}{V_{\mathrm{n}}} = \frac{1}{V_{\mathrm{n}}} c_{煤气} t_{煤气}$$

2）求出燃烧产物中过剩空气的体积分数 $\varphi(V_{\mathrm{L}})$，即：

$$\varphi(V_{\mathrm{L}}) = \frac{V_{\mathrm{n}} - V_0}{V_{\mathrm{n}}} \times 100\% \tag{1-28}$$

1.2.3.3　提高燃烧温度的途径

提高燃烧温度是强化冶金过程的重要措施之一。通过实际燃烧温度的热平衡方程进行分析，显然要提高 $t_{实}$ 的数值，必须增大下式中分子的数值，或者减少下式中分母的数值。

$$t_{实} = \frac{Q_{\mathrm{net}} + Q_{空} + Q_{煤气} - Q_{介} - Q_{不} - Q_{解}}{V_{\mathrm{n}} C_{产}} \tag{1-29}$$

（1）提高燃料的发热量。燃料的发热量越高，则燃烧温度越高。但燃料发热量的增大和实际燃烧温度的升高是不成正比的，当发热量增大到一定值后再增大发热量其对应的理论燃烧温度几乎不再增高。这主要是因为此时相应地燃烧产物量也随燃料发热量的增大而增大。

（2）实现燃料的完全燃烧。采用合理的燃烧技术，实现燃料的完全燃烧，加快燃烧速度，是提高燃烧温度的基本措施。

（3）降低炉体热损失。若采用轻质耐火材料、绝热材料、耐火纤维等，可以大大降低此项热损失，对于间歇操作的炉子，采用轻质材料还可以减少炉体蓄热的损失。

（4）预热空气和燃料。这对提高燃烧温度的效果最为明显，特别是预热空气效果更突出。因为空气量大，预热温度又不受限制，燃料的预热温度要受到碳氢化合物分解温度、燃料的燃点以及重油的闪点等条件的限制。目前冶金炉都纷纷地安装了空气换热器来提高空气温度，从而达到提高燃烧温度的目的。

（5）尽量减少烟气量。在保证燃料完全燃烧的基础上，尽量减少实际燃烧产物量 V_n 是提高理论燃烧温度的有效措施。具体来说就是：选择空气消耗系数 n 小的无焰烧嘴或改进烧嘴结构，加强热工测试，安装检测仪表对炉温、炉压和燃烧过程进行自动调节等方法都能使 V_n 降低而提高 $t_{理}$，从而达到降低燃耗的目的。

此外采用富氧空气助燃也可以降低从空气中带入的 N_2 而使 V_n 值大幅度降低。富氧空气助燃对于强化炉子热工过程的效果是很突出的，但富氧太多，燃烧产物的热分解将会增加，这反而对提高燃烧温度不利，一般富氧到 28%～30% 时为最佳。

生产实践中究竟采用哪种方法来提高燃烧温度，应根据冶金炉的具体情况作具体分析。

自　测　题

一、单选题（选择下列各题中正确的一项）

1. 按燃料种类，空气消耗系数下列选项正确的是_____。

　　A. 固体 > 液体 > 气体　　　　　　　　　B. 固体 > 气体 > 液体

　　C. 液体 > 固体 > 气体　　　　　　　　　D. 气体 > 液体 > 固体

2. 空气消耗系数小于 1 会造成_____。

　　A. 使热损失增加　　　　　　　　　　　B. 使钢大量氧化

　　C. 使钢大量脱碳　　　　　　　　　　　D. 产生不完全燃烧

3. 不影响燃料理论燃烧温度的因素有_____。

　　A. 燃料的发热量　　　　　　　　　　　B. 炉体的热损失

　　C. 烟气量　　　　　　　　　　　　　　D. 空气消耗系数

二、填空题（将适当的词语填入空格内，使句子正确、完整）

1. 不完全燃烧可分为两种情况：_____、_____。

2. 燃烧温度既与_____有关，又受_____的影响。

三、计算题

1. 已知重油应用基：$w^y(C) = 85.6\%$，$w^y(H) = 10.5\%$，$w^y(S) = 0.7\%$，$w^y(O) = 0.5\%$，$w^y(N) = 0.5\%$，$w^y(A) = 0.2\%$，$w^y(M) = 2.0\%$，当 $n = 1.1$ 时，试计算完全燃烧时的空气需要量、燃烧产物量、燃烧产物成分和密度。

2. 已知发生炉煤气的湿成分：$\varphi(CO^v) = 29.0\%$，$\varphi(H_2^v) = 15.0\%$，$\varphi(CH_4^v) = 3.0\%$，$\varphi(C_2H_4^v) = 0.6\%$，$\varphi(CO_2^v) = 7.5\%$，$\varphi(N_2^v) = 42.0\%$，$\varphi(O_2^v) = 0.2\%$，$\varphi(H_2O^v) = 2.7\%$。在

$n=1.05$ 的条件下完全燃烧。计算煤气燃烧所需的空气量、燃烧产物量、燃烧产物成分和密度。

知 识 拓 展

1. 燃料的燃烧计算包括哪些项目，其中的主要计算内容是什么？
2. 固体和液体燃料为什么不直接用重量计算而换算成千克分子数？
3. 气体燃料为什么可以直接用体积作单位进行计算？
4. 什么叫燃烧温度，实际燃烧温度与理论燃烧温度有何区别，如何提高燃烧温度？

1.3　燃料燃烧

气体燃料、液体燃料和固体燃料由于它们燃烧反应参数的不同和各自物理化学特性的不同，而使其燃烧过程各有区别，燃烧设备的选用也各不相同。

1.3.1　固体燃料的燃烧

冶金生产中常用的固体燃料是煤及煤的加工产品。

1.3.1.1　煤的燃烧过程及燃烧条件

煤的燃烧是复杂的物理化学过程，煤进入炉内，受到高温烟气的加热，温度逐渐升高，在此期间经历干燥、干馏、挥发分着火燃烧、焦炭燃烧、焦炭燃尽等各个阶段。

A　干燥

煤被加热时，首先是水分不断蒸发，煤被干燥。显然，煤中水分多，干燥消耗的热量也多，时间也长。

B　干馏

煤被干燥后，继续被加热，达到一定温度就开始析出挥发分，同时生成焦炭，即煤的干馏过程。煤中挥发分越多，开始析出挥发分的温度越低，加热的温度越高，时间越长，析出的挥发分越多，因此，测定挥发分时规定了加热的温度和时间。

挥发分多，其中碳氢化合物也越多，重碳氢化合物在高温、缺氧的条件下，会进行热分解，形成微小的碳粒，称为炭黑。由于碳粒很小很轻，在炉内不易烧掉而随烟排走，形成黑烟。为了使燃烧充分，不冒黑烟，必须保证挥发分燃烧所需的足够高的温度和充足的空气，例如加装二次风。

只有当挥发分达一定浓度，而且到一定温度时，才能着火燃烧，干馏阶段为燃烧前的准备阶段。

煤在燃烧的准备阶段中，非但不放热而且要吸收热量，所以必须组织好热量供应，其热源来自炉膛火焰或高温烟气、炽热的炉墙等。热量供应情况就决定了准备阶段的时间长短。

C 挥发分着火燃烧

煤继续被加热，挥发分不断析出，而且温度也随之升高，挥发分中可燃物质与氧气的化学反应也在逐渐加快，当挥发分达到一定温度和浓度时，化学反应速度急速加快，着火燃烧，形成明亮的黄色火焰。

不同的煤的挥发分着火温度是不一样的，通常我们将挥发分着火温度看成煤的着火温度，挥发分燃烧时放出热量，将焦炭加热到赤红程度（已达到能够着火的温度），但是焦炭并不会立刻燃烧，因为挥发分包围了焦炭，挥发分首先遇氧将氧耗掉了，氧气不能扩散到焦炭的表面，焦炭只能被加热而不能燃烧。

挥发分多，着火温度低，着火容易；挥发分少，着火温度高，着火困难。

D 焦炭的燃烧

当挥发分基本烧完以后，氧气扩散到焦炭表面上，焦炭开始着火燃烧，并发出较短的蓝色火焰。

焦炭是煤的主要可燃物，燃烧时能发出很多热量，例如：无烟煤的焦炭燃烧发热量占总发热量的95%左右。

焦炭的燃烧时固体（焦炭）与气体（氧气）之间的反应，化学反应速度很慢，因此燃烧时间较长，所以组织好焦炭的燃烧往往煤燃烧的关键。

E 焦炭燃尽

焦炭燃烧时，在其表面形成灰壳，阻碍空气与焦炭接触，同时焦炭被燃烧形成的二氧化碳和一氧化碳所包围，又妨碍空气向焦炭表面的扩散。因此，焦炭燃尽往往需要很长的时间，为了及时排掉燃烧产生的气体，还应保证空气有适当的速度，但也应注意供应太多的空气量，不利于保证一定的炉膛温度。

焦炭的燃烧和燃尽，其本质都是碳与氧相化合，因此有时也不加区别，统称为焦炭的燃烧阶段。由于焦炭燃烧和燃尽时间较长，在使用上，又常将燃烧阶段与燃尽阶段分开。习惯上，将燃烧速度较快、放出热量较集中的阶段称为燃烧阶段，而将燃烧速度较慢、放出热量较少的阶段称为燃尽阶段。

上述燃烧过程的各个阶段，在实际的燃烧设备中时不能截然分开的，它们常常是互相重叠，交错进行的。

1.3.1.2 块煤的燃烧

A 块煤的层状燃烧

将块煤放在由炉条组成的炉栅上铺成一定厚度的煤层进行燃烧，这种燃烧方法叫层状燃烧。如图1-3所示，燃烧所需的空气，从炉栅下供给，空气通过煤层时依靠空气的流动与煤块不断地发生碰撞而进行燃烧反应，所产生热烟气穿过燃料层进入炉膛。

影响块煤层状燃烧速度的因素如下。

a 通风速度

通过煤层的空气流速越快，则在单位时间内碰撞煤块的氧气分子数越多，燃烧速度越快，实际燃烧温度越高。同时，在空气流速较快情况下，更容易驱散块煤表面生成的

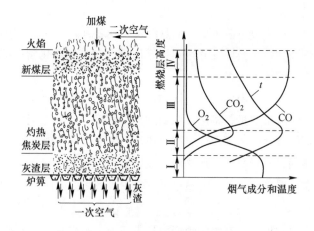

图 1-3　块煤的层状燃烧

燃烧产物气体 CO_2、CO 等，更快地暴露出新的燃烧表面，加速块煤的燃烧。

在高温下，固体碳的燃烧反应速度也是很快的。固体碳的整个燃烧过程的速度，取决于氧分子碰撞表面的速度，也就是决定于空气通过煤层的通风速度。

但是通风速度过大时，部分粒度较小的燃料被吹起而破坏料层稳定性，影响正常燃烧。在防止煤粉吹飞和不破坏床层稳定性的条件下，可尽可能加大通风速度。

b　煤的块度

块度越小，与空气的总接触面积越大，燃烧越快。但块度过小，又阻塞通风，且细粒煤粉容易被空气吹走或从炉算的缝隙中漏落，造成机械不完全燃烧损失。故块度宜适当，以 25～50mm 最好。

c　煤层厚度

煤层厚度对层状燃烧的影响很大，煤层厚度超过 0.3m 时，层内燃烧情况与煤气发生炉内相似。在下部燃烧生成的 CO_2，在上部又被炽热的碳还原成 CO，这种厚煤层的燃烧方法，称为半煤气化燃烧法，因产生部分可燃气体 CO，可供进一步燃烧。

煤层较薄（100～300mm）时，固体碳的燃烧基本上按下述反应进行，燃烧较为完全。

$$C + O_2 = CO_2$$

d　灰分熔点

灰分熔点较低的煤，燃烧时灰分易熔结成块，阻塞通风，造成部分煤块不能完全燃烧而损失；其次，清除渣块还要消耗一定劳动力。

e　挥发分含量

含挥发分高的煤进行层状燃烧时，由于挥发分着火容易，燃烧快，发热能力强，所以燃烧速度快，燃烧温度高。

以上诸因素中，通风速度及煤层厚度可人为控制，在薄煤层操作的情况下，调节通风速度就成为控制层状燃烧速度的主要手段。

B 煤的层状燃烧室

煤的层状燃烧室主要用于各种小型加热炉。这种燃烧室分人工加煤及机械加煤两种类型。图1-4为人工加煤层状燃烧室的结构。

炉栅的作用是托承煤层，并让助燃风均匀通过，一般用生铁铸成（高温下不易变形），或铸成条状，或铸成块状。除固定的水平炉栅以外，还有阶梯式及活动式。燃烧室空间是供挥发分气体燃烧的地方。助燃空气主要由炉栅下部鼓入或吸入（称为一次风）。为促进挥发分可燃气体的燃烧，可在燃烧室上部或炉膛内供给少量二次风。为延长火墙及燃烧室四壁耐火材料在高温下的使用寿命，有些地方采用安装水套的措施，以防止炉结。在灰坑中最好采用水封，既改善劳动条件，又产生少量水蒸气，通过高温煤层时生成可燃气体 CO 及 H_2。

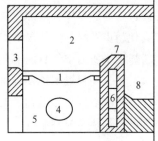

图 1-4 人工加煤层状燃烧室

1—炉栅；2—燃烧室空间；3—加煤门；4—助燃风入口；5—灰坑；6—冷却隔墙；7—火墙；8—炉膛

煤的层状燃烧存在着温度不易控制、燃烧不完全（机械性及化学性不完全燃烧都有，占3%～15%）、劳动强度大等缺点，故逐渐被其他燃烧方法所取代。不过，由于其设备简单，投资少，上马快，在小型企业仍然有采用的价值。

1.3.1.3 粉煤的燃烧

A 粉煤的燃烧过程

冶金炉中粉煤燃烧是将粉煤与空气混合后借燃烧器的作用喷入燃烧室或炉膛内，使粉煤悬浮在气流中进行燃烧。粉煤随空气喷入冶金炉后呈悬浮状态，粉煤一边随气流流动，一边依次进行干燥、预热、挥发分逸出及燃烧、焦炭粒子燃烧及燃烬等过程（图1-5）。

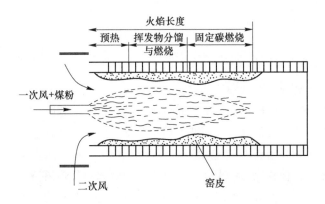

图 1-5 煤粉在回转窑内燃烧形成火焰过程示意图

粉煤的燃烧速度取决于粉煤的粒度大小及所含挥发分的多少。含挥发分越多、粒度越小的粉煤，燃烧时间越短，燃烧速度越快。但粒度越小，加工费用越大。若粉煤中挥发分含量多，则粒度可稍大点，以节约磨碎时的能量消耗。工业上通常采用孔径 0.088mm 筛上残留的粉煤量来评定粉煤的细度，以符号 $R88$ 表示，如 $R88 = 10\%$，即孔径 0.088mm 筛上残留粉煤量为 10%。根据经验，最经济的磨细度为 $R88 = 18\% \sim 20\%$。挥发分含量高的粉煤，能加速燃烧过程，因挥发分析出后，与空气混合进行燃烧，可以加热其他粉煤颗粒，而使燃烧加快。所以，一般要求挥发分不少于 20%。

粉煤燃烧所需空气分两部分通入：一部分用来输送粉煤供挥发分燃烧，这部分空气叫一次空气，随粉煤中挥发分含量不同，一次空气用量占总空气量的 15% ~ 50%，为防止爆炸，一次空气预热不超过 150℃；其余部分叫二次空气，供给粉煤完全燃烧，这部分空气可以预热至较高温度。

B 粉煤燃烧器

（1）根据粉煤燃烧情况的分析，粉煤燃烧器的要求如下：

1）组织良好的空气动力场，及时着火，保证燃烧的稳定性和经济性；

2）有较好的燃料适应性和负荷调节范围；

3）能减少 NO_x 生成，减少对环境的污染；

4）运行可靠，不易烧坏和磨损；

5）易于自动控制。

（2）粉煤烧嘴。粉煤烧嘴的结构类型有许多种，下面介绍涡流式粉煤烧嘴，如图 1-6 所示。

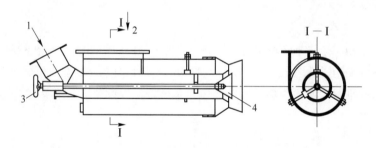

图 1-6 涡流式粉煤烧嘴

1—一次空气及粉煤入口；2—二次空气入口；3—操纵手柄；4—锥形调节阀

这种烧嘴的主要部分是两根同心管，粉煤及输送粉煤的空气（称为一次空气）混合物，通过内管喷出。助燃用的二次空气则从切线方向成旋涡状，通过外管流出，至烧嘴头部与粉煤及一次空气的混合物相遇，相互混合，最后一起呈旋涡状喷出至炉内进行着火和燃烧。为了加强粉煤与空气的混合，在内管有一可前后移动的活动杆，在杆的顶端连有锥形扩散器，使粉煤与一次空气混合物在内管出口处沿着离心的扩散方向喷出，以便与二次空气更好地混合。涡流式粉煤烧嘴的主要特点是粉煤与空气呈旋涡状喷出，这不仅加强混合，而且帮助粉煤悬浮于气流中，不易沉降。同时还延长粉煤在燃烧区停留的时间，使粉煤有足够的时间充分燃烧。

涡流式粉煤烧嘴的燃烧能力变动范围 1.2 ~ 1.5t/h，一次空气量约占整个空气量的 15% ~ 30%，一次空气及二次空气的压力为 1960 ~ 4905Pa。粉煤与空气混合物的实际喷出速度一般控制在 15~45m/s，过低容易引起回火危险，过高则可能引起脱火现象。

粉煤烧嘴还有多种其他型式。有的出口呈扁平形（比圆形出口混合好些），生成的火焰呈扁的扩散状。有的二次空气以一定交角冲向一次空气，以加强气流的紊乱和混合。还有单管式粉煤烧嘴，只有一次空气与粉煤的喷出管，没有二次空气管，这种烧嘴的混合较差，燃烧速度慢，火焰拉的很长，只适应于大型炉子。

C　高炉喷吹粉煤

高炉喷吹粉煤是从高炉风口向炉内直接喷吹磨细了的无烟粉煤或烟粉煤或这两者的混合粉煤，以替代焦炭起提供热量和还原剂的作用，从而降低焦比，降低生铁成本。

a　混合器

混合器是将压缩空气与粉煤混合并使粉煤启动的设备，由壳体和喷嘴组成，如图 1-7 所示。混合器的工作原理是利用从喷嘴喷射出的高速气流所产生的相对负压将粉煤吸附、混匀和启动。喷嘴周围产生负压的大小与喷嘴直径、气流速度以及喷嘴在壳体中的位置有关。

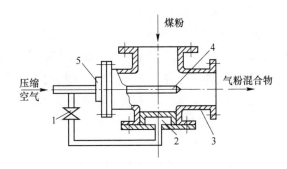

图 1-7　沸腾式混合器

1—压缩空气阀门；2—气室；3—壳体；4—喷嘴；5—调节帽

混合器的喷嘴位置可以前后调节，调节效果极为明显。喷嘴位置稍前或稍后都会引起相对负压不足而出现空喷（只喷空气不带粉煤）。目前，使用较多的是沸腾式混合器，结构示意图如图 1-7 所示，其特点是壳体底部设有气室，气室上面为沸腾板，通过沸腾板的压缩空气能提高空气、粉煤混合效果，增大粉煤的启动动能。

有的混合器上端设有可以控制粉煤量的调节器，调节器的开度可以通过气粉混合比的大小自动调节。

b　喷煤枪

喷煤枪由耐热无缝钢管制成，直径 15~25mm。根据喷枪插入方式可分为三种形式，如图 1-8 所示。

（1）斜插式：从直吹管插入，喷枪中心与风口中心线有一夹角，一般为 12°~14°。斜插式喷枪的操作较为方便，直接受热段较短，不易变形，但是粉煤流冲刷直吹管壁。

（2）直插式：喷枪从窥视孔插入，喷枪中心与直吹管的中心线平行，喷吹的粉煤流不易冲刷风口，但是妨碍高炉操作者观察风口，并且喷枪受热段较长，喷枪容易变形。

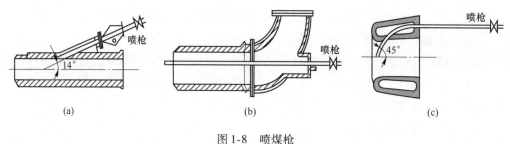

图 1-8　喷煤枪

(a) 斜插式；(b) 直插式；(c) 风口固定式

（3）风口固定式：喷枪由风口小套水冷腔插入，无直接受热段，停喷时不需拔枪，操作方便，但是制造复杂，成品率低，并且不能调节喷枪伸入长度。

c　氧煤枪

由于喷煤量的增大，风口回旋区理论燃烧温度降低太多，不利于高炉冶炼，而补偿的方法主要有两种，一是通过提高风温实现；二是通过提高氧气浓度即采取富氧操作实现。但是欲将 1100 ~ 1250℃ 的热风温度进一步提高非常困难，因此提高氧气浓度即采用富氧操作成为首选的方法。

高炉富氧的方法有两种：一是在热风炉前将氧气混入冷风；二是将有限的氧气由风口及直吹管之间，用适当的方法加入。氧气对粉煤燃烧的影响主要是热解以后的多相反应阶段，并且在这一阶段氧气浓度越高，越有利于燃烧过程。因此，将氧气由风口及直吹管之间加入非常有利，它可以将有限的氧气用到最需要的地方，而实现这一方法的有效途径是采用氧煤枪。

氧煤枪枪身由两支耐热钢管相套而成，内管吹粉煤，内外管之间的环形空间吹氧气。枪嘴的中心孔与内管相通，中心孔周围有数个小孔，氧气从小孔以接近音速的速度喷出。图 1-9 中 A、B、C 三种结构不同，氧气喷出的形式也不一样。A 为螺旋形，它能

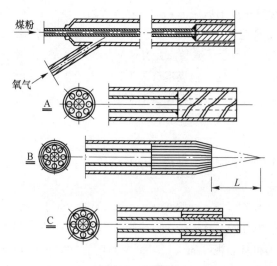

图 1-9　氧煤枪

A—螺旋形；B—向心形；C—退后形

迫使氧气在煤股四周做旋转运动，以达到氧煤迅速混合燃烧的目的；B为向心形，它能将氧气喷向中心，氧煤股的交点可根据需要预先设定，其目的是控制粉煤开始燃烧的位置，以防止过早燃烧而损坏枪嘴或风口结渣现象的出现；C为退后形，当枪头前端受阻时，该喷枪可防止氧气回灌到粉煤管内，以达到保护喷枪和安全喷吹的目的。

1.3.2 液体燃料的燃烧

液体燃料的燃烧（录课）

重油是一种很有特色的化石燃料，与煤相比，燃烧洁净、热值高；与天然气相比，安全、易于储存且不受地域限制。其在冶金生产中占有重要地位，近年来使用率有增加的趋势。

1.3.2.1 重油的燃烧过程

重油的可燃部分主要是由碳氢化合物组成，其燃烧过程比较复杂，可分为以下几个阶段。

（1）雾化阶段。重油如果直接燃烧，由于与空气的接触面小，燃烧速度太慢，燃烧温度低，不完全燃烧损失较大。工业上燃烧重油的方法是先将重油雾化成很细的油雾，大大增加了与氧气的接触面积。1kg未经雾化的重油表面积大约只有 $0.065m^2$ ，如果雾化成直径 $0.04mm$ 的油滴，表面积可增加到 $175m^2$ ，即增大2500倍以上。所以雾化对于重油燃烧是十分有意义的。

重油的雾化方法，通常是利用高速流出气体的摩擦和冲击作用，将重油分割成 $0.05 \sim 0.07mm$ 以下的油滴。作雾化用的气体，称为雾化剂，雾化剂可用空气或蒸汽。

（2）混合。重油雾化以后与空气的均匀混合，仍然是燃烧的重要条件。但混合好坏，首先决定于重油的雾化，雾化越细，则油雾与空气混合越好，接触面越大。

（3）预热阶段。重油必须预热到着火温度，才能起燃烧反应。在预热阶段，部分碳氢化合物会变为气体从重油中蒸发出来，还可能发生碳氢化合物的分解现象。预热是依靠燃烧反应放热以及高温炉壁的传热作用而实现的。预热得快慢也与雾化程度有关，雾化后的油滴越细，则预热到着火温度的速度越快。

（4）燃烧反应阶段。重油燃烧反应有以下两种可能的倾向：

当雾化程度较细，与空气混合充分的条件下，重油的可燃成分（碳氢化合物）很快进行燃烧反应，最终燃烧产物为 CO_2 及 H_2O 。燃烧反应可表示为

$$C_mH_n + \left(m + \frac{n}{4}\right)O_2 \longrightarrow mCO_2 + \frac{n}{2}H_2O$$

重油中碳氢化合物的燃烧反应属于链状反应，重油在雾化细、空气充足情况下进行燃烧反应的速度很快。

但当雾化不细，与空气接触面小的情况下，重油不能顺利地进行燃烧反应，碳氢化合物在高温下发生热裂，分裂出油烟状微粒碳（炭黑）。在极端情况下，热裂反应按下述化学式进行：

$$C_mH_n \longrightarrow mC + \frac{n}{2}H_2$$

重油燃烧时往往出现黑烟，这就是分裂出碳黑的表现。碳黑是固体，着火及燃烧反应速度均较慢，往往造成燃烧不完全的现象，因此应尽力避免这种倾向。

重油的燃烧反应较为复杂，包括气体、液体及固体微粒的燃烧反应，通常称为"多相燃烧反应"。

在正常燃烧的情况下，上述四个阶段是连续、自动，而且几乎是同时进行的。重油燃烧的好坏主要取决于雾化程度的好坏，雾化越好，油滴越细，表面积越大，加热越快，氧较易渗入，燃烧速度快，即便形成炭黑，其颗粒也很细小，细粒炭不仅能很快燃烧，并且还增加了火焰的辐射能力。

1.3.2.2 重油喷嘴

重油的燃烧装置叫重油喷嘴。重油喷嘴的主要作用是雾化，在雾化基础上实现重油与空气的混合、着火及燃烧反应。重油嘴嘴的型式很多，但依据雾化剂的压力不同，可分为低压喷嘴与高压喷嘴两大类。

不论何类喷嘴，它们的结构原理都一样，实际上就是两根同心管，重油通过里面的小管流出，而雾化剂通过内外管子之间的环形截面喷出，与重油相遇。由于雾化剂喷出时的冲击和摩擦作用，将重油分散，割裂成颗粒很细的雾状。雾化剂喷出的速度越快（可达50Mm/s或更高），则雾化颗粒越细。

A 低压喷嘴

低压喷嘴采用普通鼓风机供给的空气作为雾化剂，压力在9810Pa以下，通常在2940~8870Pa。

我国各地使用的低压重油喷嘴结构型式很多，其中"C-1"型是最简单的一种，如图1-10所示。

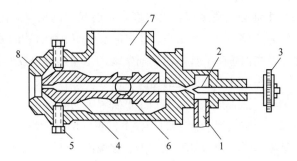

图1-10 "C-1"型低压重油喷嘴结构示意图

1—重油输送管；2—油量针状调节阀；3—针状调节阀手轮；4—重油喷管；

5—重油喷管的定位螺钉；6—移动重油喷管的偏心轮；

7—空气导管；8—空气喷口

在这种喷嘴中，重油经输送管由下部流入喷嘴内，转90°弯，进入重油喷管中然后喷出。空气由上部进入，经过重油喷管与喷管外壳之间的环形通道喷出。空气的环形喷出口是向内收缩的，其作用是迫使空气成一定交角喷向重油，以加强雾化，为调节油量，在重油的入口处有一针形调节阀，转动此阀即可控制重油的喷出量。为调节空气的喷出速度，重油喷管依靠偏心轮的作用前后移动。当它前后移动时，改变了空气喷出口的环形截面，因而可改变空气的喷出速度。为使重油喷管前后移动时不偏离中心位，在喷嘴头部周围有四个定位螺钉。

调节空气喷出速度很有必要，因为空气喷出速度是影响雾化质量的决定性因素。如空气喷出口的环形截面积不能改变，则当生产中需要降低烧油量，因而减少空气量时，不能保持原有的空气喷出速度，势必降低雾化质量，不能得到雾化很细的油雾。

根据生产实践，"C-1"型喷嘴的雾化不理想。为提高雾化质量，出现了多种型式的低压重油喷嘴。它们的主要区别是重油与空气相交的结构不同：有的型式是重油通过喷管上几个小孔喷射出来；有的是空气沿着重油喷出的切线方向分成许多股与重油相通；有的是空气与重油多次相遇（即所谓多次雾化）；有的是空气与重油成90°角相交；有的是空气与重油量按比例调节（称为比例调节喷嘴）。

低压喷嘴的优点是雾化剂压力低，雾化费用较少；其次重油燃烧所需要的空气一般全部作为雾化剂（也可以在火焰根部补给少量燃烧所需空气），在雾化的同时进行了良好的混合，因而在空气消耗系数较低（$n = 1.15 \sim 1.20$）的情况下也能进行充分燃烧。由于重油与空气的混合较好，故燃烧速度较快，生成的火焰较短。所以低压喷嘴适用于中小型冶金炉，对于大型炉子如果允许安装数量较多的喷嘴，则也可以适用。

低压喷嘴的燃烧能力（或雾化能力）变动范围较大，最小为 1kg/h，最大可达150kg/h。由于雾化剂的压力较低，故燃烧能力一般较低。

燃烧所需空气基本上全部通过喷嘴，故空气如进行预热，则预热温度不能过高，一般不超过 300℃。预热温度过高时，重油在喷管内部发生热裂反应，生成碳黑等固体残渣，容易使喷出口堵塞。

B　高压喷嘴

高压喷嘴使用压缩空气（压力为 $3 \sim 8$ 个大气压）或高压蒸汽（压力为 $3 \sim 12$ 个大气压）作雾化剂，用蒸汽的费用较低，但蒸汽混入火焰中消耗热量，使燃烧温度有所降低。

高压喷嘴的雾化原理与低压喷嘴没有区别。由于高压喷嘴的雾化剂压力大，喷出速度快，对重油的冲击力大，故雾化能力强。使用压缩空气作雾化剂时，作雾化用的空气仅仅是少量的，约占整个燃烧所需空气量的10%，而大部分助燃空气（低压）是另外送到（不通过喷嘴）火焰根部，与雾化后的重油混合，进行燃烧反应，这部分空气通常称为二次空气；而作雾化用的，通过喷嘴的那一部分空气叫作一次空气。若用蒸汽作雾化剂，则全部助燃空气另行供给。

在结构上，高压喷嘴与低压喷嘴基本相同。图 1-11 所示是我国普通的 GZP 型高压喷嘴的结构示意图。

在这种喷嘴中，重油由导管通过进油孔流入重油喷管，而后喷出。雾化剂由雾化剂导管进入喷嘴，通过内外管子之间的环形截面喷出，与重油相遇，使后者雾化。空气喷口的外管是向内收缩的，其作用在于使雾化剂成一定角度冲向重油，以加强雾化。重油喷管通过尾柄的调节，可以前后移动，达到改变雾化剂喷出口环形截面积，从而调节雾

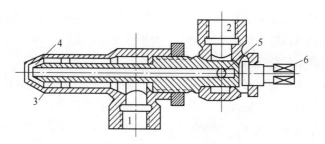

图 1-11　GZP 型高压喷嘴的结构示意图

1—雾化剂导管；2—重油导管；3—重油喷管；4—雾化剂喷出口；

5—进油孔（重油经此孔进入喷口）；6—调节重油喷管位置的尾柄

化剂喷出速度的目的。这些与低压喷嘴相似。

　　高压喷嘴与低压喷嘴比较，在结构上也有其特点，高压喷嘴的雾化能力强，故重油喷管的内径较低压的粗些，最大可达 15mm。高压喷嘴的雾化剂压力高，用量少，喷出速度又快，故雾化剂导管以及喷出口的直径都比低压喷嘴的小些，外形显得紧凑些。

　　高压重油喷嘴在性能上具有以下特点：

　　（1）高压喷嘴的助燃空气几乎全部不通过喷嘴，而另外供给，故重油雾化后与空气达到充分混合所需要的时间较长，整个燃烧过程的速度较慢，生成的火焰较长，一般 3 ~ 4m，还可长达 6 ~ 7m。因此高压喷嘴多用于大型工业炉。

　　（2）根据前面的分析，高压喷嘴的雾化能力强，远远超过低压喷嘴，在单位时间内能够雾化和燃烧更多的重油。雾化能力随着雾化剂压力以及重油压力等条件不同而变化。

　　（3）与低压喷嘴不同，高压喷嘴的助燃空气几乎全部不通过喷嘴，因而空气的预热温度不受限制，这是高压喷嘴的有利因素。

　　（4）高压喷嘴的重油与空气混合较差，为充分燃烧所需要的空气消耗系数较大（1.2 ~ 1.25），故当其他条件相同时高压喷嘴的燃烧温度稍低于低压喷嘴。采用蒸汽作雾化剂时，因蒸汽要吸收热量，燃烧温度会更低一些。

　　C　重油的乳化

　　近些年来，为了强化油的燃烧过程，节约燃料，将一部分水（10% ~ 15%）加入油中，经强烈搅拌使之成为油水乳化液，然后经过油喷嘴燃烧。

　　使油和水混合变成乳化液的方法有两类，一类是机械搅拌法，另一类是超声波振荡法。后一种方法简单，国内已广泛采用，其中效果较好的是用簧片式超声波发生器（簧片哨）。其工作原理如图 1-12 所示。含一定量水的油水混合物（尚未成乳化液）由喷口的狭缝喷

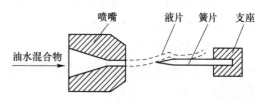

图 1-12　簧片哨工作原理

出，产生一个高速的液片，迎面冲击在固定支座上的簧片上。当液片流速大于一定值时会产生横向振动，并产生激发簧片振动的横向激发力，当此力的频率或谐频与簧片的固

有振动频率相同时，则激起簧片共振而向周围介质发射强烈的超声波，使水和油极均匀地混合而成乳状液。

油水乳化液中，水必须呈极小的颗粒（1~5μm）而均匀分布，水的颗粒越细，分布越均匀，乳化液也就越稳定，并且也越有利于燃烧。

许多关于乳化液燃烧机理的研究表明，乳化液燃烧之所以能改善燃烧过程，主要是因为乳化后，每一小水珠之外包有油，经喷油嘴雾化以后，每一油颗粒之中含有一滴水，当进入高温区时，水很快达到沸点变成蒸汽，蒸汽压力冲破包在其外面的油层，致使该油滴又炸碎为更小的油粒，这就是所谓油的二次"爆炸"雾化。乳化液燃烧，由于产生这种二次雾化，相当于改善了雾化质量，从而得到更好的效果。

另外，油中含有很多水分，对燃烧过程也有不利的一面。如水分含量越多，发热量则越低，废气体积增加，最后将使理论燃烧温度降低。由于乳化液可以使雾化变好，就可以减少空气消耗系数而达到完全燃烧。因此，虽然含水分多了，但空气消耗系数小了，最终也不致使燃烧温度降低，所以在评价乳化液燃烧效果时，也应进行全面的分析。

总之，油掺水乳化燃烧法，是一种改善雾化质量和节约油的有效措施。

D　磁化油技术

将重油在可控强磁场的 N 级、S 级中间流过时，在磁力线的作用下，重油分子中的碳氢键、碳氧键会产生变形，使得分子结合力下降，从而降低了重油的黏度与表面张力，为提高重油的雾化质量创造了条件，燃烧速度与燃烧温度都有所提高。

E　利用预蒸发技术燃烧重油

实现液体燃料预蒸发燃烧的关键在于实现液体燃料燃烧前的汽化即预蒸发。采用预蒸发技术燃烧液体燃料时，燃料以气体状态和空气均匀混合，燃烧过程中不存在"液核"，故可避免燃烧过程中出现析碳和因局部高温产生热力 NO_x 现象，实现液体燃料的高效低排污燃烧。

图 1-13 是一台采用预蒸发技术的重油燃烧器结构简图。该燃烧器主要由 5 部分组

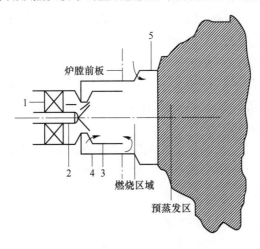

图 1-13　采用预蒸发技术的重油燃烧器原理简图

成：1—燃烧空气入口；2—油喷管；3—混合管（内管）；4—火焰管（外管）；5—火焰管（第二引射管）。

其工作原理是：重油经雾化后与旋转热空气在内管中先混合，部分蒸发，并开始发生预反应，在火焰管（外管）和火焰管（第二引射管）中发生预燃烧和缓慢反应，在火焰管（第二引射管）出口前完全蒸发并在出口处着火燃烧，火焰通过自身旋转被稳定在火焰管（第二引射管）出口处。为了延长着火延迟时间和加速蒸发，在混合管和火焰管（第二引射管）内部分别有预反应产物和燃烧的废气参与了循环。

1.3.3　气体燃料的燃烧

气体燃料的
燃烧（录课）

1.3.3.1　气体燃料的特性

（1）具有基本无污染燃烧的综合特性。气体燃料是一种比较清洁的燃料。它的灰分、含硫量和含氮量较煤和油燃料要低得多，燃气中粉尘含量极少。近年来，由于气体燃料脱硫技术的进步，在燃烧时几乎可以忽略 SO_x 的发生。气体燃料中所含的氮与其他燃料相比，燃烧时转化成 SO_x 少，并且对于高温生成的 SO_x 量的抑制也比其他燃料容易实现。因此，对于保护环境提供了有利条件。同时，气体燃料由于采用管道输送，没有灰渣，基本消除了在运输、贮存过程中发生的有害气体、粉尘和噪声干扰。燃烧烟气也可以直接加热热水或干燥材料。在有些情况下，利用降低烟气温度，使烟气中大量蒸汽析出，回收凝结水，甚至比其他方法制取软水更为合算。

（2）易于燃烧调节。燃烧气体燃料时，只要喷嘴选择合适，便可以在较宽范围内进行燃烧调节，而且还可以实现燃烧的微调，使其处于最佳状态。燃气燃料不仅能适应低过氧化物燃烧，而且具有能够迅速适应负荷变动的特性，从而为降低燃料消耗、增大燃烧效率提供了有利条件。

（3）良好的可操作性。与油燃料相比，气体燃料输送消除了一系列黏度降低、保温、加热预处理等装置，在用户处也不需要贮存措施。因此，燃气系统简单，操作管理方便，容易实现自动化。另外，燃气几乎没有灰分，允许大幅度提高烟气流速，受热面的积灰和污染远比燃煤、燃油时轻微，不需要吹灰设备。在其他条件相似的情况下，燃气锅炉的炉膛热强度高于燃煤、燃油锅炉。因此，燃气锅炉的体积小，金属、耐火、保温等材料以及建设投资大大降低。

（4）易于调节热值。特别是在燃烧液化石油气燃料时，在避开爆炸范围的部分加入空气，可以按需要任意调整发热量。因此，在液化石油气储存和分配站，通常安装鼓风机或使用压缩空气稀释燃料气。

但是气体燃料价格贵，贮藏困难，管路施工及架设等费用高；同时煤气与空气按一定比例混合会形成爆炸性气体，而且气体燃料大多数成分对人和动物是窒息性的或有毒的，对使用安全技术提出了较高的要求。

1.3.3.2　气体燃料的燃烧过程

冶金生产中使用的气体燃料很多，主要使用的气体燃料是煤气，气体燃料的燃烧是一系列复杂的物理与化学过程的综合，整个燃烧过程可以视为煤气与空气的混合、煤气与空气混合气体的着火、完成燃烧反应三个阶段，它们是在极短的时间内完成的。

A 煤气和空气的混合阶段

要实现煤气中可燃成分的氧化成分反应，必须是可燃物质的分子能和空气中氧分子接触，亦即使煤气和空气均匀混合，煤气与空气的混合属于紊流扩散和机械掺混过程。其影响因素有：

（1）煤气和空气的流动方式。当煤气和空气平行流动时，混合速度最慢，或叫混合不良，形成的火焰最长；当煤气和空气的流动方向之间有一定夹角，特别是呈旋转运动时，能够加快混合速度，燃烧较好，火焰较短。

（2）气流速度。在紊流情况下，气流速度越大，紊流作用就越强，混合也就越快，越有利用燃烧作用。并且，煤气和空气之气流速度差越大，混合就越快，越有利于燃烧。

（3）气流直径。气流直径越大，完成混合所需的时间越长。采用多喷口、细流股的喷嘴，将气流分成许多细小流股，可以增加煤气和空气之接触面，从而加速其混合，提高燃烧强度。

（4）适当增大空气消耗系数，可以使混合加快，火焰缩短；反之，则混合变慢，火焰拉长。

B 煤气与空气混合气体的着火阶段

经过混合以后的煤气空气混合物（以下简称可燃气体），只有在被加热到一定温度时才能进行燃烧反应，这一开始进行燃烧反应的临界温度叫作燃料的着火温度或着火点。

燃料的着火温度并不是一个定值。它与燃料的组成、空气用量、受热速度及氧气浓度、周围温度、燃烧室的结构等诸多因素有关。当氧化放热反应速度或散热速度变化时，均能使着火温度改变。因此对某种燃料一般只能给出一个着火温度范围或最低着火温度，它们一般由实验求得。

某些燃料在1atm下在空气中的着火温度范围或最低着火温度见表1-12。

表1-12 常见燃料的着火温度范围

燃料种类	着火温度/℃	燃料种类	着火温度/℃
H_2	530~590	焦炉煤气	550~650
CO	610~658	发生炉煤气	700~800
CH_4	800~850	天然气	750~850
C_2H_6	530~594	重油	500~600
C_2H_2	335~500	烟煤	400~500
高炉煤气	700~800	无烟煤	600~700

冶金炉上一般都是先用一小的热源（电火花灼热的小物体、小火焰）将可燃混合物某一局部先加热到着火温度，然后引起其他部分着火，这样的着火过程称为强迫着火

或点火。

为了使点火以后的燃烧反应连续稳定地进行下去，必须要求燃气点火燃烧之后所放出的热量足以能够使邻近的未燃气体加热到着火温度。而燃烧过程稳定与否和煤气与空气的混合比例有直接关系。也就是说：只有当煤气和空气的比例处于一定范围之内时，才能使燃气保持连续稳定的燃烧，这一浓度范围叫作着火浓度极限。

当煤气的浓度小于着火浓度的下限时（空气过多），这种煤气空气混合物就不会着火，因为它发出的热量不足以把邻近的气体加热到着火温度。同理，如果煤气的浓度大于着火浓度的上限（空气太少），则这种混合气体只有在大气中才能保持稳定地燃烧，因为这时它可以从大气中补充所需要的氧气。

综上所述，给可燃气体加热使之达到着火温度，要连续燃烧就必须使可燃气体浓度保持在着火浓度极限范围之内。冶金生产中常用煤气空气混合物的着火浓度极限可见表1-13。

表 1-13　常见燃料的着火浓度极限

燃料种类	着火浓度极限/%		燃料种类	着火浓度极限/%	
	下限	上限		下限	上限
H_2	4.0 ~ 9.5	65.0 ~ 75.0	高炉煤气	35.0 ~ 40.0	65.0 ~ 73.5
CO	12.0 ~ 15.6	70.9 ~ 75.0	焦炉煤气	5.6 ~ 5.8	28.0 ~ 30.8
CH_4	4.9 ~ 6.3	11.9 ~ 15.4	发生炉煤气	—	—
C_2H_2	2.5	80.0	天然气	5.1 ~ 5.8	12.1 ~ 13.9

掌握煤气的着火温度和着火浓度极限，不仅对炉子的正常操作和管理有实际意义，而且对煤气的防火、防爆等安全技术也有重要意义。

C　燃烧反应阶段

当煤气空气混合物达到其着火温度后，煤气中可燃成分与助燃介质氧气发生强烈的燃烧反应，并放出大量的热。

煤气中各可燃成分燃烧的化学反应方程式只表示最初和最终状态，而没有表示出反应的中间过程。根据研究，煤气中可燃成分的燃烧反应是经过许多中间过程才实现的，属于链式反应。

链式反应理论认为，燃烧反应是通过一些化学性极活泼的中间物质来实现的，这些中间物质称为活性核心，它们主要是氢原子、氧原子以及氢氧基。它们的产生是分子受到高温的激发分解所引起的，例如：

$$H_2 \longrightarrow H + H$$

活性的氢原子与氧分子碰撞后，又生成活性氧原子和氢氧基：

$$H + O_2 \longrightarrow OH + O$$

所生成的活性中间物质当与可燃气体的分子如 H_2 及 CO 等碰撞时，即起燃烧反应，并生成新的活性中间物：

$$OH + H_2 \longrightarrow H_2O + H$$

$$OH + CO \longrightarrow CO_2 + H$$
$$O + H_2 \longrightarrow H_2O$$
$$O + CO \longrightarrow CO_2$$

如此不断地生成中间活性物质，不断地与可燃气体的分子起燃烧反应。因此，H_2 的燃烧反应过程可表示如下：

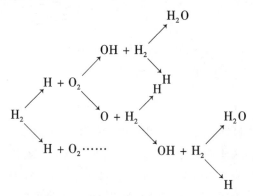

经过研究证明，煤气中碳氢化合物的燃烧反应也是链状反应，只不过较复杂一些。以 CH_4 的燃烧为例，其过程如下：

$$CH_4 + O \longrightarrow CH_4O + O_2$$

由于大量活性中间物质的作用，燃烧反应进行非常迅速，温度越高，则反应速度越快。

根据以上分析，煤气的燃烧过程中起决定作用的是煤气与空气混合，只要煤气与空气混合好了，则在高温下着火和燃烧就都进行得十分迅速。所以，混合充分与不充分是整个燃烧过程快慢的关键。创造条件促使煤气与空气充分地混合，就成为煤气燃烧技术中的主要问题。

1.3.3.3 煤气燃烧的火焰

煤气燃烧时一般都生成长短不同、轮廓明显的火焰。所谓火焰，就是正在进行燃烧反应的一般高温混合物，其中包括参与燃烧后刚生成的产物。

煤气燃烧时所生成的火焰结构，如图 1-14 所示。煤气与空气从燃烧器内流出以后，在区域 1 内进行混合，在区域 2 内混合物被邻近的高温燃烧区 3 所加热，迅速地达到着火温度，混合物达到区域 3 就进行剧烈的燃烧反应。所以煤气火焰是由混合区、预热区（加热到着火温度）以及燃烧反应区所构成。这是对煤气火焰的简单描述，实际上各区不一定有明显的界限，而且往往是交错的。

煤气燃烧火焰
（动画）

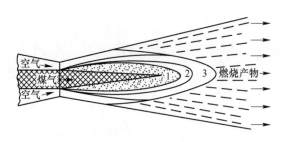

图 1-14　煤气火焰的近似结构

1—混合区；2—预热区；3—燃烧反应区

A　火焰传播速度的基本概念

燃气在点火后，通过燃烧反应所放出的热量把邻近的未燃气体加热，使其达到着火温度，从而燃烧起来。这种通过热能的传递，而使燃烧反应区逐渐向前推移的现象叫作"火焰的传播"。燃烧反应在可燃混合物中扩展的直线速度，称为火焰的传播速度。

图 1-15 为燃气燃烧的火焰传播实验示意图，通过实验建立火焰传播的基本概念。

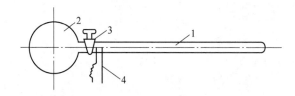

图 1-15　火焰传播速度的实验装置

1—耐热玻璃管；2—大容器；3—三通开关；4—电阻丝点火器

水平放置的是耐热玻璃管 1，一端封闭，另一端与比它体积大几十倍的容器 2 相接，靠近大容器一端装有三通开关 3 以及电阻丝点火器。大容器主要起缓冲作用，因煤气燃烧后温度升高，体积大大膨胀。

通过三通开关将煤气与空气的混合物充入玻璃管内，而后将电流通过电阻丝，进行点火。在点火后的瞬间，点火器四周的少量混合气体首先被加热到着火温度，并很快燃烧起来，形成一层平面火焰，称为火焰前沿（或燃烧前沿）。火焰前沿的温度很高，它将热量传给相邻的一层可燃混合物，使其温度达到着火温度，并着火燃烧。原来的火焰前沿的位置上已是燃烧完了的燃烧产物，新着火的一层可燃混合物又变成了新的火焰前沿，它又将热量向前传递。这样，一层一层地被加热，着火燃烧。可以看到火焰前沿连续地向前（向右侧）移动。这种由于热量传递而使火焰前沿持续移动的燃烧过程叫作火焰正常传播或正常燃烧。

火焰前沿向前移动的速度，称为火焰传播速度（v_k）。火焰传播速度大，可燃混合物燃烧较快；火焰传播速度小，可燃混合物燃烧较慢。氢气 H_2 燃烧时，火焰传播速度最快，一氧化碳 CO 次之，烷烃 C_mH_n 最慢（天然气主要成分是甲烷 CH_4，属于烷烃）。

假若上述实验管内的可燃混合物不是静止的，是连续供气、是流动的，流动速度为

$v_燃$，其流动方向与火焰传播速度 $v_火$ 的方向相反，这时，则可能有三种情况：

（1）当 $v_燃 = v_火$ 时，即两者速度相等，这时火焰前沿的位置将是稳定不动的，也就是燃烧稳定。

（2）当 $v_燃 < v_火$ 时，火焰前沿就会向管内移动，在烧嘴中发生这种现象便称为"回火"，此时的气流速度叫回火极限。无焰燃烧发生回火是很危险的；有焰燃烧一般不会发生回火，但可能出现息火，燃烧不正常。

（3）当 $v_燃 > v_火$ 时，火焰前沿就会向管口移动，而最终脱离管口，这种现象便称为"脱火"现象，此时的气流速度叫脱火极限。在熔炼炉里可能造成燃气过多，形成烟道着火，炉温不均匀，造成浪费。

在实际生产中，应避免"回火""脱火"现象的发生。也就是说，供气速度不可过小，也不可过大。为了保证燃烧过程和火焰的稳定，必须使可燃混合气体的喷出速度与该条件下火焰传播速度相适应，即保持二者动态平衡。

生产中，脱火和回火都是不允许的。脱火时必然引起不完全燃烧，由于未燃气体连续不断流入炉内，易引起操作人员的窒息、中毒，并且极易发生爆炸事故。回火时，空气吸入要减少，导致不完全燃烧，同时，因燃烧在燃烧器内进行，不仅可能烧坏燃烧器，也可能发生爆炸等事故。

显然，火焰传播速度大的煤气（如含 H_2 多的煤气）不易脱火而易回火，火焰传播速度小的煤气（如含 CH_4 多的煤气）易脱火而不易回火。

B　煤气燃烧的稳定范围

当可燃混合物的喷出速度介于脱火极限和回火极限之间时，在燃烧器出口的燃烧能保持稳定。另外，空气消耗系数对燃烧的稳定性也有影响。

图 1-16 是天然气稳定燃烧范围的曲线图。它主要由脱火极限和回火极限两条曲线所构成。图的右上方为脱火曲线，可燃混合物速度和空气消耗系数所构成的坐标点落在该曲线之外时，就要脱火。图下部凸形线为回火曲线，某点坐标在此以下则发生回火。不过，当空气消耗系数小到一定数值时，燃烧已明显不完全，火焰呈现亮黄色。这样，把产生黄色火焰的极限和脱火极限、回火极限三条曲线围成的区域叫燃烧的稳定范围或

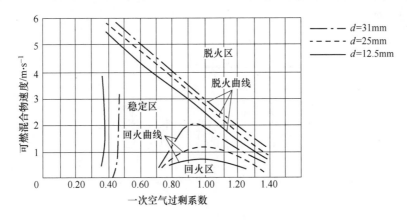

图 1-16　天然气的稳定燃烧范围

稳定区。

由图可见，空气消耗系数增大，稳定区缩小，易于脱火也易于回火。减小燃烧器火口直径，稳定区扩大。一般情况下，脱火与回火除与空气消耗系数、燃烧器火口直径有关外，还与燃料的种类、燃料与空气的混合及温度等因素有关。

C　火焰长度

在一般冶炼或加热用的火焰炉内，温度的分布取决于火焰的长度。故火焰长短对于物料的熔炼和加热有很大影响。

火焰是正在进行燃烧反应的一股混合物，故它的长度决定于燃烧速度，燃烧速度越快，则火焰越短。而整个燃烧过程的速度又主要决定于混合阶段的速度，故火焰长短主要取决于煤气与空气的混合速度，随着混合速度的加快而缩短。此外，火焰长短还与煤气的燃烧量等因素有关。在单位时间内，若燃烧装置喷出的煤气量增多，则在其他条件相同时，燃烧反应完成需要的时间增多，火焰就相对延长。

1.3.3.4　煤气燃烧方式

根据煤气和空气的混合情况，煤气的燃烧方式可分为三大类：长焰燃烧、短焰燃烧及无焰燃烧。

A　长焰燃烧

所谓长焰燃烧是指煤气与空气在烧嘴中不混合，而是在离开烧嘴进入炉内（或燃烧室内）边混合边燃烧，形成一个火焰。这时，燃烧速度受到混合速度的限制，火焰较长，并有明显的轮廓，且煤气和空气的混合依靠相互间的分子扩散和转移，故又称为扩散燃烧。

在长焰燃烧方式中，由于煤气中的部分碳氢化合物不能立即与空气混合而燃烧，会在高温下发生裂化反应，析出微小碳粒，这种碳粒能辐射出可见光波，呈现出明亮的火焰，因此，长焰燃烧又称为有焰燃烧。

a　层流扩散火焰和紊流扩散火焰

对一定的煤气燃烧器喷出口，使煤气喷出速度逐渐加大，就可得出如图 1-17 所示的火焰状态图。

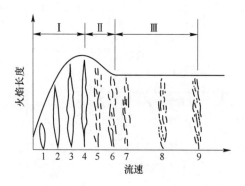

图 1-17　煤气喷出速度对火焰长度的影响

（1）当煤气喷出速度较小时，气流呈层流状态，火焰无搅动，边界清晰。慢慢加大喷出速度，火焰长度逐渐增加，这就是层流扩散火焰。如图 1-17 的Ⅰ段所示。

（2）喷出速度增加到一定程度后，火焰尾部开始搅动而进入紊流状态。此后，随喷出速度的继续增加，火焰紊流区扩大，搅动渐趋激烈，混合加快，火焰开始缩短。这就是图 1-17 的Ⅱ段所示的情况。

（3）煤气喷出速度进一步增加，气流一离开喷口就立即变为紊流状态。此时，即使再增加煤气量，因搅动激烈，混合已由扩散向对流转化，火焰长度就不再变化了。这时的火焰叫紊流扩散火焰。

层流扩散火焰靠分子扩散混合，混合强度低，燃烧能力小而且燃烧不完全，在应用上极其有限。紊流扩散火焰混合强度大，混合快而且好，应用较普遍。

b　扩散火焰的稳定性

扩散火焰的稳定性很好，不会回火，也很难脱火。只有当煤气速度过大，造成空气供应不足，或空气过多，反而冲淡了煤气时，方会脱火。

c　强化长焰燃烧的方法

只向炉内供应煤气，空气靠其自由扩散而组织燃烧的纯扩散燃烧方式很少采用。为了提高燃烧强度，大多采用在供应煤气的同时用强制送风的办法供应空气。这时，燃烧的强度、完全度、火焰形态决定于煤气、空气的混合强度和混合完全度。

图 1-18 介绍了几种长焰燃烧的燃烧器结构示意图和它们的火焰长度曲线。

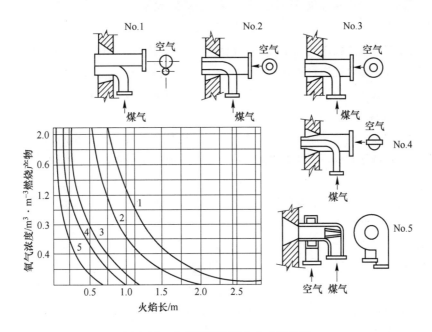

图 1-18　火焰长度和混合方式的关系

第一种燃烧器的空气、煤气以相切的两圆管分别喷出，两种气流的交汇区很小，混合强度小，混合时间长，故火焰最长；

第二种燃烧器空气、煤气分别由两同心圆管喷出，交汇区有所增加，火焰长度开始缩短；

第三种情况下，空气、煤气同心流出，但空气呈旋流状态，搅动较激烈，混合快，火焰更进一步缩短；

第四种燃烧器的空气、煤气仍同心流出，但气流扁平厚度减小，又有一定交会角度，使两气流均能穿透对方区域，混合很易完成，火焰更短。

最后一种燃烧器混合最好，此时，煤气呈环状流出并和以切线方向旋转喷出的多股空气呈大角度相遇，搅动十分激烈，混合过程最快、最好，火焰最短。不过这两种气流在燃烧器中已有相当部分完成混合，有回火的可能。故严格说来，已不属于长焰燃烧的范畴了。

为了强化长焰燃烧，可采用以下一些方法：

（1）增大空气、煤气两气流的速度差；

（2）加大两气流的交汇角度；

（3）减小气层厚度，或使气流呈多股细流喷出；

（4）增大气流搅动程度，促使气流旋转。

长焰燃烧不需要很高的煤气压力，一般情况下，煤气压力只需要有 490 ~ 2940Pa 即可，所以常把长焰烧嘴统称为低压烧嘴。长焰燃烧因为煤气和空气在进入炉内之前不预先混合，所以可允许把煤气和空气预热到较高的温度（不受着火温度的限制），有利于回收废热和节约燃料。长焰燃烧时燃烧强度低、燃烧不易完全、燃烧温度不高，但因燃烧火焰较稳定，燃烧器容量可较大，故其应用仍较广泛。

B　无焰燃烧

所谓无焰燃烧是指煤气和空气进入炉膛（或燃烧室）前预先进行了充分混合，燃烧时速度很快，整个燃烧过程在烧嘴砖（或叫燃烧坑道）内就可以结束。火焰很短或看不到火焰，故此称为无焰燃烧。因为煤气和空气提前混匀，故又叫作预混燃烧。

a　层流火焰的前焰面

气体运动时，不论是层流还是紊流，中心流速总是最大，管壁附近速度最小。从火焰传播速度的概念知道，要使着火前焰面在一个地区固定下来，气流速度必须和火焰传播速度相等。

自喷管里喷出的煤气、空气可燃混合物，和管壁相邻的周边上气流速度最小，火焰传播速度和气流速度首先在此平衡，燃烧前焰面即在此形成。这一环形着火区好似一点火源一样，依次引燃气流中间各部分的可燃混合物。

可燃混合物喷出后，气流截面逐渐加大，能量也逐渐损失，气流中心部分的速度也就逐渐衰减下来直到和火焰传播速度相平衡而形成着火前焰面为止，故着火前焰面如锥形。在理想状态下，前焰面应为一圆锥体，实际上，由于气流速度分布和温度分布的影响，各点的实际火焰传播速度不尽相同，以层流火焰为例，其前焰面形状如图 1-19 所示。

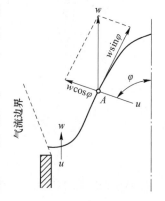

图 1-19　圆形喷嘴层流火焰的前焰面

若在前焰面上任取一点 A，设此点的气流通度为 w，该点的法向火焰传播速度为 u，两者夹角为 φ，此时有：

$$w\cos\varphi = u \tag{1-30}$$

由此可见，当火焰传播速度不变时，气流速度增加，前焰面的锥角就要加大，也就是燃烧锥要拉长，燃烧表面积要增加，在此条件下，要扩大燃烧能力，必须增大焰面的表面积。

在燃烧强度不变，w 不变时，如果提高火焰传播速度，φ 角减小，燃烧锥缩短。所以，火焰传播速度大的煤气（如 H_2）燃烧锥短，火焰传播速度小的（如 CH_4）燃烧锥就长。

燃烧锥的实际形状还和喷嘴的散热条件有关。图 1-20 曲线 1 所示的是散热较快的情况。散热较差时，喷出口壁附近的气流温度将升高，火焰传播速度增加，前焰面收缩到喷口内部，如曲线 2 所示。超过一定限度就要回火，这就是喷射式无焰燃烧要冷却的原因。

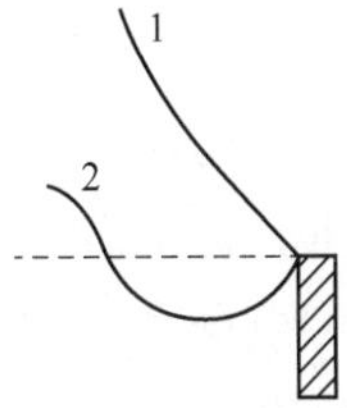

b　紊流火焰的前焰面和火焰传播速度

图 1-20　散热条件不同时的前焰面形状

气流由层流状态过渡到紊流状态时，由于气流搅动，打乱了前焰面的正常形态，使之发生许多小的弯曲变形，结果是前焰面的面积显著增加，燃烧强度也就加强了，这种情况如图 1-21(b)所示。

气流速度继续增加，扰动激化到一定程度时，前焰面破裂。如果还要说它是前焰面的话，则此时的前焰面已不再保持面的形态而破碎成为一些由大分子集团构成的紊乱运动的质点群。这时，前焰面大致可表示为如图 1-21(c)的形态。

前焰面破裂后，整个燃烧区好似有许多燃烧中心，燃烧总面积急剧增长，加之传热作用强烈，火焰传播速度大大提高，燃烧温度也大幅度提高。由于影响因素复杂，紊流时的火焰传播速度目前还难于计算确定。

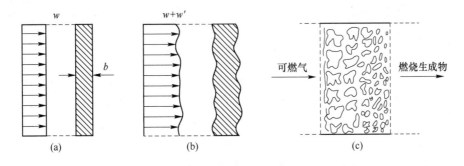

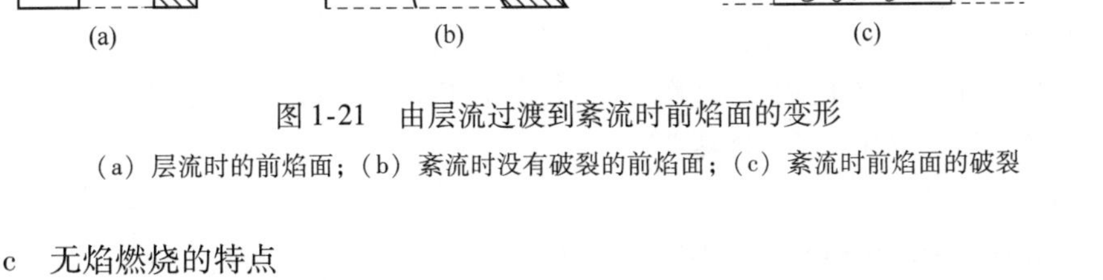

图 1-21　由层流过渡到紊流时前焰面的变形

(a) 层流时的前焰面；(b) 紊流时没有破裂的前焰面；(c) 紊流时前焰面的破裂

c　无焰燃烧的特点

(1) 因为空气和煤气是预先混合，所以空气消耗系数可以小一些，一般为 1.02 ~ 1.05。

（2）燃烧速度快，燃烧空间的热强度（指 $1m^3$ 燃烧空间在 1h 内由于燃料的燃烧所发出的热量，单位是 kJ/m^3）比长焰燃烧时要大 100~1000 倍之多。

（3）高温区比较集中，而且由于所用的过剩空气量少，所以燃烧温度也比长焰燃烧时要高。

（4）由于燃烧速度快，煤气中的碳氢化合物来不及分解，火焰中的游离碳粒比较少，所以火焰的黑度比长焰燃烧时小。

（5）因为煤气和空气要预先混合，所以它们的预热温度不能太高，原则上不能高于混合气体的着火温度，实际上一般都控制在 350~500℃ 以下。

（6）火焰稳定性差，既易回火，也易脱火，故调节范围较小。为了防止回火和爆炸，烧嘴的燃烧能力不能太大。

C　短焰燃烧

短焰燃烧又称为大气式燃烧，是介于长焰燃烧和无焰燃烧之间的一种燃烧方法，燃烧所需空气既非事先完全和煤气相混，也不是完全靠自由扩散供应。此时燃烧所需空气分为两次供应。一部为一次空气，事先和煤气相混合，显然一次空气消耗系数为 $0 < n_1 < 1$；燃烧所需其余空气靠扩散供应，称为二次空气。这种燃烧方法兼有长焰燃烧和无焰燃烧的性质。火焰长度介于上述两种燃烧火焰之间，并分为两个区域：火焰内锥，就是无焰燃烧时的前焰面；火焰外区，则相当于长焰燃烧时的扩散火焰。

增大 n_1，扩散燃烧区逐渐缩小，直到 $n_1 = 1$ 时，成为短焰燃烧火焰的不太明显的燃烧前焰面为止；减小 n_1 则扩散燃烧区扩大，火焰内锥缩小，直到内锥消失成为长焰燃烧为止。

民用燃烧器是典型的短焰燃烧的方式。

1.3.3.5　煤气燃烧器

A　长焰烧嘴

在长焰燃烧中，为了强化燃烧，必须强化混合。从烧嘴结构方面来说，强化混合的措施很多。例如前面所讲的煤气与空气成一定交角，使气流旋转，分成细流股等。然而实际上，在一种烧嘴上并不是采用全部措施，而是主要采用某一两种措施。因而长焰烧嘴的主要特点就在于在结构上采用何种强化混合的措施。

评价烧嘴结构合理与否，必须结合烧嘴的使用条件进行具体分析，看它是否能够适应和满足具体生产条件下对炉子供热的要求，看其火焰形状及其温度分布能否满足工艺的要求，烧嘴能力的调节范围能否满足炉子供热制度的要求等。因此，在分析烧嘴的结构特点和选择烧嘴时，必须和烧嘴的使用条件结合起来。

长焰烧嘴分单管式和双管式（图 1-22 和图 1-23），双管式又有平行式和同心套管式。应用较多的是套管式长焰烧嘴。

a　套管式烧嘴

套管式烧嘴的结构如图 1-24 所示。从图中可以看见这种烧嘴的煤气通道和空气通道是两个同心套管，煤气和空气平行流动，在离开烧嘴后才开始混合，这样做的目的是有意使混合放慢，把火焰拉长。

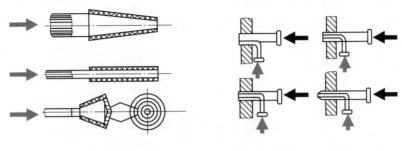

图 1-22　单管式煤气烧嘴　　　　　　　　图 1-23　双管式煤气烧嘴

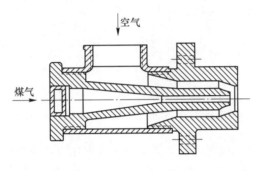

图 1-24　套管式烧嘴

　　套管式烧嘴的突出优点是结构简单，因此气体流动阻力很小，所需的煤气压力和空气压力比其他烧嘴都低，一般只需要 785～1470Pa。

　　套管式烧嘴由于混合较慢，火焰较长，因此需要有足够大的燃烧空间，以便保证燃料的完全燃烧。

　　根据以上特点，这种烧嘴适用于煤气压力较低和需要长火焰的炉子。套管式烧嘴所需要的煤气压力和空气压力可用下式计算：

$$P_{煤} = 1.1\frac{w_{煤}^2}{2}\rho_{煤} \tag{1-31}$$

$$P_{空} = 1.1\frac{w_{空}^2}{2}\rho_{空} \tag{1-32}$$

式中　$w_{煤}$，$w_{空}$——煤气和空气的出口速度，m/s；

　　　　$\rho_{煤}$，$\rho_{空}$——煤气和空气的密度，kg/ms。

　　长焰烧嘴的型式还有低压涡流式（DW-I 型），扁缝涡流式（DW-II 型），环缝涡流式，多孔涡流式等。

　　b　扁缝涡流式烧嘴（DW-II 型）

　　扁缝涡流式烧嘴是长焰烧嘴中混合条件最好，火焰最短的一种，适用于发热量为 5440～8370kJ/m³ 的发生炉煤气和混合煤气，其结构情况如图 1-25 所示。从图中可以看出，它的特点是在煤气通道中安装了一个锥形煤气分流短管，使煤气沿其外壁形成中空的筒状旋转气流，空气则是沿着蜗牛形通道以和煤气相切的方向通过煤气管壁上的扁缝分成若干片状气流进入混合室，在混合室中就与中空的筒状煤气流开始进行混合，因此混合条件较好，火焰很短，当混合气体的出口速度为 10~12m/s 时，火焰长度为出口直径的 6~8 倍。

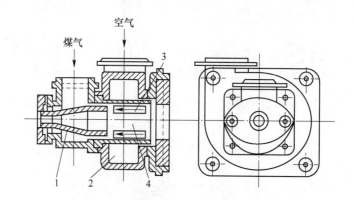

图 1-25　扁缝涡流式烧嘴（DW-Ⅱ型）

1—锥形煤气分流短管；2—蜗形空气室；3—缝状空气入口；4—混合室

在使用扁缝涡流式烧嘴时，要求烧嘴前的煤气压力和空气压力为 1470~1960Pa。而且，因为煤气和空气在烧嘴内部就已经开始混合，所以混合气体的出口速度或烧嘴前的气体压力不得低于设计规定的范围。这种烧嘴当混合气体的出口速度超过 15m/s 时就可能灭火。

B　无焰烧嘴

a　无焰烧嘴的基本结构

无焰烧嘴的种类很多，其中应用最广泛的是喷射式无焰烧嘴。

利用喷射器的原理，以煤气作为喷射介质，当煤气的出口动量一定时，它可以按一定比例吸入一定数量的空气，并在混合管内达成均匀的混合，这就是喷射式烧嘴。

喷射式烧嘴由以下几个部件所组成，如图 1-26 所示。

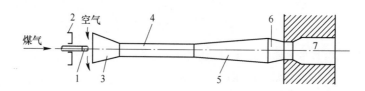

图 1-26　喷射式无焰烧嘴结构示意图

1—煤气喷口；2—空气调节阀；3—空气吸入口；4—混合管；
5—扩压管；6—喷头；7—燃烧坑道

各部件的功能如下：

煤气喷口。是一个收缩形的管嘴，做成收缩形是为了使出口断面上的气流速度分布比较均匀，以便提高喷射效率。

空气调节阀。它可以沿烧嘴的轴线方向前后移动，用来改变空气的吸入量，以便根据生产的需要调整空气消耗系数。

混合管。煤气和空气在这里混合，因此要求有足够的长度，一般都做成直筒状，长度约为直径的3倍。

扩压管。是一段逐渐扩张的圆管，它的作用是将气体的一部分动压转变为静压，以便提高喷射效率。

喷头。必须做成收缩状，一方面是为了提高混合气体的喷出速度，另一方面也是为了使出口断面上的速度分布均匀化，有利于防止回火；或者做成水冷式的，以便加强散热，经验证明，这是防止回火的一个行之有效的措施。

燃烧坑道用耐火材料制成，可燃气体在这里被迅速加热到着火温度并完成燃烧反应。燃烧坑道对可燃气体的加热点火主要是依靠坑道壁的高温辐射作用，此外，还可以使一部分高温燃烧产物回流到喷头附近（火焰根部），以构成直接点火热源，因此坑道的张角不宜小于90°。

根据使用条件的不同，喷射式无焰烧嘴又可分为各种不同的类型。例如，根据煤气发热量的高低，可分成低热值煤气喷射式烧嘴和高热值煤气喷射式烧嘴；根据空气或煤气是否预热，可分成冷风喷射式烧嘴和热风喷射式烧嘴；根据安装情况，可分成直头、弯头和多头喷射式烧嘴等。

b 无焰烧嘴的优缺点

喷射式无焰烧嘴具有下列优点：

（1）吸入的空气量能随煤气量的变化自动按比例改变，因此喷射系数（空气消耗系数）能自动保持常数，或者说这样的烧嘴具有自调性；

（2）混合装置简单可靠，只要给以3%~7%的过剩空气（即空气消耗系数为1.03~1.07）就可以保证完全燃烧；

（3）燃烧速度快，燃烧温度比长焰烧嘴高；

（4）不需要风机，管路简单，因此烧嘴的调节和自动控制系统也比有焰烧嘴简单，这一点对于烧嘴数量很多的连续加热炉和热处理炉尤为突出。

喷射式无焰烧嘴的缺点是：

（1）大型喷射式烧嘴的外形尺寸很大，例如，目前最大的喷射式烧嘴长度已达4m，占地面积大，安装和操作都很不方便；

（2）与长焰烧嘴相比，需要较高的煤气压力（一般都在9810Pa以上），因此煤气系统的动力消耗大；

（3）空气和煤气的预热温度受到限制；

（4）调节比小，即烧嘴的最大与最小燃烧能力的比值小；

（5）对煤气发热量、炉压、预热温度的波动非常敏感，也就是说，烧嘴的自调性很容易由于上述因素的波动而被破坏。

喷射式无焰烧嘴在我国冶金和机械制造工业部门已经得到广泛使用，有关设计部门已根据使用经验设计出我国喷射式烧嘴的定型系列，使用时可按有关手册选择。

自 测 题

一、单选题（选择下列各题中正确的一项）

1. 重油燃烧的好坏主要取决于_____的好坏。

　　A. 雾化　　　　　　　B. 混合　　　　　　　C. 预热　　　　　　　D. 完成燃烧反应

2. 一定粒度煤粉的燃烧速度取决于_____的多少。

　　A. 挥发分　　　　　　B. 固体碳　　　　　　C. 灰分　　　　　　　D. 水分

3. 火焰传播速度最快的是_____。

　　A. H_2　　　　　　　B. CH_4　　　　　　C. CO　　　　　　　D. C_2H_4

4. 下列煤气燃烧速度最快的是_____。

　　A. 高炉煤气　　　　　B. 焦炉煤气　　　　　C. 发生炉煤气　　　　D. 天然气

5. 下列煤气燃烧速度最慢的是_____。

　　A. 高炉煤气　　　　　B. 焦炉煤气　　　　　C. 发生炉煤气　　　　D. 天然气

6. 最易发生脱火的煤气是_____。

　　A. 高炉煤气　　　　　B. 焦炉煤气　　　　　C. 发生炉煤气　　　　D. 天然气

7. 最易发生回火的煤气是_____。

　　A. 高炉煤气　　　　　B. 焦炉煤气　　　　　C. 发生炉煤气　　　　D. 天然气

8. 下列属于无焰燃烧特点的是_____。

　　A. 空气消耗系数大　　　　　　　　　　　B. 燃烧速度慢

　　C. 煤气和空气预热温度不能太高　　　　　D. 不易发生回火

9. 下列属于长焰燃烧特点的是_____。

　　A. 热力比较集中　　　　　　　　　　　　B. 易回火

　　C. 煤气和空气可以预热到较高的温度　　　D. 空气消耗系数小

二、填空题（将适当的词语填入空格内，使句子正确、完整）

1. 粉煤的燃烧过程可分为_____、_____、_____三个阶段。

2. 粉煤的燃烧速度取决于_____及_____。

3. 重油的可燃部分主要是由_____所组成。

4. 重油燃烧的好坏主要取决于_____。

5. 煤气的燃烧过程分为三个阶段：_____、_____、_____。

6. 经过混合以后的煤气空气混合物是否能够燃烧起来，取决于一定的临界条件，即_____和_____。

7. 煤气火焰是由_____、_____和_____所构成。

8. 如果可燃混合物的运动速度大于火焰传播速度时，会发生_____。

9. 煤气燃烧火焰的长度主要取决于_____。

10. 煤气的燃烧方式可分为_____、_____、_____。

知 识 拓 展

1. 粉煤的燃烧过程如何，影响粉煤燃烧速度的因素有哪些？

2. 粉煤烧嘴应满足哪些要求?

3. 重油是如何燃烧的,为什么说重油的燃烧反应是多相燃烧反应?

4. 重油燃烧为什么要雾化,雾化的方式有哪些,影响雾化的因素有哪些,如何提高雾化质量?

5. 低压喷嘴和高压喷嘴有何特点?

6. 煤气是如何燃烧的,为什么混合阶段特别重要?

7. 什么叫火焰传播速度,影响火焰传播速度的因素有哪些,火焰传播速度有何实际意义?

8. 高炉煤气与焦炉煤气用同样烧嘴燃烧时,它们的燃烧速度哪个快?火焰长度哪个长?

9. 在下列两种情况下采用什么型式的烧嘴(长焰还是无焰)合适:(1)保持整个炉内温度不太高,但温度均匀;(2)反之,需要高温。

10. 长焰烧嘴和无焰烧嘴有何特点?

1.4 燃料的节约

1.4.1 燃料节约的意义

冶金行业是燃料消耗的大户,应深入分析在各个生产环节的燃料消耗,通过优化生产设备、调整生产技术,实施科学合理的措施,提升燃料的综合利用率,减少燃料的消耗。实现燃料的节约不仅能降低生产成本,提升企业的竞争能力;同时能将更多的资金,用于研发创新生产技术,实现良性循环,为冶金生产创造更大的发展空间。燃料的节约意味着燃烧产物排放量的减少,降低生态环境的污染,满足我国低碳环保的要求,符合我国发展战略,促使冶金企业持续健康发展。

燃料的合理
利用(录课)

燃料选用的
一般原则
(录课)

1.4.2 燃料节约的途径

节约燃料的一些基本途径:提高空气(及煤气)的预热温度,提高燃料的发热量,改善燃料和传热条件以减少废气带走的热量,减少炉子的热损失,确定合理的热负荷等。

1.4.2.1 余热回收

炉尾废气带走的热量,一般占热平衡支出的40%~50%,可以用来预热空气或煤气(或炉料),将这部分热量回收到炉内。

安装换热器或蓄热室预热空气(或煤气),可大大节约燃料,节约数量的多少随燃料种类及预热温度而不同。在炉子上安装预热装置,除节约燃料外,还可以提高燃烧温度。对温度较低的炉子,预热空气后也可以用发热量较低的燃料达到所要求的温度。因此空气预热设备是现代热工设备上广泛使用的设备。

1.4.2.2 减少冷却水带走的热量

冶金炉上的冷却部件主要是炉底水管。如冷却水管(不管是水冷还是汽化冷却)

时，若不包扎保温材料，冷却水带走的热量一般都比较大，甚至可达整个热平衡中的
20%之多，和金属吸收的热量差不多。因此冷却水管必须采用保温材料包扎，以减少冷
却水带走的热量，从而节约燃料。许多厂现已采用陶瓷纤维毡和可塑料耐火材料包扎冷
却水管，收到了良好的效果。

1.4.2.3   减少炉体散热

通过炉墙炉门向外散热，往往也占很大比重，现有不少炉子，甚至炉墙都不加绝热
砖，外壁温度达到150℃以上。这样，不仅恶化了工作条件，不能靠近炉子，而且浪费
了燃料。

炉墙若有良好绝热，比只用单层黏土砖时可节约80%的散失热量。

最近，国内外都推广一种陶瓷纤维的新材料。把它压成毡状后，可以用不锈钢钉子
直接钉在炉壁钢板上，它有良好的耐火性能，有些高耐火的可用到1400℃以上的高温
炉内。用在间歇工作的炉子上，因为它的热容量小，升温降温很快，绝热性能也好，可
以大大减轻炉体重量和炉体热损失。

此外，炉子砌体应当严密，炉门应尽量关闭，防止通过砖缝和各种孔、口的散热；
热风管道也应绝热，总之应当尽量减少炉体的各种散失热量，把热量点滴节省下来，就
可汇成一个很可观的数量。

1.4.2.4   提高燃料的发热量，改善燃烧条件、传热条件

这是减少炉膛废气带走的热量，提高热效率，节约燃料量的又一重要措施。

一般情况下，提高发热量可以提高热效率，因为发热量较高的燃料在燃烧时，每产
生1000kJ的热量所生成的废气量较小，在其他条件相同时，炉子废气带走的热量较少，
因而热效率就高，用的燃料减少。

改善燃烧条件方面，首先是指空气消耗系数的调整。在 $n > 1$ 时，应合理地降低 n
值，以提高燃烧温度，减少废气量。在 $n < 1$ 时，应增加空气用量，使燃料完全燃烧，
以提高燃烧温度和减少炉膛废气中可燃成分。其次还指改善燃料和空气的混合条件。在
混合不好的情况下，燃烧温度低，废气中残留许多可燃成分，造成燃料的浪费。

改善传热条件，包括适当扩大装入量等措施，可使炉气更好地将热量传给被加热物
体，从而降低炉膛废气温度，提高炉子的热效率。

1.4.2.5   确定合理的热负荷

确定合理的热负荷对提高热效率是十分重要的。炉子的热负荷消耗有以下三个方
面：有效热、热损失、炉子的废热。

（1）炉子热损失：当热负荷变化时，炉子热损失的绝对值 $Q_失$ 变化较小，甚至可认
为恒定不变。

（2）有效热：加大热负荷可使有效热增加，这是因为热负荷加大时炉气温度水平
升高，从而使平均辐射温压增大。尤其在热负荷较小的范围内，加大热负荷时，有效热
的增大更为显著。但热负荷过分增大时，炉气温度水平虽然继续升高，但是升高得比较

缓慢。

（3）炉子废气带走的热量：这是热负荷中扣除有效热和热损失后的剩余项。在热负荷较小的范围内，$Q_废$ 随热负荷的增大而增大。在热负荷较大的范围内，此值即较迅速地与热负荷共同增长。

火焰炉的热工特性：加大热负荷时，炉子生产率是逐渐增加的。而炉子热效率则起初升高，达到某数值后即回降。因此就以下两点加以讨论。

1）关于合理热负荷：与炉子热效率最高点相对应的热负荷，叫作最经济的热负荷（$BQ_低$）₁。用这个热负荷操作时，热效率最高，单位燃耗最低。有效热不再显著升高而是缓慢上升时的热负荷，叫作生产率很高的热负荷（$BQ_低$）₂，用这样的热负荷操作时，炉子热效率反而不是很高。

通常，（$BQ_低$）₂ ＞（$BQ_低$）₁。所以采用（$BQ_低$）₁ 炉子热效率最大，但生产率不够高；反之，采用（$BQ_低$）₂ 时，炉子生产率高，但热效率低。因此，实际上合理的热负荷应在两者之间，即既不影响产量，又可节约燃料，其具体数值视需要而定。

2）关于炉子工作状态的划分：按热负荷的大小，炉子的工作状态可以划分为三个区间。第一个区间是经济工作区间，当热负荷增大时，生产率和热效率都升高。这时提高炉子热效率的有效途径是提高热负荷。此外，减少炉子的热损失也是个重要措施，因为在这个区间炉子热损失在热支出中占较大的比重。第二个区间是高生产率工作区间，热效率最高，单位燃耗最低。如果为了提高生产率，继续适当提高热负荷也还是合理的。第三个区间是低效率工作区间，提高热负荷时，生产率仍有所升高，但热效率下降。这时炉子废气带走的热量在热平衡中占有较大比重，因此为了提高炉子的热效率，主要的措施是适当降低热负荷，加强余热回收，改进燃烧方式、传热条件等。

1.4.2.6　富氧空气燃烧

利用氧气来强化燃烧过程，可以提高设备的生产率，降低燃料消耗量。

燃料燃烧时可以采用富氧空气，即往空气中人为地加进氧气，使空气中含氧量高于21%，就获得了富氧空气。燃料在富氧空气中，特别是在纯氧中燃烧时，其主要特点之一就是燃烧产物量大幅度地减少。主要是由于空气中可以用以氧化反应的部分（O_2）大为增加，而惰性物质（N_2）大为减少。富氧程度越高。需要的富氧空气量越少。在富氧空气中燃烧，空气消耗的控制更加重要，否则将浪费大量的氧气。

1.4.2.7　安装测量和调节仪表

测量和调节仪表是了解和调节炉况，加强科学管理不可缺少的手段。凭经验观察和人工调节，要做到可靠和及时是很困难的。先进的炉子一般都具备测量和调节的仪表。今后随机械化和自动化程度的提高，特别是计算机控制，调节仪表是绝对不可缺少的。

1.4.2.8　智能化控制

冶金自动化仪器、仪表的快速发展，为实现炉子全盘数字化、智能化、绿色化控制提供了优良的工具。在炉子上，第一采取调节炉膛温度、燃料量及空气和燃料的配比等单因素。在此基础上，再把炉子作为统一的对象进行控制，把炉子前后的工序连接起来，保持炉子的最佳过程。如最大生产率，最小燃耗，最小的烧损量，稳定的加热温度等。

1.4.2.9　加强管理

节约燃料是各部门协同工作的结果。加强对燃料的科学管理，协调燃料在生产、输配和使用管理方面的关系，提高设备的作业率，发挥各项技术措施的作用。

从热工设备来说，完善设备结构，改进燃烧系统，探讨合理的燃烧器，严格操作规程等，也是节约燃料的有效措施。

知 识 拓 展

1. 节约燃料的途径有哪些？

2 气 体 流 动

2.1 基本概念及气体的物理性质

2.1.1 基本概念

2.1.1.1 流体的概念

物质是由分子组成的，在一定的外界条件下，根据组成物质的分子间的距离和相互作用的强弱不同，物质的存在状态分为气态、液态和固态。

液体和气体，由于分子间距较大，分子间引力较小，不能保持一定的形状，具有流动性。因此，将液体和气体通称为流体。

液体和气体的区别是液体可以随容器形状不同而改变其形状，且在相当大的压力下几乎不改变其原有的体积，故通常称为不可压缩流体（或称非弹性流体）。气体的体积和密度通常随温度和压力的变化较大，所以，常认为气体是可压缩性流体（或称弹性流体）。

液体和气体的另一区别是液体的密度较大（水的密度为 $1000kg/m^3$），所以液体在流动过程中基本不受周围大气的影响。气体的密度较小（烟气的密度为 $1.3kg/m^3$），而且与空气的密度相近（标准状态下，空气的密度为 $1.293kg/m^3$），所以气体在流动过程中受周围大气的影响。

在具体计算时，液体所受到的气体浮力远小于自身的重力，一般不考虑其浮力的作用；而气体由于其重力与浮力数值相近，要考虑浮力的影响。

综上所述，冶金生产过程中气体运动应考虑周围大气的影响，及温度、压力、密度等物理参数的变化。

2.1.1.2 连续介质假设

连续介质假设最早由瑞士著名科学家欧拉于 1753 年提出。从微观上讲，流体由分子组成，分子间有间隙，是不连续的。但流体流动是研究流体的宏观机械运动，通常不考虑流体分子的存在，而是把真实流体看成由无数连续分布的流体微团（或流体质点）所组成的连续介质，流体质点紧密接触，彼此间无任何间隙，这就是连续介质假设。

实践证明，采用连续介质假设来解决一般工程实际问题，其结果是合理的。这样，流体的一切特性，例如压强、温度、密度、速度等都可以看成是时间和空间连续分布的函数，使我们可以用数学分析来讨论和解决流体流动过程中的问题。

气体的主要
物理性质
（录课）

2.1.2　气体的物理性质

气体运动时，其物理参数如：温度、压力、体积、密度等相互影响且随状态发生变化，因此，必须了解这些参数的物理意义及其影响因素。

2.1.2.1　温度

温度是气体的基本物理参数，要测出气体的温度，首先必须确定温标。所谓温标是指衡量温度高低的标尺，它规定了温度的起点（零点）和测量温度的单位。

目前国际上常用的温标有摄氏温标和绝对温标两种：

（1）摄氏温标：又名百度温标，用符号 t 表示，其单位符号为℃。它是瑞典天文学家摄尔修斯（A. Celsius）于 1742 年建立，规定水在 1 标准大气压下的冰点为 0℃，沸点为 100℃。

（2）绝对温标：即热力学温标，又名开尔文温标，用符号 T 表示，其单位符号为 K。它是 1954 年由国际计量大会确定的，以纯水的三相平衡点为基准点，定义值为 273.16K，每 1K 为水的三相点值的 1/273.16。

绝对温标 1K 与摄氏温标 1℃的间隔是完全相同的。在一个标准大气压下，纯水冰点的热力学温度为 273.15K，它比水的三相点热力学温度低 0.01K，水的沸点为 373.15K。绝对温标与摄氏温标的关系是

$$T = 273.15 + t \ (\text{K}) \tag{2-1}$$

在不需要精确计算的情况下，可以近似地认为，同一气体的绝对温度比摄氏温度大 273℃，即

$$T = 273 + t \ (\text{K}) \tag{2-2}$$

气体在运动过程中有温度变化时，气体的平均温度常取为气体的始端温度 t_1 和终端温度 t_2 的算术平均值，即

$$t_{均} = \frac{t_1 + t_2}{2} \tag{2-3}$$

2.1.2.2　压力

冶金生产中的压力即物理学上的压强，是指单位面积上气体的作用力。

A　压力的单位

在工程单位制即米制中，气体的压力大小有以下三种表示方法：

（1）以单位面积上所受的作用力来表示，例如 kgf/cm^2 或 kgf/m^2（$1\text{kgf} = 9.8\text{N}$）。

（2）用液柱高度来表示，例如米水柱（mH_2O）、毫米水柱（mmH_2O）和毫米汞柱（mmHg）。

（3）用大气压来表示。国际上规定，将纬度 45°海平面上测得的全年平均大气压力 760mmHg 定为一个标准大气压，或者称为物理大气压；工程上为了计算方便，规定 $1.0\text{kgf}/\text{cm}^2$ 作为一个工程大气压。

应当注意，“标准大气压”和“工程大气压”都是压力的计量单位，不要与所在地

区的实际大气压相混淆。在高压容器中，气体的压力相当高，往往是几倍或几十倍于大气压的，因此，对这些设备中气体的压力计量单位通常用工程大气压表示。通风机的送风压力、风道和烟道中气体的压力较小，通常用毫米水柱表示。在实际工程中提到的大气压，除了特别注明是物理大气压外，一般都是指工程大气压。

在国际单位制中，压力的单位是帕斯卡，简称帕，其代号为 Pa。1 帕斯卡是指 1 平方米表面上作用 1 牛顿（N）的力，即

$$1Pa = 1N/m^2$$

压力的各单位制之间换算关系如下：

1 标准大气压(atm) = 1.0332kgf/cm^2 = 101325Pa = 101.325kPa

　　　　　　　　 = 0.101325MPa = 760mmHg

1 工程大气压(at) = 1.0kgf/cm^2 = 98066Pa = 98.066kPa

　　　　　　　　 = 0.098066MPa = 735.6mmHg

1mmH$_2$O = 9.8066Pa ≈ 9.81Pa

1mmHg = 133.32Pa

B　压力与温度的关系

气体的压力与温度密切相关，实验研究指出：当一定质量的气体其体积保持不变（即等容过程）时，气体的压力随温度呈直线变化，即

$$p_t = p_0(1 + \beta t) \tag{2-4}$$

式中　p_t, p_0——温度为 t℃和 0℃时气体的压力；

　　　β——体积不变时气体的压力温度系数。根据实验测定，一切气体的压力温度系数都近似地等于 1/273。

C　压力的表示方法

气体的压力有绝对压力和表压力两种表示方法。绝对真空下的压力称为绝对零压，以绝对零压为基点来表示的气体压力称为绝对压力，通常以符号 $p_绝$ 表示。通常所说的标准大气压和实际大气压都是指大气的绝对压力。设备内气体的绝对压力与设备外相同高度的实际大气压的差称为气体的表压力，常以符号 $p_表$ 表示。通常冶金生产上的气体压力是指表压力，又称相对压力。表压力和绝对压力的关系为

$$p_表 = p_绝 - p_{大气} \tag{2-5}$$

式中　$p_绝$——设备内气体的绝对压力；

　　　$p_{大气}$——设备外同高度的实际大气压；

　　　$p_表$——设备内气体的表压力。

当气体的表压为正值时，称此气体的表压为正压；当气体的表压为负值时，称此气体的表压为负压，负压那部分的数值，称为真空度；当气体的表压为零值时，称此气体的表压为零压。具有零压的面常称为零压面。

实际生产中常用 U 型液压计测量气体的表压力，U 型压力计的一端和大气相通，另一端和被测的气体相接，当气体压力高于大气压力时如图 2-1 所示，当气体压力低于大气压力时如图 2-2 所示。压力计上所指示的液体柱高度差 h 即为气体的表压力。

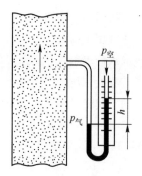 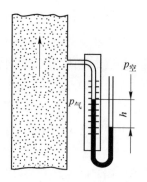

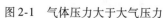

图 2-1　气体压力大于大气压力　　　　　图 2-2　气体压力小于大气压力

2.1.2.3　体积

冶金炉内常以每千克质量气体所具有的体积表示气体体积的大小。气体体积随温度和压力的不同有较大的变化。

A　气体的状态方程式

表明气体的温度、压力、体积的综合关系式称为气体的状态方程式。

$$\frac{p_1 V_1}{T_1} = \frac{p_2 V_2}{T_2} = \cdots = \frac{pV}{T} = nR \tag{2-6a}$$

式中的 R 称为通用气体常数（或摩尔气体常数），对于所有理想气体，其数值都等于 8314J/kmol。

每千克气体具有的体积称为气体的比容，用符号 ν 表示，单位是 m^3/kg。如果气体的质量不是 m kg 而是 1kg，可将方程式（2-6a）的各项分别除以气体的质量 m，这时气体的体积 V 用比容 ν 表示，则可得到适用于 1kg 气体的状态方程式

$$\frac{p_1 \nu_1}{T_1} = \frac{p_2 \nu_2}{T_2} = \cdots = \frac{p\nu}{T} = R \tag{2-6b}$$

式中的气体常数 R 的单位是

$$R = \frac{p\nu}{T} = \frac{\dfrac{N}{m^2} \cdot \dfrac{m^3}{kg}}{K} = J/(kg \cdot K)$$

R 的物理意义是，1kg 质量的气体在定压下，加热升高 1℃ 时所做的膨胀功。对于空气来说，此膨胀功数值为 287.331J/(kg·K)，为简便起见，一般忽略小数而取 R 为 287J/(kg·K)。各种气体常数值见表 2-1。

表 2-1　常用气体的气体常数 R

气体名称	符号	$R/J \cdot (kg \cdot K)^{-1}$	气体名称	符号	$R/J \cdot (kg \cdot K)^{-1}$
空气		287.0	水蒸气	H_2O	461.5
氧气	O_2	259.8	一氧化碳	CO	296.8
氮气	N_2	296.8	二氧化碳	CO_2	188.9
氢气	H_2	4124.0	甲烷	CH_4	511.6

B 温度对气体体积的影响

在恒压条件下，1kg 的气体的体积与其绝对温度成正比，即

$$\frac{\nu_0}{T_0} = \frac{\nu_t}{T_t} \tag{2-7a}$$

在恒压条件下，$m$kg 的气体体积与其绝对温度成正比，即

$$\frac{V_0}{T_0} = \frac{V_t}{T_t} \tag{2-7b}$$

将 $T = 273 + t$ 代入上式，得

$$V_t = V_0(1 + \beta t) \ (\text{m}^3) \tag{2-8}$$

式中　V_t, V_0——温度为 t℃和 0℃时气体的体积；

β——气体的温度膨胀系数，近似等于 1/273。

当压力不变时，气体的体积随温度升高而增大，随温度降低而减小。当压力变化不大时，也可用上式计算不同温度下的气体体积。

C 压力对气体体积的影响

恒温条件下，1kg 的气体体积与其绝对压力成反比，即

$$p_1\nu_1 = p_2\nu_2 = \cdots = p\nu \tag{2-9a}$$

恒温条件下，$m$kg 的气体体积与其绝对压力成反比，即

$$p_1V_1 = p_2V_2 = \cdots = pV \tag{2-9b}$$

当温度不变时，气体的体积或比容随压力的增大而降低，随压力的减小而增加。

2.1.2.4 密度

单位体积气体具有的质量称为气体的密度，用符号 ρ 表示，单位是 kg/m³。气体密度是表示气体轻重程度的物理参数。

当气体的质量为 $m$kg，其标准状态下的体积为 V_0m³ 时，则气体在标准状态下的密度 ρ_0 为

$$\rho_0 = \frac{m}{V_0} \ (\text{kg/m}^3) \tag{2-10a}$$

冶金生产中常见的气体（如煤气、炉气等）都是由几种简单气体组成的混合气体。混合气体在标准状态下的密度可用下式计算

$$\rho_{混} = \rho_1 a_1 + \rho_2 a_2 + \cdots + \rho_n a_n \tag{2-10b}$$

式中　$\rho_1, \rho_2, \cdots, \rho_n$——各组成物在标准状态下的密度，kg/m³；

$a_1, a_2, \cdots, a_n$——各组成物在混合气体中的百分数，%。

A 密度与比容

气体的比容是指单位质量的气体所占有的体积，显然，比容与密度互为倒数，即

$$\nu = \frac{1}{\rho} \tag{2-11}$$

B 密度与温度、压力

气体密度随温度和压力的变化关系式为

$$p_1/\rho_1 T_1 = p_2/\rho_2 T_2 = \cdots = p/\rho T = R \tag{2-12}$$

式中　$\rho_1, \rho_2, \cdots, \rho$——在各相应温度和各相应压力下的气体密度，$kg/m^3$。

上述分析表明，气体密度随气体温度和气体压力的不同都会发生变化。气体密度随气体压力而变化的特性称为气体的可压缩性。气体都具有可压缩性，此为气体的特性之一。

例 2-1　拉萨气压为 65.1kPa，气温为 20℃，重庆气压为 99.2kPa，温度为 37℃，求两地空气的密度。

解： 因为 $pv = RT$，所以 $\rho = \dfrac{p}{RT}$。

拉萨：$\rho = \dfrac{65.1 \times 10^3}{287.03 \times (273 + 20)} = 0.7741 kg/m^3$

重庆：$\rho = \dfrac{99.2 \times 10^3}{287.03 \times (273 + 37)} = 1.1149 kg/m^3$

在恒温条件下的气体密度与气体绝对压力的关系式为

$$p_1/\rho_1 = p_2/\rho_2 = \cdots = p/\rho \tag{2-13}$$

式中　$\rho_1, \rho_2, \cdots, \rho$——在各相应压力下的气体密度，$kg/m^3$。

显然，恒温时气体密度随气体绝对压力的增加而增大，随绝对压力的降低而减小。

在标准大气压时，气体在 t℃下的质量和体积分别为 m 和 V_t 时，则在 t℃下气体的密度为

$$\rho_t = \frac{m}{V_t} \ (kg/m^3) \tag{2-14}$$

将式（2-8）和式（2-10a）代入式（2-14）可得

$$\rho_t = \frac{\rho_0}{1 + \beta t} \tag{2-15}$$

应当指出，此式也可用于低压气体。

显然，对一定 ρ_0 的气体而言，其密度 ρ_t 随着本身温度 t 的升高而降低。各种热气体的密度都小于常温下大气的密度，亦即设备内的热气体都轻于设备外的大气。此为设备内热气体的一个重要特点，此特点对研究气体基本方程有重要作用。

应当指出，冶金炉上的低压气体在流动过程中的压力变化多不超过 9810Pa，在此压力变化下的密度变化不超过 10%。工程上常忽略这个变化，认为冶金炉上的低压气体属于不可压缩性气体。对被认为是不可压缩性气体的低压气体而言，气体密度不随压力而变，气体密度只随温度按式（2-15）的关系变化。

但是也应当指出，冶金炉上的高压气体在流动过程中的压力变化常超过 9810Pa，在此压力变化下的密度变化较大，因此，这些气体仍属于可压缩性气体。对于可压缩性气体而言，气体密度同时随气体温度和气体压力按式（2-12）的关系变化。

C　密度与重度

单位体积气体所具有的重量称为气体的重度，用符号 γ 表示，即

$$\gamma = \frac{G}{V} \ (N/m^3) \tag{2-16}$$

式中 G——气体的重量，N。

在重力场的条件下，密度和重度的关系为

$$\gamma = \rho g \qquad (2\text{-}17)$$

式中 g——重力加速度，其值为 9.81m/s^2。

在标准状态（$t = 0℃$，$P_0 = 101325\text{Pa}$）下，空气的密度 $\rho_0 = 1.293 \text{kg/m}^3$，比容 $\nu_0 = 0.773 \text{m}^3/\text{kg}$，重度 $\gamma_0 = 1.293 \times 9.81 = 12.67$（$\text{N/m}^3$）。

常用气体在标准状态下的密度 ρ_0 见表 2-2。

表 2-2 常用气体在标准状态下的 ρ_0 值和 γ_0 值

气体名称	符号	ρ_0 /kg·m^{-3}	γ_0 /N·m^{-3}	气体名称	符号	ρ_0 /kg·m^{-3}	γ_0 /N·m^{-3}
空气		1.293	12.684	一氧化碳	CO	1.251	12.272
氧气	O_2	1.429	14.019	二氧化碳	CO_2	1.997	19.591
氮气	N_2	1.251	12.272	二氧化硫	SO_2	2.927	28.714
氢气	H_2	0.0899	0.882	甲烷	CH_4	0.7168	7.032

例 2-2 某炉气的 $\rho_0 = 1.3 \text{kg/m}^3$，求大气压下，$t = 1000℃$ 时的密度与重度？

解：
$$\rho = \rho_0 / (1 + \beta t) = 1.3 / \left(1 + \frac{1000}{273}\right) = 0.2788 (\text{kg/m}^3)$$
$$r = \rho g = 0.2788 \times 9.81 = 2.7350 (\text{N/m}^3)$$

2.1.2.5 黏性

A 定义

在气体运动过程中，遇到固体界面，气体与固体界面之间发生摩擦，形成外摩擦力。由于气体分子间的距离大，相互吸引力小，紧贴管壁的气体质点因其与管壁的附着力大于气体分子间的相互吸引力，其运动速度小；而离管壁越远，则运动速度越大，这样就引起管内各层气流间的速度不同，从而产生内摩擦力（黏性力）。

流体内部质点或流层间因相对运动而产生内摩擦力以反抗相对运动的性质称为流体的黏性。

B 黏性与压力

在高压下，流体（包括气体和液体）的黏性随压力升高而增大。低压状态时，压力对流体的黏性影响很小，可忽略不计。

C 黏性与温度

气体在流动过程中会产生黏性力，液体同样具备这种性质，只是产生原因不同。气体分子间的相互吸引力小，作用不显著，分子热运动所引起的分子掺混是气体黏性产生的主要根据。当气体温度升高时，内能增加，分子热运动加剧，分子掺混加剧，所以黏度增大。在液体中，分子间距小，分子互相作用较强，阻碍了液体流层间的相对滑动，因而产生内摩擦力，即表现为黏性。当液体温度升高时，分子间距加大，引力减弱，因而黏性降低。

在冶金过程中，熔融金属的黏度更有价值。为了对铁水黏度有所了解，各种温度下的黏度见表2-3。

表 2-3　铁水在各种温度下的黏度

温度/℃	1550	1600	1700	1800	1850
黏度/mPa·s	6.7	6.1	5.6	5.3	5.2

D　牛顿内摩擦定律（Newton's law of internal friction）

通过实验可以证实：气体的黏性力 $F_黏$ 正比于相邻两层气体之间的接触面积 f 以及垂直于黏性力方向的速度梯度 $\dfrac{\mathrm{d}w}{\mathrm{d}y}$（如图2-3所示）。写成等式得到

$$F_黏 = \mu \frac{\mathrm{d}w}{\mathrm{d}y} f \tag{2-18}$$

式中　$F_黏$——黏性力，N；

　　　μ——黏性系数或黏度，N·s/m² 或 kg/(m·s) 或 Pa·s。

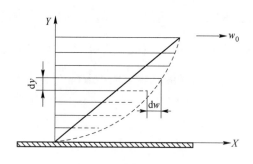

图 2-3　流体黏性实验

E　黏度

在国际单位制中，黏度的名称为泊稷叶，国际代号为 Pl，则

$$1Pl = 1N \cdot s/m^2$$

在绝对单位制中，黏度的名称为泊，代号为 P，则

$$1P = 1dyn \cdot s/cm^2$$

通常把20℃的水的黏度定为1厘泊（cP），1cP = 0.01P。

$$1cP = 10^{-2}P = 10^{-2}\frac{dyn \cdot s}{cm^2}\left|\frac{1N}{10^5 dyn}\right|\left(\frac{100cm}{1m}\right)^2 = 10^{-3}\frac{N \cdot s}{m^2} = 1mPl$$

将黏度由绝对单位换算成国际单位可采用下述方法：

即　　　　　　　　　　　　　$1cP = 1mPl$

在工程单位制中，黏度的单位为 kgf/m²。

因为 μ 具有动力学的量纲，故又称为动力黏度。

动力黏度 μ 与重力加速度 g 乘积用 η 表示，称为内摩擦系数。即 $\eta = \mu g$ （N/(m·s)）。

动力黏度与气体密度 ρ 的比值用 ν 表示，称为运动黏度系数。

$$\nu = \frac{\mu}{\rho} = \frac{\eta}{\gamma} \ (\text{m}^2/\text{s}) \tag{2-19}$$

气体的黏度随温度的升高增大。动力黏度和温度的关系可用下式表示

$$\mu_t = \mu_0 \frac{1 + \dfrac{C}{273}}{1 + \dfrac{C}{T}} \sqrt{\frac{T}{273}} \tag{2-20}$$

式中　μ_0——0℃时气体的黏度，N·s/m^2；

　　　μ_t——t℃时气体的黏度，N·s/m^2；

　　　T——气体的绝对温度，K；

　　　C——实验常数（又称苏德兰常数），可由表2-4查得。

表 2-4　气体在0℃时的黏度 μ_0 和 C

气体名称	$\mu_0/10^6\text{N·s·m}^{-2}$	C	气体名称	$\mu_0/10^6\text{N·s·m}^{-2}$	C
空气	17.17	122	CO	16.58	102
O_2	19.42	138	CO_2	14.03	250
N_2	16.68	118	水蒸气	8.24	673
H_2	8.34	75	燃烧产物	14.81	173

工业上测定流体黏度最常用的测定方法是泄流法，采用的仪器是工业黏度计，工业黏度计有几种类型。我国目前采用的是恩格拉（Engler）黏度计（欧洲大陆的一些国家，如德国，采用这种黏度计，英国采用 Redwood 黏度计，美国采用 Saybolt 黏度计，它们的原理都是一样的），其测定结果为恩氏度，用 °E 表示，其结构如图2-4所示。测定实验方法如下，先用木制针阀将锥形短管的通道关闭，把220mL的蒸馏水注入贮液罐1，开启水箱2中的电加热器，加热水箱中的水，以便加热贮液罐中的蒸馏水，使其温度达到20℃，并保持不变；然后迅速提起针阀，使蒸馏水经锥形通道泄入长颈瓶4

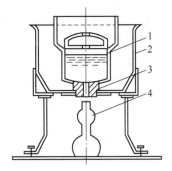

图 2-4　恩格拉黏度计

1—贮液罐；2—水箱；

3—电加热器；4—长颈瓶

至容积为200mL，记录所需的时间；然后用同样的程序测定待测液体流出200mL所需的时间（待测液体的温度应为给定的温度）。待测液体在给定温度下的恩氏度为 °E $= \dfrac{t'}{t}$。

F　理想流体与实际流体

设黏性为零的流体叫理想流体。实际上流体或多或少都具有一定的黏性，这种有黏性的流体叫实际流体。在分析流体运动问题时，为了方便起见，假设流体没有黏性，把它看成理想流体来处理。理想流体：没有黏性的流体，$\mu = 0$。

自 测 题

一、单选题（选择下列各题中正确的一项）

1. 绝对温标以水的_____温度为基本定点，定为 273.16K。

　　A. 冰点　　　　　　 B. 沸点　　　　　　 C. 升华点　　　　　 D. 三相点

2. 一般情况下，当一定质量的气体其体积保持不变时，气体的压力随温度升高而_____。

　　A. 降低　　　　　　 B. 升高　　　　　　 C. 先升高后降低　　 D. 先降低后升高

3. 一般情况下，当一定质量的气体其保持压力不变时，气体的体积随温度升高而_____。

　　A. 降低　　　　　　 B. 升高　　　　　　 C. 先升高后降低　　 D. 先降低后升高

4. 低压气体的密度随着温度的升高而_____。

　　A. 降低　　　　　　 B. 升高　　　　　　 C. 先升高后降低　　 D. 先降低后升高

5. 气体的黏度随着温度的升高而_____。

　　A. 降低　　　　　　 B. 升高　　　　　　 C. 先升高后降低　　 D. 先降低后升高

6. 液体的黏度随着温度的升高而_____。

　　A. 降低　　　　　　 B. 升高　　　　　　 C. 先升高后降低　　 D. 先降低后升高

二、填空题（将适当的词语填入空格内，使句子正确、完整）

1. 常将_____和_____称为流体。

2. 目前国际上常用的温标有_____和_____两种。

3. 绝对温标与摄氏温标的关系是_____。

4. 1 标准大气压 = _____ Pa。

5. 气体绝对压力和相对压力的关系是_____。

6. 具有零压的面称为_____。

7. 如果炉内是高温的热气体，零压面以上某点有孔洞时，会发生_____现象。

8. 对气体而言，分子热运动所引起的_____是气体黏性产生的主要依据。

9. 液体的黏性力主要由_____所产生。

10. _____叫理想流体。

三、计算题

1. 某低压煤气的温度为 $t = 527℃$，表压力为 $P_表 = 10mmH_2O$；煤气成分为 $\varphi(CO^v) = 70\%$，$\varphi(CO_2^v) = 13\%$，$\varphi(N_2^v) = 17\%$。试求：

　（1）煤气的绝对温度为多少？

　（2）当外界为标准大气压时，煤气的绝对压力为多少 Pa？

　（3）标准状态下煤气的密度和比容为多少？

　（4）实际状态下煤气的密度和比容为多少？

2. 引风机入口处流过的烟气量为 $4 \times 10^5 m^3/h$，此处负压为 300mmH_2O，烟气的温度为 130℃。试求此烟气量在标准状态下的体积（当地大气压力为 755mmHg）。

知 识 拓 展

1. 压力表和测压计上测得的压力是绝对压力还是表压力？

2. 工程上可压缩气体和不可压缩气体是如何定义的?

3. 液体与气体在流动时产生黏性力的原因有何本质区别,如何求出气体在流动时的黏性力?

2.2 气体静力学

气体静力学是研究气体相对平衡时的规律及其应用。因为静止时黏性力不起作用,所以静力学所得的结论对理想气体和实际气体都是适用的。

2.2.1 作用在气体上的力

作用在气体上的力,分为质量力和表面力两类。

2.2.1.1 质量力

质量力是指作用在气体内部每一质点的力,它的大小与质量成正比,作用在整个气体体积上,常用单位质量的质量力来衡量。一般分两种,一是重力,二是惯性力。重力是由重力场产生,惯性力则是由气体做直线加速运动或曲线运动引起的。

2.2.1.2 表面力

表面力指作用在气体表面上的力,与表面积的大小成正比。它是由与气体相接触的其他物体的作用产生的。表面力也有两种,一种是与表面垂直的法向力,如压力;另一种是与表面相切的剪力,如内摩擦力。相对静止的气体只有法向表面力,没有切向表面力,因此,相对静止气体中的表面力就只有沿受力面垂直的压力。

相对静止的气体,压力的大小与高度有关,与方向无关。

2.2.2 气体平衡方程式

气体平衡方程式主要研究气体在相对静止状态下的压力变化规律及其应用。

自然界内不存在绝对静止的气体。但在冶金生产中,某些气体(如大气、煤气柜中的煤气、炉内非流动方向上的气体等)可以近似认为是处于相对静止状态,可以应用气体平衡方程式。

气体平衡
方程式
(录课)

2.2.2.1 气体绝对压力的变化规律

如图 2-5 所示,在静止的大气中取一底面积为 $f\mathrm{m}^2$、高度为 $H\mathrm{m}$ 长的气柱。如果气体处于静止状态,则此气柱的水平方向和垂直方向的力都应该分别处于平衡状态。

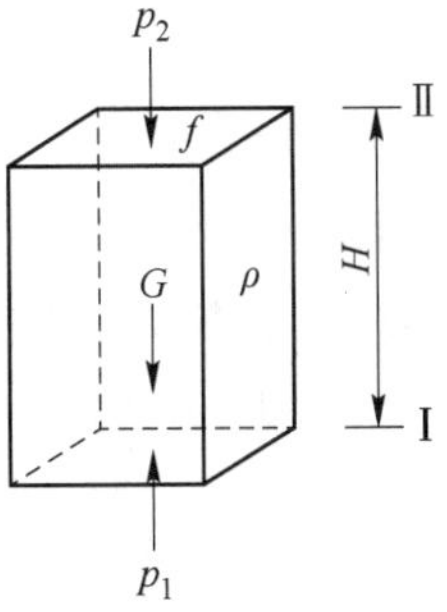

在水平方向上,气柱只受到其外部大气的压力作用,气柱在同一水平面上受到的是大小相等,方向相反的压力。这些互相抵消的压力使气柱在水平方向上保持力的平衡而处于静止状态。

图 2-5 气体绝对
压力的分布

在垂直方向上，气柱受到三个力的作用：

（1）向上的Ⅰ面处大气的总压力 $p_1 f$，N；

（2）向下的Ⅱ面处大气的总压力 $p_2 f$，N；

（3）向下的气柱总重量 $G = Hfg\rho$，N。

气体静止时，这些力应保持平衡，即

$$p_1 f - p_2 f = Hfg\rho \tag{2-21}$$

当 $f = 1\mathrm{m}^2$ 时，则得

$$p_1 = p_2 + Hg\rho \tag{2-22}$$

式中　p_1——气体下部的绝对压力，Pa；

　　　p_2——气体上部的绝对压力，Pa；

　　　H——p_1 面和 p_2 面间的高度差，m；

　　　ρ——气体的密度，kg/m³；

　　　g——重力加速度，9.81m/s²。

式（2-22）为气体绝对压力变化规律的气体平衡方程式。

上式说明：静止气体沿高度方向上绝对压力的变化规律是下部气体的绝对压力大于上部气体的绝对压力，上下两点间的绝对压力差等于此两点间的高度差乘以气体在实际状态下的平均密度与重力加速度之积。

气体平衡方程式不仅适用于大气，而且适用于任何静止气体或液体。

例 2-3　某地平面为标准大气压。当该处平均气温为 20℃，大气密度均匀一致时，距地平面 100m 的空中的实际大气压为多少？

解：当认为大气为不可压缩性气体时，按式（2-14）计算大气的实际密度为

$$\rho_t = \rho_0 / 1 + \beta t = 1.293 / 1 + \frac{20}{273} = 1.21\,(\mathrm{kg/m}^3)$$

根据式（2-22）计算 100m 处的实际大气压为

$$p_2 = p_t - Hg\rho_t = 101325 - 100 \times 9.81 \times 1.21 = 100138\,(\mathrm{Pa})$$

计算表明，空中的大气压低于地面的大气压，高山顶上的气压低即为此道理。

2.2.2.2　气体表压力的变化规律

生产中多用表压力表示气体的压力。下面分析静止气体内表压力的变化关系。

如图 2-6 所示，炉内是实际密度为 ρ 的静止炉气，炉外是实际密度为 ρ' 的大气。炉气在各面处的绝对压力分别为 p_1、p_2 和 p_0，表压力分别为 $p_{表1}$、$p_{表2}$ 和 $p_{表3}$。下面分析炉气表压力沿高度方向上的变化情况。

根据式（2-5）的关系可知，炉气在Ⅰ面和Ⅱ面处的表压力分别为

$$p_{表1} = p_1 - p_1' \tag{2-23a}$$

$$p_{表2} = p_2 - p_2' \tag{2-23b}$$

因此，Ⅰ面与Ⅱ面的表压差应为

$$p_{表2} - p_{表1} = (p_2 - p_1) + (p_1' - p_2') \tag{2-23c}$$

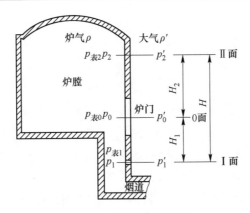

图 2-6 气体表压力的分布

根据式（2-22）可得Ⅰ面和Ⅱ面的炉气和大气的绝对压力差分别为

$$p_2 - p_1 = -Hg\rho \qquad (2\text{-}24a)$$

$$p_1' - p_2' = Hg\rho' \qquad (2\text{-}24b)$$

将式（2-24a）、式（2-24b）二式代入式（2-23c）则得

$$p_{表2} - p_{表1} = Hg(\rho' - \rho) \qquad (2\text{-}25a)$$

$$p_{表2} = p_{表1} + Hg(\rho' - \rho) \qquad (2\text{-}25b)$$

式中　$p_{表2}$——上部炉气的表压力，Pa；

　　　$p_{表1}$——下部炉气的表压力，Pa；

　　　ρ'——大气的实际密度，kg/m^3；

　　　H——两点间的高度差，m。

式（2-25）是气体平衡方程式的又一种形式。此式适用于任何与大气同时存在的静止气体。

此气体平衡方程式说明：当气体密度 ρ 小于大气密度 ρ'（热气体皆如此）时，静止气体沿高度方向上，表压力的变化是上部气体的表压力大于下部气体的表压力，上下两点间的表压差等于此两点间的高度差乘以大气与气体的实际密度差与重力加速度之积。此两点间的表压差等于气柱的上升力。

由图 2-6 看出，如果炉门中心线的 0 面处的炉气表压力为零（生产中常这样控制），则按式（2-25a）的关系可得Ⅱ面和Ⅰ面的表压力分别为

$$p_{表2} = p_{表0} + H_2 g(\rho' - \rho) = H_2 g(\rho' - \rho) \qquad (2\text{-}26a)$$

$$p_{表1} = p_{表0} - H_1 g(\rho' - \rho) = -H_1 g(\rho' - \rho) \qquad (2\text{-}26b)$$

如果炉内是高温的热气体，其实际密度 ρ 小于大气密度 ρ'，则由上式不难看出：

（1）零压面以上各点的表压力 $p_{表2}$ 为正压，当该点有孔洞时，会发生炉气向大气中的溢气现象；

（2）零压面以下各点的表压力 $p_{表1}$ 为负压，当该点有孔洞存在时，会发生将大气吸入的吸气现象。这个规律存在于任何与大气同时存在的密度小于大气的静止气体中。炉墙的缝隙处经常向外冒火，烟道和烟囱的缝隙处经常吸入冷风就是这个规律的具体表现。

例 2-4　某加热炉炉气温度为 1300℃，由燃烧计算得知该炉气在标准状态下的密度为 $\rho_0 = 1.3kg/m^3$。车间温度为 15℃。零压线在炉底水平面上。求炉底以上 1m 高度处的

炉膛压力（指表压力 $p_{表2}$）是多少？

解： 炉气密度 $\rho_t = \dfrac{\rho_0}{1+\beta t} = \dfrac{1.3}{1+\dfrac{1300}{273}} = 0.225$（$kg/m^3$）

空气密度 $\rho_t' = \dfrac{\rho_0'}{1+\beta t} = \dfrac{1.293}{1+\dfrac{15}{273}} = 1.225$（$kg/m^3$）

把基准面取在炉底水平面上，则 1m 高度处的炉膛压力为

$$p_{表2} = Hg(\rho_t' - \rho_t) = 9.8 \times (1.225 - 0.225) = 9.8（Pa）$$

这一例题大体上符合于高温炉的实际条件。它说明，在不考虑气体流动的影响时，在高温炉内，每 1m 高度上表压力的变化约为 10Pa。这一数值概念对我们估计炉内上下炉压的分布是有帮助的。

自 测 题

一、单选题（选择下列各题中正确的一项）

1. 静止气体的绝对压力沿高度方向变化规律是_____。

  A. 逐渐降低   B. 逐渐升高   C. 先升高后降低   D. 先降低后升高

2. 在冶金炉窑中，静止气体的表压力沿高度方向变化规律是_____。

  A. 逐渐降低   B. 逐渐升高   C. 先升高后降低   D. 先降低后升高

二、填空题（将适当的词语填入空格内，使句子正确、完整）

1. 气体平衡方程式包括_____和_____两个平衡方程式。

2. 在不考虑气体流动的影响时，在高温炉内，每 1m 高度上压力的变化约为_____Pa。

三、计算题

1. 某地平面为标准大气压，当该处平均气温为 25℃，大气密度均匀一致时，距地平面 200m 的空中的实际大气压为多少？

2. 设炉膛内的炉气温度为 1300℃，炉气在标准状态下的密度为 1.3kg/m^3，炉外大气温度为 20℃。问当炉底表压力为零时，距炉底 2m 高处炉顶下面的表压力为多少？

知 识 拓 展

1. 气体的温度升高时，是否气体的压力都升高，为何大气中的气体温度升高时，气压反而降低，为何冶金炉气体温度升高时，气体压力可增大？

2. 密度小于大气的静止气体在高度方向上表压力变化规律如何，这些规律有何实际意义？

2.3 气体动力学

气体动力学是研究气体流动过程中，其运动参数随时间及空间位置的分布和连续变化的规律。

2.3.1 基本概念

2.3.1.1 自由流动与强制流动

气体在炉内的流动，根据流动产生的原因不同可分为两种：一种叫自由流动，另一种叫强制流动。自由流动是由于温度不同所引起各部分气体密度差而产生的；强制流动是由于外界的机械作用，如鼓风机鼓风产生的压力差，而引起的气体流动。引起自由和强制流动的许多原因合在一起，就决定了炉内气体流动的性质。

2.3.1.2 稳定流动和不稳定流动

所谓稳定流动指的是流体中任意一点上的物理量不随时间改变的流动过程。若用数学语言，则表示为

$$\frac{\partial u}{\partial \tau} = 0 \tag{2-27}$$

式中　　u——流体的某一物理量；

　　　　τ——时间。

若$\frac{\partial u}{\partial \tau} \neq 0$，即随时间变化，则称为不稳定流动。

在气体力学中，主要讨论气体在稳定流动条件下的运动，以后不再另加说明。

2.3.2 流体流动的状态

流体的流动
状态（微课）

英国科学家雷诺（O. Reynolds）1883 年通过一个著名的实验，发现了流体流动的两种不同形态，其装置原理如图 2-7 所示。水箱 A 中的水经由圆玻璃管 B 流出，速度可由阀 C 调节。在玻璃管的进口处有一股由墨水瓶 D 引出经细管 E 流出的墨水。开始，当水的流量不大时，B 中水的流速较小，墨水在水中成一直线，管中的水流都是沿轴向流动，这种流动称为层流，如图 2-8（a）所示。如果继续加大水的流量，由于管径截面不变，则玻璃管内水的流速增大。当达到某一流速时，墨水不能在保持直线运动，开始发生脉动，如图 2-8（b）所示。流速继续增大，墨水将在前进的过程中很快与水混在一起，不再有明显的界限，显示流动的性质已发生改变，流体的质点已不是平行的运动，而是不规则紊乱的运动，这种流动形态称为紊流或湍流，如图 2-8（c）所示。

流体流动的
状态（录课）

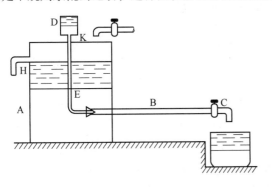

图 2-7　雷诺实验

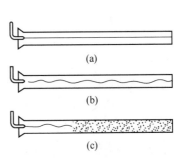

图 2-8　层流、紊流及过渡状态

由实验可知，气体在流动时有两种截然不同的流动情况，即层流和紊流。层流和紊流如图 2-9 所示。

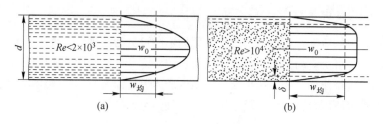

图 2-9　管内截面上速度的分布
（a）层流；（b）紊流

层流（动画）

2.3.2.1　层流

当气体流速较小时，各气体质点平行流动，此种流动称为层流。其特点如下：

由于气体在管道中流动时，管壁表面对气体有吸附和摩擦作用，管壁上总附有一层薄的气体，此种气体称为边界层。当管内气体为层流时，此边界层气体不流动，它对管内气体产生阻碍作用，距离边界层越近，这种阻碍作用越大。对层流来说，由于气体质点没有径向的运动，这种阻碍作用更显著。因此，在层流情况下管道内气流速度是按抛物线分布的，其平均速度 $w_{均}$ 为中心速度 $w_{中心}$（最大速度）的一半，即

$$w_{均} = 0.5 w_{中心} \tag{2-28}$$

2.3.2.2　紊流

当气流速度较大时，各气流质点不仅沿着气流前进方向流动，而且在各个方向作无规则的杂乱曲线运动，通常称为紊流。在紊流情况下主流内形成许多细小的旋涡，故又称涡流。由于紊流时，气体质点有横向流动，边界层不再是静止状态，而是层流状态，对中心气流速度的影响也较小，因此，管内的气流速度分布较均匀，其平均速度为中心最大速度的 0.75 ~ 0.85 倍，即

$$w_{均} = (0.75 \sim 0.85) w_{中心} \tag{2-29}$$

2.3.2.3　层流与紊流的判别和雷诺数的意义

要了解气流在何种情况下是层流或紊流，必须先了解影响气体流动情况的因素，即先要了解影响气流紊乱难易的因素。由上面的讨论不难看出，紊流的形成与下列因素有关：

（1）气流速度（w_t）：w_t 越大，越易形成紊流；

（2）气流密度（ρ_t）：ρ_t 越大，气体质点横向运动的惯性越大，越易形成紊流；

（3）管道直径（d）：d 越大，管壁对中心气流的摩擦作用越小，越易形成紊流；

（4）气体黏性（μ_t）：μ_t 越小，产生的内摩擦力越小，越易形成紊流。

在实验的基础上，雷诺提出了确定两种状态相互转变的条件，引入雷诺准数 Re：

$$Re = \frac{w_t d_{\text{当}} \rho_t}{\mu_t} \qquad (2\text{-}30\text{a})$$

或
$$Re = \frac{w_t d_{\text{当}}}{\nu_t} \qquad (2\text{-}30\text{b})$$

式中 Re——雷诺准数（简称雷诺数），无因次；

w_t——气体温度为 $t^\circ\!C$ 时流过横截面的平均速度，m/s；

ρ_t——气体温度为 $t^\circ\!C$ 时的密度，kg/m²；

μ_t——气体温度为 $t^\circ\!C$ 时的动力黏度系数，N·s/m²；

ν_t——气体温度为 $t^\circ\!C$ 时的运动黏度系数，m²/s；

$d_{\text{当}}$——当量直径，m。对于圆形管道，$d_{\text{当}}$ 即管道直径，当管道不是圆形时，当量直径的求法为

$$d_{\text{当}} = \frac{4 \times \text{管道截面积}}{\text{管道截面周长}} = \frac{4f}{s} \qquad (2\text{-}31)$$

观察式（2-30a）等式右边的数群可知，其分子 $w_t d_{\text{当}} \rho_t$ 代表惯性力的大小（因为 $w_t d_{\text{当}} \rho_t = w_t \frac{4f}{s} \rho_t \approx m$，质量即为惯性的量度），其分母 μ_t 代表气体黏性力的大小。可见雷诺数 Re 实为惯性力与黏性力之比值。雷诺数小，表示黏性力起主导作用，流体质点受黏性的约束，处于层流状态；雷诺数大，表示惯性力起主导作用，黏性不足以约束流体质点的紊乱运动，流动便处于紊流状态。

实验证明：当气体在光滑管道中流动时，$Re < 2300$ 时为层流，$Re > 10000$ 时为紊流，$2300 < Re < 10000$ 时为过渡区。在过渡区内，可能呈现层流，但更可能呈现紊流。因此，可认为 $Re = 2300$ 为气体在光滑直管道中流动时由层流向紊流转化的综合条件。这种由层流向紊流转化时的雷诺数称临界雷诺数，常用 $Re_{\text{临}}$ 表示。$Re_{\text{临}}$ 就是判别气体流动状态的标志。

气体的流动状态不同，对流量测量、阻力计算和对流传热均有很大的影响。因此，在气体力学中研究气体流动状态是很重要的。当然，在冶金生产中实际遇到的气体流动绝大多数是紊流，层流只在很少的情况下才能遇到。

例 2-5 管道直径 $d = 100\text{mm}$，输送水的流量 $V = 0.01\text{m}^3/\text{s}$，水的运动黏度 $\nu = 1 \times 10^{-6}\text{m}^2/\text{s}$，求水在管中的流动状态？若输送 $\nu = 1.14 \times 10^{-4}\text{m}^2/\text{s}$ 的石油，保持前一种情况下的流速不变，流动又是什么状态？

解：（1）雷诺数 $Re = \dfrac{wd}{\nu}$

$$w = \frac{4V}{\pi d^2} = \frac{4 \times 0.01}{3.14 \times 0.1^2} = 1.27\,(\text{m/s})$$

$$Re = \frac{1.27 \times 0.1}{1 \times 10^{-6}} = 1.27 \times 10^5 > 2300$$

故水在管道中是紊流状态。

（2）$Re = \dfrac{wd}{\nu} = \dfrac{1.27 \times 0.1}{1.14 \times 10^{-4}} = 1114 < 2300$

故油在管中是层流状态。

边界层
（动画）

2.3.2.4　边界层

边界层又称附面层，它指的是流动着的黏性气体（或液体）与固体表面接触时，由于流层与壁面的摩擦作用便在固体表面附近形成速度变化的区域，图 2-10 示意地说明了边界层形成的过程。

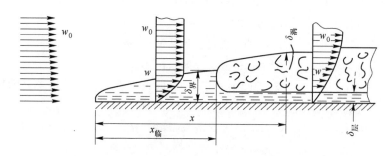

图 2-10　气体流经平板时层流性和紊流性边界层的形成及速度分布

当气体与和气流平行的固体表面相遇时，就在固体表面附近形成速度变化的区域，这种带有速度变化区域的流层称为边界层。从图 2-10 可以看到，当气体刚刚接触到固体表面前沿时，边界层厚度 $\delta_{界}=0$；沿着气流方向前进，边界层的厚度逐渐增加并具有层流特性，我们便称这种具有层流性质的边界层为层流边界层。它的径向速度分布完全符合抛物线规律。当气流流过一定距离后，边界层内气体流动的性质开始向紊流转变并逐渐成为紊流边界层。从图 2-10 中还可看到：在紊流边界层内靠近固体壁面边沿处仍有薄薄的气体流层保持着层流状态，我们称之为层流底层（层流内层），并把由层流边界层开始转变为紊流边界层的部位到平板始端的距离称为临界距离，用 $x_{临}$ 表示。实验指出，气体的原有速度 w_0 越大则临界距离 $x_{临}$ 越小。对于不同的气体由层流边界层向紊流边界层过渡取决于 $x_{临}$ 所对应雷诺数。

一般情况下可以认为 $Re_x > 500000$ 以后，层流边界层才开始转变为紊流边界层。由图 2-10 可以看出紊流边界层厚度 $\delta_{紊} = \delta_{涡} - \delta_{层}$，并且只有当 x 大于 $x_{临}$ 时才能形成紊流边界层。

边界层的基本特征：

（1）与物体的特征长度相比，边界层的厚度很小，$\delta \ll x$。

（2）边界层内沿厚度方向，存在很大的速度梯度。

（3）边界层厚度沿流体流动方向是增加的，由于边界层内流体质点受到黏性力的作用，流动速度降低，所以要达到外部势流速度，边界层厚度必然逐渐增加。

（4）由于边界层很薄，可以近似认为边界层中各截面上的压强等于同一截面上边界层外边界上的压强值。

（5）在边界层内，黏性力与惯性力同一数量级。

（6）边界层内的流态，也有层流和紊流两种流态。

对于管道入口处流体的流动来说，上述关于边界层理论概念和性质依然适用。流体在进入管道后便开始于管壁处形成边界层，随着流动的进程边界层逐渐加厚，经过一定距离后由于厚度的增加边界层将由周围淹没到管道的轴线，这时边界层就充满了整个管道，如图 2-11 所示。在边界层没有淹没管道轴线以前，由于附面层厚度沿流动方向的增加故截面上的速度分布是沿流向而变化的，在附面层淹没管道轴线之后，即当 $x > L_c$ 时，管道中的速度分布就稳定下来了。所以又把 $x_{临} = L_c$ 称作稳定段（或叫固定段）。对气体在管道中的流动状态可以这样来理解：如果在附面层淹没到管道轴线之前，附面层为层流附面层，则淹没以后管道中的流体将继续保持层流状态的性质，如图 2-11 所示。如果附面层在淹没到管道轴线以前就已变成紊流附面层，则管内后段流体的流动性质将是紊流状态，如图 2-12 所示。关于边界层（附面层）的理论阐明了管道中流体流动的性质。

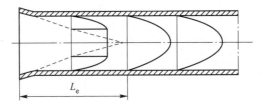

图 2-11　管道入口处层流流动的形成

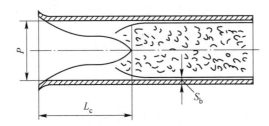

图 2-12　管道入口处紊流流动的形成

2.3.3　连续性方程式

连续性方程式
（录课）

气体连续方程式是研究运动气体在一维稳定流动过程中流量间关系的方程式。气体发生运动后便出现了新的物理参数，流速和流量就是运动气体的主要物理参数。

2.3.3.1　流速和流量

A　流速

单位时间内气体流动的距离称为气体的流速，用符号 w 表示，单位是 m/s。流速是表示气体流动快慢的物理参数。

标准状态下气体的流速用 w_0 表示，单位仍是 m/s。各种气体在不同设备内的 w_0 都有合适的经验值。经验值的选法将在后面介绍。

流速也随气体的压力和温度而变。恒压下，流速随温度的变化关系为

$$w_t = w_0(1 + \beta t) \tag{2-32}$$

式中　w_0——标准状态下气体的流速，m/s；

　　　　t——气体的温度，℃；

　　　　w_t——101325Pa，t℃时气体的流速，m/s；

　　　　β——气体温度膨胀系数，$\beta = \dfrac{1}{273}$。

此式适用于标准大气压下流动的气体。压力不大的低压流动气体可近似应用。

由式（2-32）看出，压力变化不大的低压流动气体，当其标准状态下流速 w_0 一定时，其本身温度 t 越高，则其实际流速 w_t 越大。

由于实际流速 w_t 随温度变化不易相互比较，因此，生产中和各种资料上都用标准状态下流速 w_0 表示低压气体流速的大小。当已知 w_0 和 t 时，可用式（2-32）计算低压流动的气体实际流速 w_t 之值。

B　流量

单位时间内气体流过某截面的数量称为流量。流量是表示气体流动数量多少的物理参数。

a　体积流量

单位时间内气体流过某截面的体积称为体积流量，用符号 V 表示，单位为 m³/s、m³/min 或 m³/h。

标准状态下气体的体积流量用 V_0 表示。生产中和资料中多用 V_0 表示气体的体积流量。

当气体的流动截面为 fm²，气体在标准状态下的流速为 w_0m/s 时，则气体在标准状态下的体积流量为

$$V_0 = w_0 f \tag{2-33}$$

此式适用于各种气体，可以看出，当生产要求的体积流量 V_0 和选取的经验流速 w_0 已知时，可根据公式确定气体运动设备的流动截面 f 值，从而确定设备的流动直径 D 值。

气体的体积流量也随其温度和压力而变。恒压时体积流量随温度的变化关系为

$$V_t = V_0(1 + \beta t) \tag{2-34a}$$

或　　　　　　　　　　　$$V_t = w_0(1 + \beta t)f \tag{2-34b}$$

或　　　　　　　　　　　$$V_t = w_t f \tag{2-34c}$$

式中　V_t——101325Pa，t℃时气体的体积流量，m³/s。

上式适用于标准大气压下流动的气体，压力不大的低压流动的气体可近似应用。

由式中看出，对压力不大的低压气体而言，当标准状态下的体积流量 V_0 一定时，气体的实际体积流量 V_t 随其温度 t 的升高而增加。

气体的体积流量随压力以及随温度和压力同时变化的关系一般很少分析，因为这时多用质量式表示气体流量的大小。

b　质量流量

单位时间内气体流过某截面的质量称为质量流量，用符号 M 表示，单位是 kg/s 或 kg/h。质量等于体积乘以密度，因此可得

$$M = V_0\rho_0 = w_0 f\rho_0 \text{(kg/s)} \tag{2-35a}$$

或

$$M = V\rho = wf\rho \text{（kg/s）} \tag{2-35b}$$

式中　M——气体的质量流量，kg/s；

　　　　f——气体的流动截面，m^2；

w_0,ρ_0,V_0——标准状态下气体的流速(m/s)，密度(kg/m^3)和体积流量(m^2/s)；

　w,ρ,V——任意状态下气体的流速(m/s)，密度(kg/m^3)和体积流量(m^2/s)。

　　显然，式（2-35a）适用于标准状态下的气体，式（2-35b）适用于任意状态下的气体。

　　式（2-35）指出了质量流量和体积流量的关系。

　　应当指出，气体的质量流量是不随其温度和压力变化的。

2.3.3.2　连续方程式

　　因为气体是连续的介质，所以在研究气体流动时，同样认为气体是连续地充满它所占据的空间，这就是气体运动的连续性条件。因此，根据质量守恒定律，对于空间固定的封闭曲面，非稳定流时流入的气体质量与流出的气体质量之差，应等于封闭曲面内气体质量的变化量。稳定流时流入的气体质量必然等于流出的气体的质量，这结论以数学形式表达，就是连续性方程。

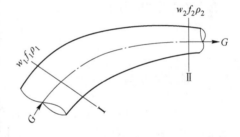

图 2-13　气体连续流动时
截面积与速度关系

　　如图 2-13 中气体在管道内由截面 Ⅰ 向截面 Ⅱ 做稳定流动，根据上述推论，则此两截面上的质量流量应当相等，即

$$M_1 = M_2 \tag{2-36a}$$

根据式（2-36a）和式（2-35b）可得

$$V_1\rho_1 = V_2\rho_2 \tag{2-36b}$$

$$w_1 f_1\rho_1 = w_2 f_2\rho_2 \tag{2-36c}$$

式中　M_1,M_2——Ⅰ面和Ⅱ面的质量流量，kg/s；

　　　　ρ_1,ρ_2——任意状态下Ⅰ面和Ⅱ面处的气体密度，kg/m^3；

　　　　w_1,w_2——任意状态下Ⅰ面和Ⅱ面处的气体流速，m/s；

　　　　f_1,f_2——Ⅰ面和Ⅱ面流体的截面积，m^2。

　　式（2-36）即为气体的连续方程式，适用于稳定流动的任意状态的气体。在研究高压气体的流动时常用上述各关系式。

　　如果不仅是稳定流动，而且气体在流动过程中的密度保持不变，即 $\rho_1 = \rho_2$ 则根据式（2-36b）和式（2-36c）可得

$$V_1 = V_2 \tag{2-37a}$$

$$w_1 f_1 = w_2 f_2 \tag{2-37b}$$

式中　　V_1, V_2——密度不变流动时 Ⅰ 面和 Ⅱ 面处的体积流量，m^3/s；

$\quad\quad\quad w_1, w_2$——密度不变流动时 Ⅰ 面和 Ⅱ 面处的气体流速，m/s；

$\quad\quad\quad f_1, f_2$—— Ⅰ 面和 Ⅱ 面气体的截面积，m^2。

此为连续方程式的又一种表示形式。

　　式（2-37）适用于密度不变稳定流动的气体。对于温度和压力变化都不大的稳定流动的低压气体常近似地应用此式，而且在实际生产中应用非常广泛。

　　式（2-37）可以看出：低压气体在稳定流动时，若流量固定，气体的流速与管道的截面积成反比；当管道截面积一定时，气体在管内的流速与流量成正比。

　　例 2-6　已知某炉子煤气消耗量为 $7200 Nm^3/h$，燃烧产物量为 $2.9 Nm^3/Nm^3$，废气流经烟道时的温度为 $450℃$，烟道截面积已知是 $1.2 m^2$，求炉气在烟道中的流速为多少？

　　解： 每秒的废气流量

$$V_0 = \frac{2.9 \times 7200}{3600} = 5.8 \ (m^3/s)$$

在 $t = 450℃$ 时废气的体积流量

$$V_t = V_0(1 + \beta t) = 5.8 \times \left(1 + \frac{450}{273}\right) = 15.4 \ (m^3/s)$$

废气在烟道中的流速

$$w_t = \frac{v_t}{f} = \frac{15.4}{1.2} = 12.8 \ (m/s)$$

气体的能量
（录课）

2.3.4　气体的能量

　　如图 2-14 所示的管道内流动着稳定流动的气体，在此管道上任取一截面积为 f 的横截面。下面研究此横截面上气体具有的能量。

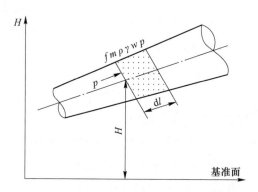

图 2-14　气体在管中流动时任一截面的能量

　　在靠近 f 截面取一长为 dl，体积为 $dV = fdl$ 的微小气块。当 dl 极小时，此气块具有的能量即为 f 截面上气体具有的能量。下面分析此气块即 f 截面上气体具有的能量。

2.3.4.1　位压和位压头

　　自然界的物体都具有位能。气块也具有位能。当气块的质量、密度和距基准面的高

度分别为 m、ρ 和 H 时，则此气块具有的位能为

$$位能 = mgH = \rho dVgH \ (\text{Nm})$$

单位体积气体具有的位能称为位压。因此，气块亦即 f 面上气体的位压为

$$位压 = \rho gH \ (\text{Pa})$$

显然，f 面处气体的位压等于该气体的密度 ρ 与重力加速度 g 之乘积再乘以该面距基准面的高度 H。当气体的密度 ρ 一定时，气体各处的位压仅随该处距基准面的高度而变，若基准面取在下面，越上面气体的位压越大，越下面气体的位压越小。

管内气体位压与管外同高度上大气的位压的差值，称为管内气体的相对位压或简称位压头，用符号 $h_{位}$ 表示，单位是 Pa。

显然，当管内气体的位压为 $Hg\rho$，管外同高度上大气的位压为 $Hg\rho'$ 时（ρ' 为大气的密度），则管内气体的位压头为

$$h_{位} = Hg(\rho - \rho') \ (\text{Pa}) \tag{2-38}$$

由此可知，气体的位压头是单位体积气体所具有的相对位压（对于某基准面而言）。气体某处的位压头等于该处距基准面的高度 $H(\text{m})$ 与重力加速度 $g(\text{m/s})$ 之乘积，再乘以气体与大气的密度差 $(\rho - \rho')(\text{kg/m}^3)$。

当气体的密度 ρ 小于大气密度 ρ'，即浮力大于气体本身的重力时，由上式可知这时位压头为负值，即位压头是一种促使气体上升的能量。为了使位压头得正值，常将基准面取在气体的上面，因为基准面以下的高度为负值。

当气体密度与大气密度之差保持一定时，气体各处的位压头仅随该处距基准面的高度而变，越上面气体的位压头越小，越下面气体的位压头越大。

运动和静止的气体内都具有位压头。位压头只能计算而不能进行测量。

2.3.4.2 静压和静压头

由图 2-14 看出，气块的 f 面积上受到其相邻气体的绝对压力 p 的作用，而且 f 面积上所受的总压力为 pf。此总压力可能对气块做功而将气块压扁，所做的最大功为 $pfdl$，事实上气块并未被压扁。这样，气块本身必然具有一个与外界可能做的最大功大小相等，方向相反的能量与之平衡。这个能量称为气体的压力能。因此，气块的压力能为

$$压力能 = pfdl = pdV \ (\text{Nm})$$

单位体积气体具有的压力能称为静压。因此，该气块亦即 f 面处气体的静压为

$$静压 = \frac{气块压力能}{气块体积} = \frac{pdV}{dV} = P \ (\text{Pa})$$

显然，f 面处气体的静压在数值上即等于该处气体的绝对压力。

管道内气体的静压与管道外同高度上大气的静压之差值称为相对静压或简称静压头，用符号 $h_{静}$ 表示，单位是 Pa。

当管道内气体的静压为 p，管道外同高度上大气的静压为 p' 时，则管道内气体的静压头为

$$h_{静} = p - p' \ (\text{Pa}) \tag{2-39}$$

由此可知，气体的静压头是单位体积气体所具有的相对静压。其数值等于管道内外

气体所具有的相对压力（即表压力）。

气体的静压与气体的绝对压力，二者的物理意义不同。前者是指单位体积气体具有的内能，后者是指单位面积气体具有的内力，但二者在数值上相等，故常混用。同样，气体的静压头与气体的表压力，二者的物理意义亦不同，但二者在数值上相等，故亦常混用。

运动和静止的气体都具有静压头。静压头可以用 U 形压力计测量出来。

2.3.4.3　动压和动压头

运动的物体都具有动能。气块也具有动能。当气块的质量、流速、密度分别为 m、w、ρ 时，则气块具有的动能为

$$动能 = \frac{1}{2}mw^2 = \frac{w^2}{2}\rho \mathrm{d}V$$

单位体积气体具有的动能称为动压。因此，气块亦即 f 面处气体的动压为

$$动压 = \frac{气块动能}{气块体积} = \frac{\dfrac{w^2}{2}\rho \mathrm{d}V}{\mathrm{d}V} = \frac{w^2}{2}\rho \ （\mathrm{Pa}）$$

管道内气体的动压与管道外同高度上大气的动压之差值称为相对动压或简称动压头，用符号 $h_{动}$ 表示，单位是 Pa。

当管道内气体的动压为管外同高度上静止大气的动压为零时，则管道内气体的动压头为

$$h_{动} = \frac{w^2}{2}\rho \ （\mathrm{Pa}） \tag{2-40a}$$

可见，气体的动压头在数值上等于气体的动压。气体的动压头决定于气体的速度和密度，由于气体的速度和密度都与温度有关，故气体的动压头常以下式表示

$$h_{动} = \frac{w_0^2}{2}\rho_0（1 + \beta t）\ （\mathrm{Pa}） \tag{2-40b}$$

式中　　w_0，ρ_0——0℃时气体的速度和密度。

只有流动的气体才具有动压头。气体的动压头可用压力管直接测量，这种测压管称为毕托管，如图 2-15 所示。测量时，将带弯的测量管插入被测气流中心，并迎着气流方向，压力计上所反映的水柱差即为所测得的 $h_{动}$，即 $h_{动} = h_{总} - h_{静}$（Pa）。

例 2-7　有一高 Hm 内盛满热气体的下部开口容器（图 2-16），设热气体的密度为 ρ，其外冷空气的密度为 ρ'，试分析容器内 A、B、C 三点的位压头与静压头及其总压头为多少？最终得出的结论是什么？

解：按题意，现以 C 平面为基准面进行分析。

（1）在 A 点：因为容器下部是开口的与大气相通，则知 $h_{静A} = 0$。A 点处热气体对基准面的位压头为正值且最大为：

$$h_{位A} = Hg（\rho' - \rho）$$

于是 A 点处热气体的总压头为：

$$h_{总A} = h_{静A} + h_{位A} = 0 + Hg（\rho' - \rho） = Hg（\rho' - \rho）$$

（2）在 C 点：根据气体平衡方程

$$h_{静C} = h_{静A} + Hg（\rho' - \rho） = Hg（\rho' - \rho）$$

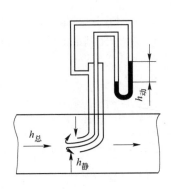

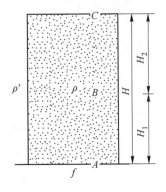

图 2-15　动压头的测量　　　　　　　　图 2-16　例题 2-7 图

由于 C 点在基准面上，故 $h_{位C}=0$。于是 C 点处热气体的总压头为：

$$h_{总C}=h_{静C}+h_{位C}=Hg(\rho'-\rho)+0=Hg(\rho'-\rho)$$

（3）在 B 点：根据气体平衡方程

$$h_{静B}=H_1g(\rho'-\rho)$$

以 C 点为基准面，$h_{位B}=H_2g(\rho'-\rho)$。于是 B 点处热气体的总压头为：

$$h_{总B}=h_{静B}+h_{位B}=H_1g(\rho'-\rho)+H_2g(\rho'-\rho)=Hg(\rho'-\rho)$$

结论：A、B、C 三点的总压头是相等的。

2.3.5　伯努利方程式

伯努利方程式是伯努利于 1738 年首先提出的，它是流体力学中重要的基本方程式。该方程式表明了一个重要的结论：理想流体在稳态流动过程中，其动压、位压、静压之和为一常数，也就是说三者之间只会相互转换，而总能量保持不变。该方程通常称为理想流体在稳态流动时的能量守恒定律或能量方程。当空气作为不可压缩理想流体处理时，则也服从这个规律。

伯努利方程式（录课）

2.3.5.1　单种气体的伯努利方程式

单种气体的伯努利方程式是研究在运动过程中气体本身的能量变化规律的方程式。

A　理想气体的伯努利方程式

由于理想气体在流动过程中没有摩擦力，所以在流动过程中不产生能量损失，此为理想气体的特点。

如图 2-17 所示的管道内流动着稳定流动的理想气体，则 f 截面处单位体积气体具有的总能量应是该截面处气体的静压、位压和动压之和。

根据能量守恒定律可知，气体在流动过程中各个截面的总能量应该相等，则有

$$p_1+H_1g\rho+\frac{w_1^2}{2}\rho=p_2+H_2g\rho+\frac{w_2^2}{2}\rho \tag{2-41}$$

式中　　ρ——气体的密度，kg/m³。

p_1, w_1, H_1——Ⅰ面处气体的静压（Pa）、流速（m/s）和距基准面的高度（m）；

p_2, w_2, H_2——Ⅱ面处气体的静压（Pa）、流速（m/s）和距基准面的高度（m）。

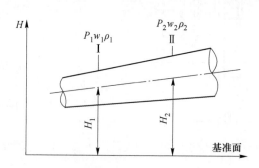

图 2-17　理想气体在管内流动

式（2-41）是密度不变的稳定流动的理想气体的伯努利方程式。此式说明，密度 ρ 不变的理想气体在稳定流动中各截面的单位体积气体的总能量（即静压、位压和动压之和）相等。利用此式可进行密度不变的理想气体在稳定流动中两个任意截面间的有关参数的相互计算。

B　实际气体的伯努利方程式

自然界的气体都属于实际气体。实际气体在流动时各层之间以及气体与管壁之间存在着摩擦力，因此，实际气体在流动过程中有能量损失，如果用 $h_失$ 表示实际气体由任意截面Ⅰ流至任意截面Ⅱ间的能量损失时，则截面Ⅰ处气体的总能量应等于截面Ⅱ处气体的总能量加上两面间的能量损失 $h_失$。此为实际气体的一个特点。

实际气体在流动中很难保持密度不变。但当气体的压力变化不大时，一般多认为气体的密度只随气体的温度而变，这样，式（2-41）的密度代以两面间平均温度下的密度，并相应地将式中的流速皆代平均温度下的流速，则式（2-41）用于低压气体的流动。此为实际气体的又一特点。

考虑到上述两个特点，则可得稳定流动的不可压缩性的实际气体的伯努利方程式如下：

$$p_1 + H_1 g \rho + \frac{w_1^2}{2}\rho = p_2 + H_2 g \rho + \frac{w_2^2}{2}\rho + h_失 \qquad (2\text{-}42)$$

式中　　p_1, p_2——Ⅰ面和Ⅱ面的静压，Pa；

H_1, H_2——Ⅰ面和Ⅱ面距基准面的高度，m；

w_1, w_2——在平均温度 t 下Ⅰ面和Ⅱ面处的气体流速，m/s；

ρ——两面间平均温度 t 下的气体密度，kg/m³；

g——重力加速度，其值为 9.8m/s²；

$h_失$——两面间的能量损失。

式（2-42）说明，低压气体在稳定流动中，前一截面的总压（静压、位压、动压之和）等于后一截面的总压（静压、位压、动压、能量损失之和）。而各种能量间可相互转变，各种能量都可直接或间接地消耗于能量损失，在能量转变和能量损失过程中静压不断变化。一般情况下，气体在流动过程中其静压都有所降低。

2.3.5.2 大气作用下的伯努利方程式

冶金炉中充满了热气体，周围为冷空气，二者又相互连通，冷空气对热气体所产生的作用必然影响炉内气体的运动，为此需推导出适合于冷热两种气体同时存在，而又反映它们之间相互作用的伯努利方程式，即大气作用下的伯努利方程式。

根据能量守恒定律可知，当稳定流动的不可压缩性的低压气体由某截面 I 流向某截面 II 时，I 截面的总压头应等于 II 截面的总压头加上 I 截面到 II 截面间的总能量损失，即

$$h_{静1} + h_{位1} + h_{动1} = h_{静2} + h_{位2} + h_{动2} + h_{失} \tag{2-43a}$$

将具体关系代入后则为

$$(p_1 - p_1') + H_1 g(\rho - \rho') + \frac{w_1^2}{2}\rho = (p_2 - p_2') + H_2 g(\rho - \rho') + \frac{w_2^2}{2}\rho + h_{失} \tag{2-43b}$$

式中　$p_1 - p_1'$ ——I 面处气体的静压头，Pa；

　　　　$p_2 - p_2'$ ——II 面处气体的静压头，Pa；

　　　　H_1 ——I 面距基准面的高度，m；

　　　　H_2 ——II 面距基准面的高度，m；

　　　　ρ ——气体在 I 面和 II 面间平均温度下的密度，kg/m^3；

　　　　ρ' ——大气的平均密度，kg/m^3；

　　　　w_1 ——平均温度下 I 面气体的流速，m/s；

　　　　w_2 ——平均温度下 II 面气体的流速，m/s；

　　　　$h_{失}$ ——两面间的能量损失，Pa。

式（2-43b）是在大气作用下气体的伯努利方程式。简称为双流体方程。

双流体方程表明，气体在流动过程中各压头间可相互转变，各压头都可直接或间接地消耗于能量损失。在能量转变和能量损失过程中静压头发生变化。下而举例分析压头之间的转变。

例如，气体在如图 2-18 所示的水平文氏管中流动时，分析流动过程中的压头转变。

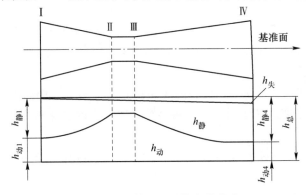

图 2-18　气体在文氏管中的流动

　　因为水平管道各截面上的位压头相同，先不考虑压头损失，故只有静压头和动压头在变，但任意截面上总压头保持不变。

　　在收缩管段，管道截面逐渐减小，气流速度逐渐增加，因而动压头逐渐增大，由于气体总压头一定，静压头必然会减小，即气体的一部分静压头转变为动压头。在扩张段，由于管道截面积逐渐增大，气体流速逐渐降低，因而动压头逐渐减小，所减小的那部分动压头转变为静压头，使静压头逐渐增加。

　　若考虑气体在流动过程中的压头损失时，可作如下分析：

　　因为在气体流动时才能产生压头损失，故压头损失只能直接由动压头转变。当管道截面已定时，与各截面相对应的动压头也应不变，为了维持各截面相对应的动压头不变，必须有部分静压头转变为动压头，以补偿因产生压头损失而减小的动压头。由此可见，在气体由截面Ⅰ流至截面Ⅱ的整个过程中，都存在着静压头变成动压头又转变为压头损失的过程。

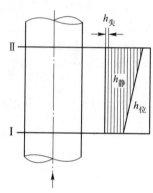

　　综合上述分析，得如图 2-18 所示的压头转变。

　　例如，当热气体在截面不变的垂直管道内上升时（图 2-19），分析压头间的转变。由于截面Ⅰ与截面Ⅱ相等，则 $h_{动1} = h_{动2}$，则双流体方程为 $h_{位1} + h_{静1} = h_{位2} + h_{静2}$。

　　因为是热气体，$h_{位1} > h_{位2}$，则必定 $h_{静1} < h_{静2}$。可见气体由截面Ⅰ上升至截面Ⅱ时存在位压头转变为静压头的过程。

图 2-19　气体在垂直
管道中的流动

　　若考虑压头损失，则必然存在动压头转变为压头损失的过程。但因截面不变，动压头要求不变，则压头损失所消耗的动压头必须由位压头和静压头补充，而位压头仅随高度和气体密度变化，当气体密度不变时，位压头只随高度变化，与动压头无关。因此，压头损失所消耗的动压头只能由静压头补充，即静压头转变为动压头，动压头又转变为压头损失。压头损失所消耗的压头实质为静压头。

　　根据上述分析得如图 2-19 所示的压头转变。

　　从以上两例分析压头转变可知：

　　（1）各种压头可相互转变，但只有动压头才能直接变为压头损失，消耗的动压头则由静压头补充。

　　（2）气体在管道中稳定流动时，动压头变化取决于管道截面及气体温度。截面不变的等温流动，动压头不变，截面变化或变温流动，动压头会变。动压头的变化会直接引起静压头的变化。

　　（3）位压头的变化取决于高度和温度（密度）的变化。等温的水平流动，位压头不变，高度变化或变温流动时，位压头会变。位压头的变化也会直接影响静压头的变化。

　　（4）压头损失和压头转变是不同的，压头转变是可逆的，而压头损失已变为热散失掉，是不可逆的。

　　例 2-8　某炉管径不变的热风管一端与换热器相连，另一端通往烧嘴（见

图 2-20）。热风管垂直段高 10m，热空气平均温度 400℃，车间空气温度 20℃。Ⅰ—Ⅰ 截面处的静压头 $h_{静1} = 250mm$ 水柱，Ⅰ—Ⅰ 到 Ⅱ—Ⅱ 这段热风管的压头损失为 400Pa，求 Ⅱ—Ⅱ 截面处的静压头 $h_{静2}$。（空气在标准状态下密度为 $1.293kg/m^3$，1mm 水柱 $=9.81Pa$）

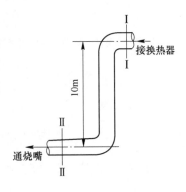

解： 就 Ⅰ—Ⅰ 和 Ⅱ—Ⅱ 截面写出伯努利方程式

$$h_{静1} + (\rho - \rho')gH_1 + w_1^2\rho/2$$
$$= h_{静2} + (\rho - \rho')gH_2 + w_2^2\rho/2 + h_{失}$$

由于管径不变，$w_1 = w_2$，$w_1^2\rho/2 = w_2^2\rho/2$

图 2-20　某炉热风管

设基准面取在 Ⅱ—Ⅱ 截面的水平中心线，则 $H_1 = 10$，$H_2 = 0$。根据题意，求出密度 ρ' 及 ρ

$$\rho' = 1.293/(1 + 20/273) = 1.205(kg/m^3)$$
$$\rho = 1.293/(1 + 400/273) = 0.525(kg/m^3)$$

故　　　　　　　　$h_{静2} = h_{静1} - h_{失} + (\rho - \rho')gH_1$
$$= 250 \times 9.81 - 400 + (0.525 - 1.205) \times 9.81 \times 10$$
$$= 1985.79(Pa)$$

例 2-9　有一截面逐渐收缩的水平管道，如图 2-21 所示，有气体在其中流动。已知气体的密度是 $1.2kg/m^3$，气体表压力在 F_1 截面处是 288.4Pa，F_2 截面处是 96Pa。又知两断面的面积比 $F_1/F_2 = 2$，而 F_1 为 $0.1m^2$，求气体每小时流过的体积流量。

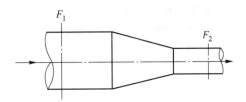

图 2-21　水平收缩管道

解： 根据题意，由于水平管道各截面上的位压头相等，故 F_1、F_2 两截面之伯努利方程式为

$$p_1 + \frac{w_1^2}{2}\rho = p_2 + \frac{w_2^2}{2}\rho \tag{a}$$

式中的 p_1、p_2、ρ 都是已知参数。如果气体的密度 ρ 不变，根据连续方程式 $F_1 w_1 = F_2 w_2$，得

$$\frac{w_2}{w_1} = \frac{F_1}{F_2}$$

由题已知

$$\frac{F_1}{F_2} = 2$$

所以 $$w_2 = 2w_1 \qquad\qquad\qquad\qquad\qquad (b)$$

将式（b）代入式（a）并整理得

$$p_1 - p_2 = \frac{(2w_1)^2}{2}\rho - \frac{w_1^2}{2}\rho = \frac{3w_1^2}{2}\rho$$

由题意已知 $p_1 = 288.4\text{Pa}$；$p_2 = 96\text{Pa}$；$\rho = 1.2\text{kg/m}^3$。代入得

$$w_1 = \sqrt{\frac{2(p_1 - p_2)}{3\rho}} = \sqrt{\frac{2 \times (288.4 - 96)}{3 \times 1.2}} = 10.3(\text{m/s})$$

气体在 F_1 面处每小时流过的体积流量为

$$V = w_1 F_1 \tau$$

式中　w_1——F_1 截面处气体流速，m/s；

　　　F_1——管道 F_1 处的截面积，m^2；

　　　τ——时间，s。

故气体每小时流过的体积流量为

$$V = 10.3 \times 0.1 \times 3600 = 3708(\text{m}^3/\text{h})$$

从上题的计算可以看出，已知截面收缩的管道，如果测得两处的压力差，就可以算出其中流过的气体流量。流量计就是根据这个原理制造的。孔板流量计就是在管道中插进一块有小圆孔的隔板（孔板），由测得孔板前后的压力差而求得流量。其计算方法和例题所述的收缩管道大体相同。

压头损失
（录课）

2.3.6　压头损失

实际气体在流动过程中有能量损失，通常称为压头损失（也称为阻力损失），用符号 $h_{失}$ 表示，单位是 Pa，按其产生的原因不同，压头损失包括摩擦损失和局部损失两类不同性质的损失。

2.3.6.1　摩擦阻力损失

实际气体在管道中流动时，气体内部及气体与管壁间都发生摩擦而消耗能量。从生产实践中也可以看到，当常温空气在管道中流动时管壁会发热，可见所消耗的能量转化成热散失掉。这种因摩擦作用而引起的能量损失称为摩擦阻力损失或称摩擦压头损失，又由于摩擦力的阻滞是沿流程存在的，故也称为沿程阻力损失，常用符号 $h_{摩}$ 表示。

摩擦阻力损失 $h_{摩}$ 与下列因素有关：

（1）气体动压头。由于气体只有在流动过程中才会产生压头损失，静止的气体是不会造成阻力损失的。因此，气体的动能越大，流动越快，能量损失就越大，即摩擦阻力损失与气流的动压头成正比。

（2）管道长度 L 与管道直径 D。管道越长，$h_{摩}$ 越大；管径越大，管壁对中心气流的摩擦作用越小，$h_{摩}$ 越小。

（3）流体流动的性质。$h_{摩}$ 与气体流动的性质有关，即与 Re 有关。Re 越大表示气流越紊乱，气层间速度差小，内摩擦力将减小，$h_{摩}$ 也会相应减小。层流时，产生压头

损失的原因主要是流体内部层与层之间摩擦，因此，$h_{摩}$ 与管壁粗糙度无关；而紊流时，内摩擦与外摩擦同时存在，$h_{摩}$ 与管壁粗糙度有关。

综合以上因素，并根据实验和理论分析，得出以下计算式

$$h_{摩} = \xi \frac{L}{D} \cdot \frac{w^2}{2} \rho \ (\text{Pa}) \tag{2-44a}$$

或

$$h_{摩} = \xi \frac{L}{D} \cdot \frac{w_0^2}{2} \rho_0 (1 + \beta t) \ (\text{Pa}) \tag{2-44b}$$

式中　L ——管道的长度，m；

　　　D ——管道的直径或当量直径，m；

　　　ρ ——$t\,℃$ 时气体的密度，kg/m^3；

　　　w ——$t\,℃$ 时气体的流速，m/s；

　　　ρ_0 ——气体的密度，kg/m^3；

　　　w_0 ——$0\,℃$ 时气体的流速，m/s；

　　　t ——气体的温度，℃；

　　　β ——气体温度膨胀系数；

　　　ξ ——气体摩擦阻力系数。

摩擦阻力系数因气体的流动性质而异：

层流时：

$$\xi = \frac{64}{Re} \tag{2-45a}$$

紊流时：

$$\xi = \frac{A}{Re^n} \tag{2-45b}$$

当已知雷诺数 Re 值，并按表 2-5 查出系数 A 和 n 时，则可计算摩擦阻力系数，从而可算出气体的摩擦阻力损失。

大多数气体都是紊流，其摩擦阻力系数一般不进行计算，而按表 2-5 取近似的摩擦阻力系数 ξ 值。

表 2-5　不同情况下的 A、n 和 ξ 值

名　称	光滑的金属管道	粗糙的金属管道	砖砌管道
A	0.32	0.129	0.175
n	0.25	0.12	0.12
ξ	0.025	0.045	0.05

如果管道内气体表压超过 9810Pa 的高压时，则式（2-44）应作如下修正

$$h_{摩} = \xi \frac{L}{D} \cdot \frac{w^2}{2} \rho \frac{p_0}{p} \ (\text{Pa}) \tag{2-46}$$

式中　p_0 ——实际大气压，Pa；

　　　p ——管内气体的绝对压力，Pa。

若气体在流动过程中开始压力 $p_{始}$ 和终了压力 $p_{终}$ 相差较大（如超过 5888Pa），p 值取平均值 $p = \dfrac{p_{始} + p_{终}}{2}$。

实际生产中，气体流动的管道是由不同参数的多段管道组成，此时管道的总摩擦阻力损失应为各段摩擦阻力损失之和，即

$$\sum h_{摩} = h_{摩1} + h_{摩2} + \cdots + h_{摩n}（Pa）\tag{2-47}$$

显然，根据各段参数分别求出各段的摩擦阻力损失后，则不难求出管道的总摩擦阻力损失。

局部阻力损失
（动画）

2.3.6.2　局部阻力损失

在管道系统中通常装有阀门、弯管、变截面管等局部装置。流体流经这些局部装置时流速将重新分布，流体质点与质点及与局部装置之间发生碰撞、产生漩涡，使流体的流动受到阻碍，由于这种阻碍是发生在局部的急变流动区段，所以称为局部阻力。流体为克服局部阻力所损失的能量，称为局部阻力损失。常用符号 $h_{局}$ 表示。其计算公式是

$$h_{局} = K \frac{w^2}{2}\rho \ （Pa）\tag{2-48a}$$

$$h_{局} = K \frac{w_0^2}{2}\rho_0 (1 + \beta t) \ （Pa）\tag{2-48b}$$

式中　ρ_0 ——0℃时气体的密度，kg/m^3；

　　w_0 ——0℃时气体流速，m/s；

　　　t ——气体温度，℃；

　　ρ ——t℃时气体密度，kg/m^3；

　　K ——局部阻力系数。

式（2-48b）说明局部阻力损失同样是和气流的动压头成正比的，其他有关影响因素集中反映在 K 值中。局部阻力系数 K 主要依靠实验测得，在计算时可通过查表得到。

下面举几种常见的管道形状和方向发生变化的例子进行分析说明。

A　突然扩张

如图 2-22 所示，管道截面突然扩大，气流在扩大处产生很多旋涡，使气流中质点间的摩擦和气流与管壁的碰撞增加。同时还发生来自小管速度较大的气流质点与大管内速度较小的质点相互碰撞，因而造成气流能量的损失。显然，当 $\dfrac{f_1}{f_2}$ 的比值不同时，$h_{局}$ 也不同，K 也不同。

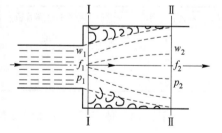

K 值可由实验测定或理论推导出。实验测定是在 $\dfrac{f_1}{f_2}$ 的比值不同的管道中进行的。对于某

图 2-22　突然扩张时的气流变化

一比值 $\dfrac{f_1}{f_2}$ 的管道，可按 $h_{失} = h_{总1} - h_{总2}$ 和 $h_{动} = h_{总} - h_{静}$ 的关系，先测出相应的 $h_{失}$ 和 $h_{动}$，然后按 $K = \dfrac{h_{失}}{h_{动}}$ 的关系求出 K 值，求 K 值时，将小管中的 $h_{动1}$ 和大管中的 $h_{动2}$ 代入公式所求得的 K 值是不同的，因此，所求得的 K 值必须指出和它相对应的气流速度。

将不同比值$\frac{f_1}{f_2}$的K值求出后，也可进一步找出K与$\frac{f_1}{f_2}$的关系。根据实验和理论推导，突然扩大时的K值与管道截面积的关系为

对应于w_1
$$K = \left(1 - \frac{f_1}{f_2}\right)^2 \qquad\qquad (2\text{-}49\text{a})$$

对应于w_2
$$K = \left(\frac{f_2}{f_1} - 1\right)^2 \qquad\qquad (2\text{-}49\text{b})$$

故局部压头损失为

$$h_{\text{局}} = \left(1 - \frac{f_1}{f_2}\right)^2 \frac{w_{01}^2}{2}\rho_0(1 + \beta t)\ (\text{Pa}) \qquad\qquad (2\text{-}50\text{a})$$

或
$$h_{\text{局}} = \left(\frac{f_2}{f_1} - 1\right)^2 \frac{w_{02}^2}{2}\rho_0(1 + \beta t)\ (\text{Pa}) \qquad\qquad (2\text{-}50\text{b})$$

式中　f_1, f_2——小管和大管的截面积，m^2；

w_{01}, w_{02}——小管和大管气流在0℃时的流速，m/s。

B　逐渐扩张

如图2-23所示的逐渐扩张管，由于气流的旋涡减小，此时对应于w_1的局部阻力系数为

$$K = \left(1 - \frac{f_1}{f_2}\right)^2 \sin\alpha \qquad\qquad (2\text{-}51)$$

式中　α——扩张管的夹角。

扩张管的α越小，$h_{\text{局}}$也越小。当扩张角≤7°时，局部阻力损失可以忽略不计。

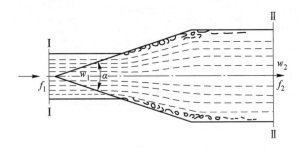

图2-23　逐渐扩张管道的气流变化

C　突然收缩

管道突然收缩，如图2-24所示，如果进口边缘不是圆滑的，则气流被收缩，而且

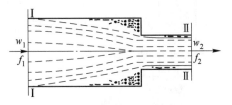

图2-24　突然收缩时的气流变化

当进入小管后，由于惯性作用仍继续收缩，收缩到一个最小截面后，又开始扩张，逐渐充满管道。这样，在大管死角处和小管开始端都会出现旋涡而引起压头损失。但大管中的气流速度比小管的气流速度小，由大管气流对小管气流直接冲击所引起的压头损失大大减小。因此，总的说来突然收缩比突然扩大的压头损失小。同样，f_1 和 f_2 的比值不同时，局部阻力系数、也不相同，突然收缩管道中 K 与 $\dfrac{f_1}{f_2}$ 的关系为

$$K = 0.5 \left(1 - \frac{f_2}{f_1} \right) \tag{2-52}$$

式（2-52）中的 K 值是对应于小管气流速度 w_2 而言。

D　逐渐收缩

逐渐收缩的管道如图2-25所示，这时的 K 值与收缩角 α 有关，见表2-6。表内 K 值所对应的气流速度为小管内的气流速度。

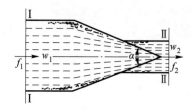

图 2-25　逐渐收缩时的气流变化

表 2-6　不同收缩角的 K 值

$\dfrac{f_1}{f_2}$	不同收缩角的 K 值				
	10°	15°	20°	25°	30°
1.25	0.22	0.27	0.31	0.33	0.38
1.50	0.31	0.38	0.44	0.48	0.55
2.00	0.56	0.68	0.47	0.85	0.98

E　气流改变方向

以90°直角转弯为例，如图2-26所示，当气流在管内急转90°弯时，由于气流在转

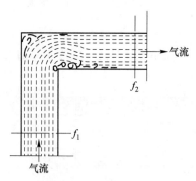

图 2-26　气流转 90°角

角处产生旋涡，以及气流与管壁的正面冲击，将产生很大的压头损失，其值与$\frac{f_2}{f_1}$之比值有关。对于圆形管道，实验测得数据见表2-7。

表2-7 阻力系数 K 与 $\frac{f}{F}$ 的关系

简 图	所用速度	$\frac{f}{F}$	0.2	0.4	0.6	0.8	1.0
A（图）		K_A	0.50	0.58	0.73	0.85	1.20
B（图）	按小段面气流速度计算	K_B	1.00	0.85	0.90	1.04	1.20
C（图）		K_C	0.80	0.90	1.02	1.20	1.45

若将90°直角转弯改为90°圆转弯，则可减小压头损失。此时 K 值与圆转弯的曲率半径 R 有关，对于直径为 d 的圆形管和边长为 d 的正方形管，其 K 值与 $\frac{R}{d}$ 的关系由实验测得，见表2-8。

表2-8 阻力系数 K 与 $\frac{R}{d}$ 的关系

略 图	K							
（图）	$\frac{R}{d}$	0.5	0.6	0.8	1.0	2.0	3.0	4.0	5.0
	钢板焊接弯管	1.5	1.0	0.8	0.7	0.35	0.23	0.13	0.15
	光滑弯管	1.2	1.0	0.52	0.26	0.20	0.16	0.12	0.10

上面介绍的是几种简单管道的局部阻力系数，实际生产中管件类型很多，K 值可以通过有关的设计手册查得。

2.3.6.3 气体通过管束时的压头损失

当气体流过一组与气流前进方向垂直的管束时，其压头损失的大小，根据实验可按下式计算

气体通过管束时的压头损失（动画）

$$h_{局} = K \frac{w_0^2}{2} \rho_0 (1 + \beta t) \ (\mathrm{Pa})$$ （2-53a）

式中　w_0 ——标准状态下气体在通道内的流速，m/s；

　　　　K ——整个管束的阻力系数，当 $Re > 5 \times 10^4$ 时，对于直通式的管束排列（图 2-27（a）），K 之值为

$$K_{直} = n \frac{s}{b} \alpha + \beta$$ （2-53b）

式中　n ——沿气流方向的管子排数；

　　　　s ——沿气流方向的管子中心距，m；

　　　　b ——通过截面上管子中心距，m；

　　　α, β ——实验常数，$\alpha = 0.028 \left(\frac{b}{\delta} \right)^2$，$\beta = \left(\frac{b}{\delta} - 1 \right)^2$。

对于交错式的管束排列（图 2-27（b）），K 之值为

$$K_{错} = (0.7 \sim 0.8) K_{直}$$ （2-53c）

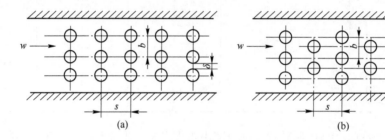

图 2-27　管束在通道内的排列

（a）直通式管束；（b）交错式管束

2.3.6.4　气体通过散料层的压头损失

　　块状或粒状固体物料堆积组成的物料层叫散料层。在散料层中，料块之间形成不规则形状的孔隙，气体通过料层时发生摩擦和碰撞作用，因而消耗能量造成压头损失。

　　由于气流在散料层中的流动比较复杂，计算其压头损失时需要考虑很多影响因素。工程上为了便于计算常采用下面较简单的实验公式：

$$h_{失} = \alpha \frac{w_0^2}{2 \varepsilon^2} \rho_0 (1 + \beta t) \frac{H}{d} \ (\mathrm{Pa})$$ （2-54）

式中　H ——料层厚度，m；

　　　　d ——料块平均直径，m；

　　　w_0 ——标准状态下，空截面气流速度，m/s；

　　　ρ_0 ——标准状态下，气体的密度，kg/m^3；

　　　ε ——料层孔隙度，等于 $\dfrac{\rho_{块} - \rho_{料}}{\rho_{块}}$，一般在 $0.4 \sim 0.5$ 间变动，$\rho_{料}$ 和 $\rho_{块}$ 为料层（包括孔隙）与料块的密度；

　　　α ——随物料及流动性质而变的系数，其值可根据表 2-9 查得。

表 2-9 不同情况下的 α 值

Re	系 数 α		
	焦炭	矿石	烧结块
1000	14.5	20	24.2
2000	12.0	16.5	20.5
3000	11.0	14.0	18.5
4000	10.3	12.3	约16.8
5000	9.8	11.3	约15.5
6000 以上	9.5	10.5	约15.0

例 2-10 如图 2-28 所示，计算烟气从连续加热炉尾部到烟囱底部沿途的压头损失（阻力）。已知条件：（1）标准状态时烟气流量 $V_0 = 1800 \text{m}^3/\text{h}$；（2）烟气离炉时温度为 650℃；烟气在烟道中每米降温平均为 3℃；（3）标准状态时烟气密度 $\rho_0 = 1.3 \text{kg/m}^3$，外界空气密度（20℃时）$\rho_0' = 1.2 \text{kg/m}^3$；（4）图中有关尺寸为：截面积 $F_1 = 0.4 \text{m}^2$，$F_2 = 0.4 \times 0.5 \text{m}^2$，$F_3 = 0.5 \text{m}^2$，$H = 3.0 \text{m}$，$L = 20 \text{m}$，垂直烟道与水平烟道的截面积相等；（5）烟道闸门的平均开启度按 80% 计。

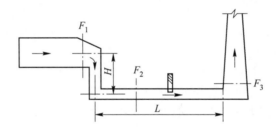

图 2-28 炉子系统示意图

解：（1）炉尾 90°转弯的阻力 h_1。按局部阻力公式（2-48b）计算：

$$h_{局} = K \frac{w_0^2}{2} \rho_0 (1 + \beta t) \ (\text{Pa})$$

式中 K——对于 90°直角转变，根据 $\dfrac{F_2}{F_1} = \dfrac{0.4 \times 0.5}{0.4} = 0.5$，由表 2-7 查得（取中间值）为 0.66；

w_0——对应于 K 值，应为烟道内的流速，按烟气流量及烟道截面积求出：

$$w_0 = \frac{V_0}{F_2} = \frac{\dfrac{1800}{3600}}{0.4 \times 0.5} = 2.5 \ (\text{m/s})$$

ρ_0, t——已知条件；

β——常数。

为了便于以后的计算，先分别算出 $h_{局}$ 中的有关数值

$$\frac{w_0^2}{2} \rho_0 = \frac{2.5^2}{2} \times 1.3 = 4.06$$

$$1 + \beta t = 1 + \frac{650}{273} = 3.38$$

将以上各有关数值代入 $h_{局}$ 公式中，可求出炉尾 $90°$ 转弯的阻力为

$$h_1 = 0.66 \times 4.06 \times 3.38 = 9.06 \ (\text{Pa})$$

（2）垂直烟道到水平烟道 $90°$ 转弯的阻力 h_2。此处，按 $90°$ 直角转弯前后截面积比等于 1 的条件，由表 2-7 查得，$K = 1.20$；考虑烟道降温，烟气至烟道转弯处的温度 t 应为

$$t = 650 - 3H = 650 - 3 \times 3 = 641 \ (\text{℃})$$

则

$$1 + \beta t = 1 + \frac{641}{273} = 3.35$$

其他参数与（1）中相同。将各数值代入 $h_{局}$ 公式中，可求得

$$h_2 = 1.2 \times 4.06 \times 3.35 = 16.32 \ (\text{Pa})$$

（3）水平烟道至烟囱底部 $90°$ 转弯的阻力 h_3。此处，根据 $\dfrac{F_2}{F_3} = \dfrac{0.2}{0.5} = 0.4$，查得 $K = 0.85$；到烟囱底部转弯处，烟气温度降 t 为

$$t = 641 - 3 \times L = 641 - 3 \times 20 = 581 \ (\text{℃})$$

则

$$1 + \beta t = 1 + \frac{581}{273} = 3.13$$

w_0 为水平烟道内的流速，故 $\dfrac{w_0^2}{2}\rho_0$ 的值未变。

将有关各数值代入 $h_{局}$ 公式中，可算得

$$h_3 = 0.85 \times 4.06 \times 3.13 = 10.8 \ (\text{Pa})$$

（4）烟道内摩擦阻力 $h_{摩}$。根据公式（2-44b）

$$h_{摩} = \xi \frac{L}{d_{当}} \cdot \frac{w_0^2}{2} \rho_0 (1 + \beta t) \ (\text{Pa})$$

式中　ξ——摩擦阻力系数，对于砖砌烟道，一般可取 0.05；

　　　L——烟道总长，$L = 3 + 20 = 23$（m）；

　　　$d_{当}$——当量直径，按公式（2-31）计算

$$d_{当} = \frac{4 \times 0.4 \times 0.5}{2 \times (0.4 + 0.5)} = 0.445 \ (\text{m})$$

$\dfrac{w_0^2}{2}\rho_0$——按前面计算为 4.06；

　　　t——烟道内烟气的平均温度，由烟气始末端的温度确定

$$t = \frac{650 + 581}{2} = 615.5 \ (\text{℃})$$

则

$$1 + \beta t = 1 + \frac{615.5}{273} = 3.26$$

将以上各值代入 $h_{摩}$ 公式中可得

$$h_3 = 0.05 \times \frac{23}{0.445} \times 4.06 \times 3.26 = 34.2 \ (\text{Pa})$$

（5）烟道闸门的阻力 $h_{闸}$。按局部阻力公式计算，此处根据烟道闸门开启度80％的给定条件，由附录1查得 $K=0.62$；设闸门安置于水平烟道的中部，烟气流至闸门处的温度 t 为

$$t = 641 - 3 \times 10 = 611 \ (℃)$$

则

$$1 + \beta t = 1 + \frac{611}{273} = 3.24$$

w_0 为按附录1中规定取的烟道内流速，$\frac{w_0^2}{2}\rho_0$ 故仍为4.06。

将各值代入局部阻力公式中，可求得

$$h_{闸} = 0.62 \times 4.06 \times 3.24 = 8.16 \ (Pa)$$

（6）垂直烟道内负位压头阻力 $h_{负压}$。垂直烟道内烟气下降，负位压头给它的阻力按位压头公式计算

$$h_{负压} = Hg(\rho' - \rho)$$

式中　H——烟气下降的高度，题给为3m；

ρ'——外界空气的实际密度，已知为 $1.2 kg/m^3$；

ρ——垂直烟道内烟气的实际密度，得

$$\rho = \frac{\rho_0}{1 + \beta t}$$

t——垂直烟道内烟气的平均温度，即 $t = \frac{650 + 641}{2} = 645.5 \ (℃)$；

ρ——烟气0℃时的密度，已知为 $1.3 kg/m^3$。

$$\rho = \frac{1.3}{1 + \frac{645.5}{273}} = 0.386 \ (kg/m^3)$$

将各值代入 $h_{负位}$ 式中，可求得

$$h_{负位} = 3 \times 9.81(1.2 - 0.386) = 23.96 \ (Pa)$$

综合以上计算，烟气从炉尾到烟囱底部沿途的总阻力（压头损失）为

$$h_{总} = 9.06 + 16.32 + 10.8 + 34.2 + 8.16 + 23.96 = 102.5 \ (Pa)$$

2.3.6.5　减少总压头损失的措施

设备的压头损失越大，则此设备系统的动力设备的能力需要越高，因此，减少设备的压头损失对生产有重要意义。

减少压头损失可采取如下措施：

（1）选取适当的流速。流速大时，$h_{失}$ 亦相应增大。流速小时会造成设备断面的过分增大，从而浪费较多的管道材料和占用较多的建筑空间。因此，设备内的流速应选得合适。常用气体在一般设备内的经验流速可见表2-10。

表 2-10　空气、煤气、烟气的经验流速

序号	流 体 种 类	特　点	允许流速 w_0 /m·s^{-1}	附　注
1	冷空气	压力 >5000Pa 压力 <5000Pa	9 ~ 12 6 ~ 8	
2	热空气	压力 >5000Pa 压力 <5000Pa 压力 <1500Pa	5 ~ 7 3 ~ 5 1 ~ 3	
3	高压净煤气	不预热 预热	8 ~ 12 6 ~ 8	
4	低压净煤气	不预热 预热	5 ~ 8 3 ~ 5	
5	未清洗的发生炉煤气		1 ~ 3	
6	粉煤与空气混合	水平管 循环管 直吹管	25 ~ 30[①] 35 ~ 45[①] >18[①]	
7	烟气	600 ~ 800℃ 300 ~ 400℃ 300 ~ 400℃	1.5 ~ 2.0 2.0 ~ 3.0 8.0 ~ 12[①]	烟囱排烟 烟囱排烟 有排烟机

①实际温度下的流速。

（2）力求缩短设备长度。设备长度越大，则 $h_摩$ 越大。因此，在满足生产需要下应力求缩短设备长度。顺便指出，使管壁光滑些可减少 $h_摩$。

（3）力求减少设备的局部变化。设备的局部变化越小，则设备的局部损失越小，因此，应在满足生产需要的条件下力求减少设备的局部变化。

当必须有局部变化时，也应采用如下措施降低变化值：

1）用断面的逐渐变化代替断面的突然变化可减少 $h_局$；

2）用圆滑转弯代替直转弯或用折转弯代替直转弯可减少 $h_局$；

3）非生产需要时不宜过大地关闭闸板和阀门，这样也可减少 $h_局$。

自 测 题

一、单选题（选择下列各题中正确的一项）

1. 下列叙述正确的是_____。

　　A. 气流速度越大，越易形成素流　　　　B. 气体密度越小，越易形成素流

　　C. 管道直径越小，越易形成素流　　　　D. 气体黏性越大，越易形成素流

2. 气体在管道内流动时，选用_____参数来判断气体在管道内的流动状态最准确。

　　A. 边界层　　　　B. 雷诺数　　　　C. 流量　　　　D. 流速

3. 随着温度的升高而增大的参数有_____。

    A. 低压气体的密度   B. 低压气体的流速   C. 液体的黏度   D. 低压气体的重度

4. 下列不随温度和压力变化的参数有_____。

    A. 流速   B. 体积流量   C. 质量流量   D. 黏度

5. 气体在直径不变的管道内自下而上作稳定流动，气体温度变化忽略不计，流速_____。

    A. 减小   B. 增大   C. 不变   D. 不确定

6. 伯努利方程中没有涉及到的能量是_____。

    A. 热能   B. 动能   C. 压力能   D. 位能

7. 低压气体在管道内稳定流动时，随着管道截面逐渐减小，气流_____逐渐增加。

    A. 动压头   B. 静压头   C. 位压头   D. 总压头

8. 气体在直径不变的管道内自下而上作稳定流动，气体温度变化和压头损失忽略不计，气体的_____逐渐减小。

    A. 动压头   B. 静压头   C. 位压头   D. 总压头

9. 下列不能进行测量的能量有_____。

    A. 静压头   B. 动压头   C. 位压   D. 静压

10. 层流时，对实际气体摩擦阻力损失无关的因素是_____。

    A. 管道长度   B. 管道直径   C. 管壁粗糙度   D. 流体流动速度

11. _____，摩擦阻力损失越小。

    A. 雷诺数越大   B. 管道长度越大   C. 管道直径越小   D. 流动速度越大

12. 使气体通过散料层压头损失减小的措施有_____。

    A. 料层厚度增加   B. 料块直径减小   C. 料层孔隙度增大   D. 气体的温度升高

13. 压头损失与_____成正比。

    A. 动压头   B. 静压头   C. 位压头   D. 总压头

二、填空题（将适当的词语填入空格内，使句子正确、完整）

1. 气体在炉内的流动，根据流动产生的原因不同，可分为两种：_____和_____。

2. 气体流动的情况有_____和_____两种。

3. 层流情况下，管道内气流速度是按_____分布的。

4. 雷诺准数的物理意义是流体的_____与_____之比。

5. _____是判断气体流动状态的标志。

6. 在恒压下，气体的流速随温度的升高而_____。

7. 连续方程式是_____定律在气体流动过程中的表现形式。

8. 伯努利方程式是_____定律在气体力学中的具体应用。

9. 单位体积气体具有的总能量是该截面处气体的_____、_____和_____之和。

10. 实际气体在流动过程中的压头损失包括_____和_____两类。

三、计算题

1. 如图 2-29 所示，水箱中的水经过管道 AB，BC，CD 流入大气。水管直径分别为 $d_{AB} = 100mm$，$d_{BC} = 50mm$，$d_{CD} = 25mm$，出口流速 $w = 10.00m/s$，求 AB 及 BC 段的流速及管内水的体积流量。

2. 某座 6t 转炉的烟气量为 4300Nm³/h，流经文氏管喉处的平均流速为 $w_1 = 100m/s$，出口流速为 $w_2 = 10m/s$，喉口和出口处烟气温度均为 70℃，求喉口直径 d_1 和出口直径 d_2（见图 2-30）。

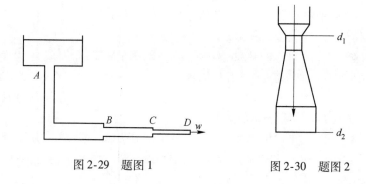

图 2-29　题图 1　　　　　　　　图 2-30　题图 2

3. 有一下部开口的容器高 10m，其内充满温度为 546℃的烟气，并已知烟气在标准状态下的密度 ρ_0 为 1.34kg/m^3，容器周围冷空气的温度 t' 为 20℃，求容器底部热气体的位压头。

4. 有一上下加盖的直圆筒高 20m（如图 2-31 所示），内贮温度为 500℃的热气体，它在标准状态下的密度 $\rho_0 = 1.3$kg/m^3，筒外为 0℃的大气其密度 $\rho_0' = 1.293$kg/m^3，如果把上盖打开，求在上盖打开的瞬间直筒底部所受的静压头为何（不计损失）？

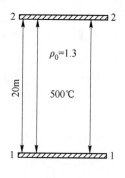

图 2-31　题图 4

5. 设圆筒底直径 $d_1 = 1.2$m，筒顶直径 $d_2 = 0.8$m，并已知排入筒底的烟气量 $V_0 = 1.5$m^3/s，筒外为 0℃的大气其密度 $\rho_0' = 1.293$kg/m^3，其他数据如图 2-32 所示，试求此时筒底的静压头 $h_{静1}$。

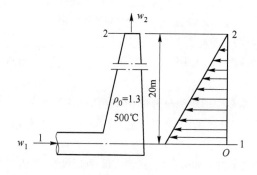

图 2-32　题图 5

6. 炉子的供风系统如图 2-33 所示。

图 2-33　题图 6

已知各段长度：$AB = 2\text{m}$，$BC = 5\text{m}$，$CD = 20\text{m}$，$DE = 2\text{m}$，$DE = 3\text{m}$。总风管 $ABCD$ 的直径 $D = 0.435\text{m}$，支管 DEF 的 $d = 0.25\text{m}$，空气温度 $t = 20℃$，标准状态空气流量 $V_0 = 5335\text{m}^3/\text{h}$。管道系粗糙的金属管道。当地大气压为 600mmHg，求空气由 A 点流至 F 点的总摩擦阻力为多少（设管道的 $\xi = 0.045$）？

知 识 拓 展

1. 层流与紊流有何区别？雷诺准数 Re 的物理意义是什么？

2. 如果有一液体和一气体在管道中流动，其雷诺准数 Re 恰好为临界值，如果流量增加了，试问气体和液体变层流还是紊流？

3. 当压力变化不大时，气体的流速与其温度有何关系？为什么在热工计算中气体的流速常采用标准（换算）速度？

4. 气体的质量流量与体积流量之间有什么关系？当高炉鼓入同样体积的风时，为何夏天的产量比冬天的产量低？高压操作比常压操作的产量要高？

5. 是否气流只能从静压高处流向静压低处？

6. 在大气中，上部气层比下部气层的密度小，这一"密度差"能否产生位压而引起气体流动？

7. 在室外同一高度上测量大气压力，是否比室内测量的结果高些？

8. 为何输送常温空气的管道也会发热？为何气体流速大时，摩擦压头损失增大？

9. 气体在水平管道中流动，如果管径不变，流量增加一倍，试问压头损失增加多少？

10. 在管道直径和流量不变的情况下，空气温度由 0℃预热到达 273℃，阻力增加多少？

2.4　气体输送

2.4.1　烟囱排烟

烟囱排烟
（录课）

烟囱是应用较广泛的排烟设备。烟囱的基本作用在于使一定流量的烟气从烟道口经烟道流向烟囱底部并从烟囱内排向大气空间。

目前采用的排烟方法有两种：

（1）用烟泵（引烟机），进行人工辅助排烟；

（2）用烟囱进行自然排烟。

用烟囱排烟的优点是：工作可靠不易发生故障，同时也不用经常维修，它既不消耗动力又可把烟气排放到高空中减轻对环境的污染，故一般工业炉都用烟囱排烟，只有当排烟系统阻力过大，烟囱的实际抽力不足时才辅以排烟机进行人工排烟。烟囱使用之前必须烘一下使烟气充满烟囱之后才能正常排烟。

2.4.1.1　烟囱的工作原理

要使燃烧产物从炉内排出并送到大气中去，必须克服气体流动时所受的一系列阻力，如局部阻力、摩擦阻力及烟气自身的浮力等。烟囱所以能够克服这些阻力而将烟气排出炉外，是因为烟囱底部热气体具有位压头，促使气体向上流动，这样烟囱底部就呈现负压，而炉尾烟气的压力比烟囱底部压力大，因而热的烟气会自炉尾流至烟囱底部，并经烟囱排至大气中。

烟囱底部的负压（抽力）是烟囱中烟气的位压头所造成的。但烟囱中烟气的位压头并不是全部成为有用的抽力。而其中一部分还要提供给烟囱烟气动压头的增量和克服烟囱本身对气流的摩擦阻力，因此，烟囱的有效抽力为

$$h_{抽} = h_{位} - \Delta h_{动}^{囱} - h_{摩}^{囱} = Hg(\rho' - \rho) - \left(\frac{w_2^2}{2}\rho_2 - \frac{w_1^2}{2}\rho_1\right) - \xi \frac{w_{均}^2}{2}\rho \frac{H}{d} \text{（Pa）} \qquad (2-55)$$

式（2-55）也可以由烟囱底部 1 面和顶部 2 面的两端面间的伯努利方程得到（参看图 2-34）。将基准面取在 2 面上，则

$$Hg(\rho' - \rho) + \Delta p_1 + \frac{w_1^2}{2}\rho_1 = \frac{w_2^2}{2}\rho_2 + h_{摩} \qquad (2-56)$$

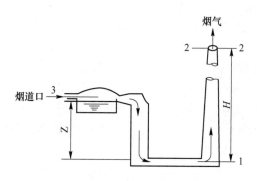

图 2-34　烟囱排烟

移项并将 $h_{摩}$ 代入得

$$-\Delta p_1 = Hg(\rho' - \rho) - \left(\frac{w_2^2}{2}\rho_2 - \frac{w_1^2}{2}\rho_1\right) - \xi \frac{w_{均}^2}{2}\rho \frac{H}{d_{均}} \qquad (2-57)$$

因此，烟囱的抽力主要取决于位压头的大小，即主要取决于烟囱高度，烟气温度和空气温度。烟囱越高，烟气温度越高时，则抽力越大；当空气温度越高时，ρ' 减小，抽力则减小。当其他条件不变时，夏季烟囱的抽力比冬季小些，故在设计烟囱高度时，应根据当地夏季平均最高温度进行计算。

2.4.1.2 烟囱计算

烟囱计算主要是确定烟囱直径和烟囱高度。

A 烟囱直径的确定

a 顶部出口直径 d_2

应保证烟气出口时具有一定的动压头，以免气流出口速度太小时，外面的空气倒流进烟囱，妨碍烟囱工作。其直径可根据连续方程式求出，即

$$d_2 = \sqrt{\frac{4V_0}{\pi w_{02}}} \tag{2-58}$$

式中 d_2——烟囱顶部出口直径，m；

V_0——0℃时的烟气量，由燃烧计算及物料平衡计算确定，m^2/s；

w_{02}——0℃时烟囱顶部的烟气出口速度，m/s，速度太大时，烟囱内的压头损失大，速度过小时，出口动压头小，会出现"倒风"现象。自然通风通常取 $w_{02} = 2 \sim 4m/s$，人工排烟通常取 $w_{02} = 8 \sim 15m/s$。

b 底部直径 d_1

对于铁烟囱，做成直筒形较方便，上下直径相同。对于砖砌和混凝土烟囱，为了稳定和坚固，都做成下大上小，底部直径一般取顶部直径的 1.5 倍，即 $d_1 = 1.5d_2$。

B 烟囱高度的确定

根据公式（2-55），而 $h_{位} = Hg(\rho' - \rho)$，则

$$H = \frac{1}{g(\rho' - \rho)}(h_{抽} + \Delta h_{动}^{囱} + \Delta h_{摩}^{囱}) \tag{2-59}$$

式中 H——烟囱高度，m。

欲求出高度 H，必须先求出等式右边各项。

a 确定烟囱的抽力 $h_{抽}$

烟囱底部的抽力应能克服以下各种阻力损失，即烟气从炉内流至烟囱底部所受的全部阻力，包括：

（1）当气体向下流动时，要克服位压头的作用；

（2）满足动压头的增量；

（3）克服沿程各种局部阻力和摩擦阻力。

把这几部分阻力加起来以后的数值是 $h_{抽}$ 的最小值。为了适应炉子工作强化时，燃料量增加所引起的烟气量增加以及其他一些原因（如烟道局部堵塞），烟囱底部的抽力应比上述各项计算所得总阻力损失 $h_{失}$ 大 20% ~ 30%，即

$$h_{抽} = (1.2 \sim 1.3)h_{失} \tag{2-60}$$

在计算时，如果烟道很长，应考虑烟气的温度变化，烟气在烟道中的降温可参考表2-11。

表 2-11　不同情况下烟气在烟道中的降温

温度/℃	每 1m 长度下降的温度/℃		
	地下砌砖烟道	地 上 通 道	
		绝热	不绝热
200 ~ 300	1.5	1.5	2.5
300 ~ 400	2.0	3.0	4.5
400 ~ 500	2.5	3.5	5.5
500 ~ 600	3.0	4.5	7.0
600 ~ 700	3.5	5.5	10.0
700 ~ 800	4.0	7.0	—

计算时必须分段进行，而且取平均温度。平均温度取该段烟道的最高温度和最低温度的算术平均值，即：$t_{均} = \dfrac{t_{高} + t_{低}}{2}$。

b　$h_{摩}^{囱}$ 的计算

烟囱中的 $h_{摩}^{囱}$ 按下式计算

$$h_{摩}^{囱} = \xi \frac{w_{0均}^2}{2} \rho_0 (1 + \beta t_{均}) \frac{H}{d_{均}} \tag{2-61}$$

式中　ρ_0——0℃时烟气的密度；

$\quad\quad d_{均}$——烟囱的平均直径，m；

$\quad\quad w_{0均}$——烟囱内烟气的平均速度（0℃），m/s；

$\quad\quad t_{均}$——烟气的平均温度，$t_{均} = \dfrac{t_1 + t_2}{2}$；

$\quad\quad t_1$——烟囱底部烟气温度；

$\quad\quad t_2$——烟囱顶部烟气温度；

$\quad\quad H$——烟囱高度，m，计算时烟囱高度还是未知数，可先按经验公式 $H = (25 \sim 30)d_2$ 先行估算。

c　计算动压头增量 $\Delta h_{动}^{囱}$

$$\Delta h_{动}^{囱} = \frac{w_{02}^2}{2} \rho_0 (1 + \beta t_2) - \frac{w_{01}^2}{2} \rho_0 (1 + \beta t_1) \tag{2-62}$$

式中　w_{02}——烟囱顶部烟气流速（0℃时）；

$\quad\quad w_{01}$——烟囱底部烟气流速（0℃时）。

d　计算 $(\rho' - \rho)$

$$\rho' = \frac{\rho_0'}{1 + \beta t_{夏}} \tag{2-63}$$

式中　ρ_0'——0℃时空气的密度，kg/m³；

$\quad\quad t_{夏}$——当地夏季的平均最高温度，℃。

$$\rho = \frac{\rho_0}{1 + \beta t_{均}} \tag{2-64}$$

式中 ρ_0——0℃时烟气的密度，kg/m³;

$t_{均}$——烟气的平均温度，℃。

根据以上计算所得各项数据，代入式（2-59）就可求出烟囱高度 H。若求出的 H 值与估算的 H 值相差较大，则应重新假设 H，另行计算，直至两者相差小于 5% 为止。

在设计烟囱时，还必须注意下列几点：

（1）考虑环境卫生和对生物的影响。如果烟囱附近有房屋（100m 半径以内），烟囱应高于周围建筑物 5m 以上。如果烟气对生物有危害性，则除增高烟囱外，还应采取净化措施。

（2）为了建筑的方便，烟囱的出口直径应不小于 800mm。

（3）当几个炉子合用一个烟囱时，各烟道应并联，并防止相互干扰。计算烟囱所需抽力时只需按阻力最大的那个炉子计算烟囱高度，但在计算烟囱直径时，应以几个炉子烟气量之和进行计算。

（4）为保证烟囱在任何季节都有足够的抽力，计算时应取夏季最高温度时的空气密度；如当地空气湿度较大，计算时必须用湿空气的密度；如地处高原或山区，还需要考虑当地大气压的影响。

例 2-11 某炉子体系的总阻力为 265Pa，烟气流量 V_0 为 1.8m³/s，烟气密度 ρ_0 为 1.3kg/m³；烟气至烟囱底部时的温度为 750℃，空气的平均温度为 20℃，烟囱之备用能力为 20%。试计算烟囱的高度和直径。

解：（1）计算烟囱底部之抽力。

$$h_{抽} = 1.2h_{失} = 1.2 \times 265 = 318 \ (Pa)$$

（2）计算烟囱中的动压头增量。

1）求烟囱出口内径 d_2 和底部内径 d_1，取出口速度 $w_{02} = 2m/s$，则出口断面：

$$f_2 = \frac{V_0}{w_{02}} = \frac{1.8}{2} = 0.9 \ (m^2)$$

烟囱出口内径

$$d_2 = \sqrt{\frac{2f_2}{\pi}} = \sqrt{\frac{4 \times 0.9}{3.14}} = 1.07 \ (m)$$

烟囱底部内径

$$d_1 = 1.5d_2 = 1.5 \times 1.07 = 1.61 \ (m)$$

2）求出口烟气温度 t_2。

设烟囱高 H 约等于 40m，烟气在烟囱中之温降为 1.5℃/m，则

$$t_2 = t_1 - 1.5 \times 40 = 750 - 60 = 690 \ (℃)$$

3）求出口烟气动压头 $h_{动2}$。

$$h_{动2} = \frac{w_{02}^2}{2}\rho_0(1 + \beta t_2) = \frac{2^2}{2} \times 1.3 \times \left(1 + \frac{690}{273}\right) = 9.17 \ (Pa)$$

4）求烟囱底部烟气动压头 $h_{动1}$。

底部断面

$$f_1 = \frac{\pi d_1^2}{4} = \frac{3.14 \times 1.61^2}{4} = 2.04 \ (m^2)$$

则流速

$$w_{01} = \frac{V_0}{f_1} = \frac{1.8}{2.04} = 0.88 \ (\text{m/s})$$

故得

$$h_{\text{动1}} = \frac{w_{01}^2}{2} \rho_0 (1 + \beta t) = \frac{0.88^2}{2} \times 1.3 \times \left(1 + \frac{750}{273}\right) = 1.89 \ (\text{Pa})$$

烟囱中动压头增量

$$\Delta h_{\text{动}}^{\text{囱}} = h_{\text{动2}} - h_{\text{动1}} = 9.17 - 1.89 = 7.28 \ (\text{Pa})$$

（3）计算烟囱中的摩擦阻力。

烟气在烟囱中的平均温度

$$t_{\text{均}} = \frac{750 + 690}{2} = 720 \ (\text{℃})$$

烟囱平均内径

$$d_{\text{均}} = \frac{1.07 + 1.61}{2} = 1.34 \ (\text{m})$$

烟气在烟囱中的平均速度

$$w_{0\text{均}} = \frac{V_0}{f_{\text{均}}} = \frac{1.8}{\frac{\pi(1.34)^2}{4}} = 1.28 \ (\text{m/s})$$

则　　　$$h_{\text{摩}}^{\text{囱}} = \xi \frac{w_{0\text{均}}^2}{2} \rho_0 (1 + \beta t_{\text{均}}) \frac{H}{d_{\text{均}}} = 0.55 \times \frac{1.28^2}{2} \times 1.3 \times \left(1 + \frac{720}{273}\right) \times \frac{40}{1.34} = 5.78 \ (\text{Pa})$$

（4）根据烟囱计算公式（2-59）求烟囱高度。

$$H = \frac{1}{g(\rho' - \rho)} (h_{\text{抽}} + \Delta h_{\text{动}}^{\text{囱}} + h_{\text{摩}}^{\text{囱}}) = \frac{1}{9.81 \times \left(\frac{1.29}{1 + \frac{20}{273}} - \frac{1.3}{1 + \frac{720}{273}}\right)} \times (318 + 7.28 + 5.78) = 40 \ (\text{m})$$

炉子的供气
系统（录课）

2.4.2　炉子的供气系统

多数炉子都有供气系统。供气系统的作用是由供气设备（鼓风机、压气机等）经供气管将炉子生产所需气体供至炉前，以满足炉子对该气体的流量和压力要求，从而保证炉子的正常生产。

炉子的供气系统主要由供气管道和供气设备组成。下面仅从气体力学角度分析供气管道和供气设备。

2.4.2.1　供气管道

供气管道起连接供气设备和炉前的气体流出设备（烧嘴、喷嘴、风嘴、氧枪等）的作用。在供气管道上也经常安装测量和调节装置，以根据生产需要随时控制和调节气体的参数。

A　供气管道的布置原则

供气系统内的气体运动属于强制运动。强制运动的供气管道在布置时应注意以下原则：

（1）为了减少管道内的压头损失，在满足生产需要的情况下应力求缩短管道长度。

（2）为了减少管道内的压头损失，在满足生产需要的情况下应力求减少管道的局部变化。在必须有局部变化时也应尽量用断面的逐渐变化代替突然变化，用圆滑转弯或折转弯代替直转弯。

（3）为了不使管道内有较大的静压头降低，在满足生产需要的情况下应不使管道有较大的动压头增量。这样，分支管道内的气体流速则不宜大于或不宜很大于总管道内的气体流速。

（4）为了不使管道内有较大的静压头降低，在满足生产需要的情况下，应力求使热气自下而上流动。

（5）为了保证分支管道内有均匀的流量分配，分支管道宜采取对称布置，并在管道上设置阀门等调节装置。

上述只是参考原则，生产中应根据具体情况而定。

B　供气管道的断面尺寸

管道的断面尺寸应根据管道的气体流量和气体流速而定。

管道内的气体流量等于供气设备的气体排出量。供气设备的设计气体排出量一般取炉子所需气体量 1.2 ~ 1.3 倍。因此，供气管道内的气体总流量 $V = (1.2 ~ 1.3)V_0$。

管道内的气体流速应选得合适。过大的流速会造成很大的压头损失而增加对供气设备的能量要求。过小的流速会加大管道尺寸而浪费管道材料和增加车间布置的困难。管道设计时的经验流速 $w_0(\mathrm{Nm/s})$ 按表 2-10 选取。

当气流量和气体流速确定后，供气总管的断面尺寸为

$$f_总 = \frac{(1.2 ~ 1.3)V_0}{3600w_0} \tag{2-65}$$

总管有 n 个支管，并且每个支管的流量相同时，则每个支管的断面积为

$$f_支 = \frac{f_总}{n} \tag{2-66}$$

流动断面已知时，则不难求出管道的流动直径（内直径）。

C　供气管道内的压头损失

气体在供气管道内产生压头损失。供气管道内的压头损失包括该管道内的总摩擦损失和总局部损失（要考虑孔板和阀门的局部损失）。

简单的管道，其全部压头损失等于该管道各段的压头损失之和：

$$h_失 = \sum_1^n \left(\xi\frac{L}{d} + \sum K\right)\frac{w^2}{2}\rho \tag{2-67a}$$

或

$$h_失 = \sum_1^n \left(\xi\frac{L}{d} + \sum K\right)\frac{w_0^2}{2}\rho_0(1 + \beta t) \tag{2-67b}$$

式中　n ——管子的段数。

在计算这类管道的压头损失时，可先求得各段的压头损失，然后相加，即得全管道的压头损失。

在生产中应力求减少管道内的压头损失。

在供气管道内有分支管道时，则应以最大一支的压头损失作为管道的压头损失。

当管道不对称布置时，则各分支管道的压头损失可能大小不等。压头损失不等则会引起各支管道末端的流量和压力不等，这样会给炉子生产带来一定困难。为此，可采取如下措施：

（1）使分支管道具有不同的直径。当管道不对称布置时，使较短支管具有较小管径，使较长支管具有较大管径，则可以增大短管的摩擦损失而使各管内的压头损失相等，从而保证各支管末端的气体流量和气体压力相等。但是，这将给管道结构带来一定困难，故生产中很少采用这种措施。

（2）在支管道上安置阀门。当管道不对称布置并且各支管直径相同时，在各支管上安置阀门，并相对关小较短支管的阀门，则可借短管内局部压头损失的增加而使其支管具有相同的压头损失，从而保证各支管末端具有相同的气体流量和气体压力。这一措施在生产中常被采用。

D　管道的特性方程式

在管道一定的情况下，压头损失 $h_{失}$ 是与其中气体流量 V 相关的。气体流量等于零时，压头损失也等于零，随着流量的增加，压头损失也增加。管道的压头损失与其中气体流量之间的关系式，叫作管道的特性方程式。

为了写出某一段的特性方程。将 $w = \dfrac{4V}{\pi d^2}$ 代入式（2-67a）则得

$$h_{失(x)} = \left[\left(\xi \frac{L}{d} + \sum K\right)\left(\frac{4}{\pi d^2}\right)^2 \frac{\rho}{2}\right]V^2 \tag{2-68}$$

管内气体是紊流流动时，对于某一固定的管段而言，等号右侧方括号中的数值是一常数，可用 $k_{(x)}$ 表示。

其中

$$k_{(x)} = \left(\xi \frac{L}{d} + \sum K\right)\left(\frac{4}{\pi d^2}\right)^2 \frac{\rho}{2} \tag{2-69}$$

同理，对于整个管道而言，有下式存在：

$$h_{失} = \sum_{x=a}^{n} k_{(x)} V^2 \tag{2-70}$$

一般写成

$$h_{失} = kV^2 \tag{2-71}$$

式（2-71）就是管道特性方程。其中 k 值取决于管道的几何形状和尺寸。

在有些情况下，由于管道有一定几何高度，或者由于管道入口处和出口后的空间之间有一定的压力差 h_z，在输送气体时，需要多消耗一部分能量，则

$$h_{失} = h_z + kV^2 \text{（Pa）} \tag{2-72}$$

将式（2-71）和式（2-72）作成曲线，如图 2-35 所示这些曲线称为管道特性曲线，即管道压头损失与流过气体流量的关系曲线。

管道的特性方程式可以用计算或实验方法得出（为此只需测出某一个流量下的压头损

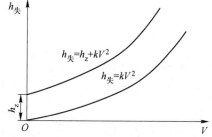

图 2-35　管道特性曲线

失）。根据得出的特性方程式，可以很方便地推算出流量改变以后的压头损失，或者作相反的运算。

2.4.2.2 供气设备

炉子的供气设备包括鼓风机、压气机等。鼓风机有离心式风机、罗茨式风机、轴流式风机等类型。下面仅介绍离心式风机（以下简称风机）。

A 风机的作用

风机可向炉子供应空气或其他气体，也可作为抽烟机排出炉子产生的烟气。

风机作为供风设备的基本作用是使具有一定风量和风压的空气经供风管道供入炉前的气体喷出设备（烧嘴、喷嘴、风嘴等），以保证炉子对空气的要求。

风机的风量（由风机供出的最大空气量）至少应大于炉子所需空气量20%~30%，因此，风机的风量为

$$V = (1.2 \sim 1.3)V_0 \tag{2-73}$$

式中 V——风机供出的标准状态下风量。

显然，根据炉子所需风量的大小可确定风机应具有的风量。

风机的风压通常是指风机的全风压（风机出口的静压头与动压头之和），用符号 h 表示，单位是 Pa。

风机的风压可通过对风机出口和喷出设备入口所列出的伯努利方程式确定。

$$h_{静1} + \frac{w_1^2}{2}\rho = h_{静2} + Hg(\rho - \rho') + \frac{w_2^2}{2}\rho + h_{失} \tag{2-74}$$

如图 2-36 所示，当以风机出口为基准面时，可列出风机出口 I 面与喷出设备入口 II 面间的伯努利方程式。当取计算风压为理论风压的 1.2~1.3 倍时，则风机应具有的风压为

$$h = (1.2 \sim 1.3)\left[h_{静2} + Hg(\rho - \rho') + \frac{w_2^2}{2}\rho + h_{失} \right] \tag{2-75}$$

式中　　　h——风机的风压即全风压，Pa；

$h_{静2}$——喷出设备所需入口静压头，Pa；

w_2——喷出设备所需入口速度，m/s；

ρ——空气在其温度下的密度，kg/m³；

ρ'——大气在其温度下的密度，kg/m³；

H——两面间的高度，m；

$h_{失}$——供风管道的压头损失，Pa。

显然，当喷出设备所需的参数已知、供风管道的压头损失已知、空气和大气的温度已知、两面间的高度已知时，便可确定风机应具有的风压。

由式（2-75）看出，在喷出设备的要求一定时，减少供风管道内的压头损失、使热气体自下而上流动可降低对风机风压的要求。

综合上述，使一定风量和风压的空气从风机连续地供出是炉子对风机的要求，也是风机应起的基本作用。

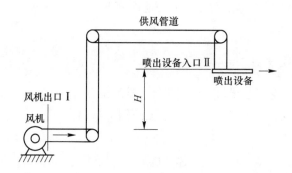

图 2-36　供风系统示意图

B　风机的工作原理和风机的性能

图 2-37 是离心式风机的结构示意图。由图中看出，风机主要由转动轴 3、叶片轮 1和机壳 2 组成。当电动机带动转动轴转动时，固定在转动轴上的叶片轮随之转动，叶片轮转动后则将空间大气不断从吸入口吸入，并使之具有一定的动压头。由于离心力的作用，被吸入的空气又不断地被叶片轮甩向机壳空间，并在机壳的扩张形空间内进行由动压头向静压头的转变。由风机出口出去的空气量为风机的风量，由风机出口出去的静压头与动压头的总和为风机的全风压或简称风压。

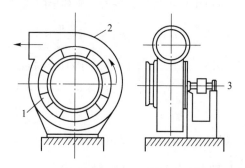

图 2-37　离心式风机的结构示意图

叶片轮上叶片的数量越多、尺寸越大、直径越大，叶片轮的转动越快则风机的风量越大。叶片轮的直径越大，叶片轮的转动越快则风机的风压越高。显然，一定结构的风机在一定转数（r/min）下具有一定的风量和风压。

单位时间内风机输送出的气体体积，叫作风机的风量。一般用 V 表示，其单位是 m³/s，m³/min，m³/h，而每立方米空气在风机内得到的能量为 h，所以风机的有效功率为

$$N_{效} = Vh\ (\text{Nm/s 或 W}) \tag{2-76}$$

折算成 kW 为

$$N_{校} = \frac{Vh}{1000}\ (\text{kW}) \tag{2-77}$$

这一 $N_{效}$ 值是已扣除了各种能量损失之外的净有效功率。如果把气体流动过程中的阻力损失和风机转动的机械能损耗等各种损失都计算在内，则在单位时间内电机传给机

轴的能量（即风机所要求的轴功率）N 要比 $N_效$ 大些，二者比值叫作风机的总效率。故

$$N = \frac{N_{校}}{\eta} \ (\text{kW}) \tag{2-78}$$

风机的效率 η 值由实验确定，列入产品性能表中，一般 η 的数值变化在下列范围内：

（1）低压风机 $\eta = 0.5 \sim 0.6$；

（2）中压风机 $\eta = 0.5 \sim 0.7$；

（3）高压风机 $\eta = 0.7 \sim 0.8$。

风机的具体性能由特性曲线来表示。图 2-38 所示为我国生产的一台离心式风机特性曲线的示意图。图中的三条曲线表明在一定转速下，风量与全风压、轴功和效率的关系。

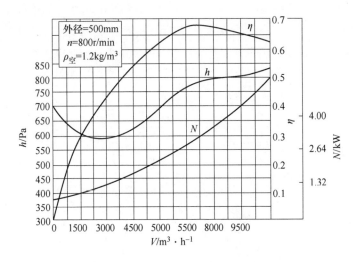

图 2-38　离心式风机特性曲线

目前风机生产已实现标准化。各厂生产的风机上都附有铭牌，铭牌上注明该风机的风量、风压、转数、电动机功率等性能。根据风机铭牌则可知该风机在正常生产时的能力。

各厂生产的风机也制成产品系列而列入我国的机械产品目录上。根据炉子生产所需的风量和风压查该产品目录，则可选定符合生产需要的风机。

C　风机的工况调节

如果把风机管网性能曲线与风机的 h-V 性能曲线，按同样比例尺画在一个图上（图2-39），这两条曲线的交点 A 就表示风机此时在管网中运转的工况，一般称点 A 为风机的工作点。

从图 2-39 中看到，工作点 A 是风机运转时在能量及风量上与管网相平衡的一点。即此时管网所需压头（或压力）等于风机所产生的压

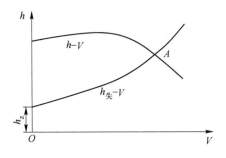

图 2-39　风机在管网中运行的工况

头（或压力），管网中的风量等于风机供给的风量。因此可以认为，风机在管网中的运转工况是由管网的性能决定的。为了使风机在管网上以最大效率运转，选择风机时，应注意风机与其管网性能曲线之间的配合。

为了满足炉子和其他设备的要求，常常要对正在运转中的风机进行风量或风压调节，即改变风机在管网上的工作点，对风机的运转工况进行调节。通常改变工作点的方法有以下几种：改变管网性能曲线，改变风机性能曲线，同时改变风机与管网性能曲线。对离心式通风机的工况调节，具体采用以下几种方法。

（1）在送气管道上设置节流闸阀，改变闸阀开启度以调节风量。这时管网特性曲线由于增加了闸阀的附加阻力使压头损失发生了变化，但风机特性曲线不变。由图 2-40看出，当闸阀全开时，管网性能曲线如 $O'A$ 所示，A 点为此时风机工作点，风量最大为 V_1。为了减少送风量，可将闸阀关小，使管网增加一部分阻力。管网特性曲线向左偏移，如图中 $O'B$ 所示，工作点移到 B 点，风机送风量由 V_1 减到 V_2，风机产生的风压，一部分用来克服管网阻力引起的压头损失，另一部分用来克服闸阀关小而增加的压头损失。应用闸阀调节风量的方法，原则上是不经济的，它增加了能量损失。但由于装置简单，调节方便，在生产上常被采用。

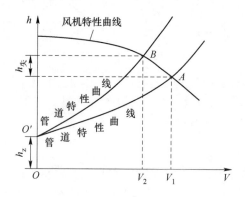

图 2-40　改变闸阀开启度调节

（2）改变风机转数。如图 2-41 所示，为了提高风量可将风机的转数由 n_1 提高到 n_2，在管网特性曲线不变的情况下，风机的工作点由 A 移至 B，这就达到了增加风量的

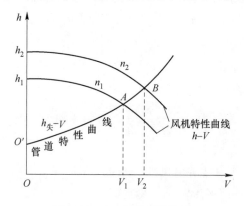

图 2-41　改变风机转数调节

目的。由于此时不增加附加阻力，这种方法是经济的，但是，要使运转中的风机改变转数比较困难，故在冶金炉上很少采用。

（3）在风机吸风管上装置节流闸阀（图2-42），用改变风机性能曲线的办法来调节风量和风压，这是最简单又适用的方法。如果风机没有安装吸风管，则可部分遮盖风机吸风口进行调节。这种调节方法不改变风机出口后的管网情况，故管网性能曲线不变，如曲线 $O'A$ 所示。在节流阀全开时，风机性能曲线如 BA 所示，A 点为此时的工作点。当关小节流阀时，风机吸入气体流经节流阀时的阻力增大，使叶轮进口前的压力下降，即吸气压力降低。当叶轮转数恒定并产生同样压力比的情况下，风机出口压力按比例下降。因此，随节流阀逐渐关小，风机性能曲线依次改变为 BA'、BA''、$\cdots$，风机的工作点依次改变为 A'、A''、$\cdots$，风量也依次降为 V_2、V_3、$\cdots$，风机所耗功率也将相应降低。

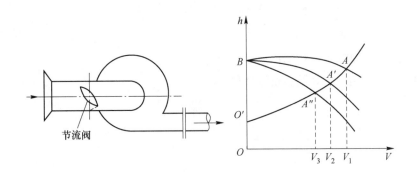

图 2-42　在吸气管上装置节流阀进行调节

D　风机的并联和串联

当一台风机不能满足风量和风压的要求时，可以将几台风机并联或串联起来使用，也可以串并联联合使用。

风机并联的好处是可以得到较大风量，并且，当一台风机因故停止运转时，其他风机还可以照常运转，使生产不致受到很大的损失，并联还带来了操作灵活的优点。我们可根据炉子（用户）需要风量多少，决定开闭风机的台数。并联时风量有所增加，但小于各台风机单独使用时送风量的总和，风机效率有所降低。一般，性能相近的风机才能并联。

风机串联时，风量不变，风压有所增加，但小于各台风机单独工作时风压之和。串联时效率很低，而且使风机寿命降低，一般最好不这样做。

风机并联和串联的特性曲线如图 2-43 所示。

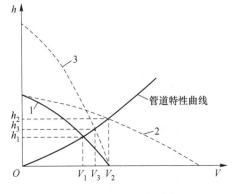

图 2-43　风机的并联和串联
1——一台风机；2——两台风机并联；
3——两台风机串联

喷射器
（动画）

2.4.3　喷射器

喷射器是一种促使气体流动和混合的装置。它用于间接抽风排烟，也应用于燃烧器中。喷射器的作用原理是利用一种喷射介质（空气或蒸汽），经小孔喷出，产生一高速气流，使附近的静压降低，来吸取气体。喷射介质和吸入的气体混合后由扩张管送出。扩张管的作用是将部分动压头转变为静压头，以利送出。下面就其基本原理和构造作一简要介绍。

喷射器由一根细管和一根粗管组成。图 2-44 所示为喷射器作用的基本原理图。为了推导出表示喷射器工作特性的基本方程式，在喷射器中划出两个限制表面 AB 和 CD。喷射气体从左侧的细管中喷入粗管，周围的气体通过 AB 截面进入粗管，混合后的气体通过 CD 面排出。

$$M_3 w_3 - (M_1 w_1 + M_2 w_2) = (p_2 - p_3) F_3 \tag{2-79}$$

式中　　M_1, w_1——喷射气体的质量流量和流速；

M_2, w_2——被喷射气体的质量流量和流速；

M_3, w_3——混合气体的质量流量和流速。

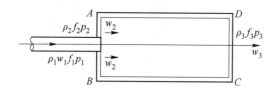

图 2-44　喷射器基本原理

则单位时间内通过 AB 和 CD 截面的气体动量各为 $M_1 w_1 + M_2 w_2$，$M_3 w_3$，而作用在 ABCD 区域气流方向上外力的合力为 $(p_2 - p_3) F_3$。

根据动量定理可知：作用于某一区域上的外力在任一方向的合力等于在区域两端单位时间内所流过的气体在该方向上的动量增量，则式（2-79）就是喷射器的基本方程式。此式说明，ABCD 管段两端的压力差取决于两相应断面之动量差，动量较大的断面上压力较低，动量较小的截面上压力较高。因此，在管段两断面之间实质上是气体动压头转变为静压头的过程。为了更明显地看出被吸入气体进入喷射管的原因，可假设喷射管就置于大气之中，则气体出口端压 p_3 应等于大气压力 p_0，由于喷射气体入口端的压力较出口端的压力为小，即 $p_2 < p_3$，可见 $p_2 < p_0$，亦即进气端的压力 p_2 为负压，这便是促使周围气体进入管内的原因。在其他条件一定时，$p_0 - p_2$ 之值越大时，被吸入气体越多。

上述喷射装置只是简化了的喷射器，实际上为了增加抽力，提高喷射效率，喷射器的组成包括四个部分：通入喷射器的管子、喇叭形的气体入口、混合管和扩张管。这种完整的喷射器各组成部分如图 2-45 所示。现将各组成部分的作用及其能量变化分述如下。

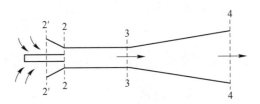

图 2-45 喷射器各组成部分

（1）通入喷射气体的管子。具有一定动能的喷射气体，通过喷射管子喷入混合管将被喷射气体吸入混合管内。

（2）喇叭形的气体吸入口。在被喷射气体入口处，喷射气体的速度，远远大于被喷射气体的速度。这种速度差使得喷射气体和被喷射气体之间发生质点冲击现象，因而造成能量损失，降低了喷射的效率。为了减少气体质点的冲击作用，将被喷射气体的吸入口做成喇叭形管口。这样在喇叭形管的入口和出口处，被喷射气体的流速不等。设出口处流速为 w_2，入口处流速较小，可忽略不计，则可列出 0 面和 2 面之间的伯努利方程式：

$$p_0 = p_2 + \frac{w_2^2}{2}\rho_2 + K_2 \frac{w_2^2}{2}\rho_2 \tag{2-80}$$

或

$$p_2 - p_0 = -(1 + K_2)\frac{w_2^2}{2}\rho_2 \tag{2-81}$$

式中 $K_2 \frac{w_2^2}{2}\rho_2$——2′—2 面之间的压头损失；

 K_2——阻力系数。

（3）混合管（截面 2 与 3 之间）。它是喷射器的最主要部分，其作用在于使喷射气体与被喷射气体之速度趋于均匀，因而使动量趋于降低，使混合管内产生了压力差。

（4）扩张管（截面 3 与 4 之间）。为了增加喷射器出口与吸入口之间压力差，提高喷射效率，常在混合管后面安装一个扩张管。气体流过扩张管时，速度降低，部分动压头转变为静压头，扩张管末端一般与大气相通。这样可进一步增加抽力。

由图 2-45 列出 3 至 4 面间的伯努利方程式

$$p_3 + \frac{w_3^2}{2}\rho_3 = p_4 + \frac{w_4^2}{2}\rho_4 + K_3 \frac{w_3^3}{2}\rho_3 \tag{2-82}$$

式中 $K_3 \frac{w_3^3}{2}\rho_3$——3—4 面间的压头损失；

 K_3——阻力系数。

考虑到 $w_4 F_4 = w_3 F_3$ 以及 $\rho_3 = \rho_4$，则上式可写为 $p_4 - p_3 = \left(1 - \frac{F_3}{F_4} - K_3\right)\frac{w_3^2}{2}\rho_3$。

令 $\eta_{扩} = 1 - \frac{F_3}{F_4} - K_3$，则上式变为 $p_4 - p_3 = \eta_{扩}\frac{w_3^2}{2}\rho_3$。

将其与式（2-79）联立，并考虑到 $F_3 = \dfrac{M_3}{w_3\rho_3}$，则得到

$$p_4 - p_2 = \frac{w_3\rho_3(M_1w_1 + M_2w_2 - M_3w_3)}{M_3} + \eta_{扩}\frac{w_3^2}{2}\rho_3 \qquad (2\text{-}83)$$

将式（2-81）与式（2-83）联立得到

$$p_4 - p_0 = \frac{w_3\rho_3(M_1w_1 + M_2w_2 - M_3w_3)}{M_3} + \eta_{扩}\frac{w_3^2}{2}\rho_3 - (1 + K_2)\frac{w_2^2}{2}\rho_2 \qquad (2\text{-}84)$$

式中　　p_0——0 面（喷射器入口端）压力，Pa；

　　　　p_4——4 面（扩张管出口端）压力，Pa；

M_1, M_2, M_3——喷射气体，被喷射气体和混合气体的质量流量；

w_1, w_2, w_3——喷射气体，被喷射气体和混合气体的流速，m/s；

　　ρ_2, ρ_3——被喷射气体和混合气体的密度；

　　　$\eta_{扩}$——扩张管效率，它代表扩张管所增加的抽力与扩张管入口端动压头之比。

　　　K_2——喇叭形气体入口收缩管阻力系数。

考虑到扩张管和混合管的阻力损失，在通常的喷射器尺寸条件下，$\eta_{扩}$ 可参考表 2-12 中的数值。

表 2-12　$\eta_{扩}$ 参考取值

d_4/d_3	1	1.05	1.2	1.4	1.6	1.8	≥2.0
$\eta_{扩}$	-0.15	0	0.30	0.48	0.55	0.59	0.60

在一般情况下扩张管的角度为 6°～8°。在设计喷射器时，一般取 d_4/d_3 为 71.5 左右，因而扩张管效率可取为 $\eta_{扩} = 0.5$ 左右。

式（2-83）和式（2-84）都是计算喷射器所造成的压力差的基本方程式。前者用于计算喷射器所造成的最大压力差（2 面处压力最低），后者则代表整个喷射器所造成的压力差。在其他条件相同的情况下，喷射气体的速度越大，$(p_4 - p_2)$ 的值也越大。但 $(p_4 - p_2)$ 的值与 w_3 之间的关系则不然，w_3 过大或过小都对喷射作用产生不利影响。

工业炉上用喷射器作排气装置时，其喷射气体可以用空气亦可用蒸汽。如喷射器和烟囱联合使用，则当用蒸汽作喷射气体时，喷射器可放在烟囱下部或上部，用空气时，则应放在烟囱上部，以免降低烟囱温度而影响烟囱抽力。

喷射器除可用来排气外，而且由于喷射气体和吸入气体在喷射器中能进行良好的混合，所以它也是一种很好的混合装置，例如，喷射式无焰燃烧器就是根据喷射器原理设计出来的。

喷射器的优点是抽力大，且不容易损坏，适宜输送鼓风机难于输送的高温气体和腐蚀性气体。但它的缺点是能量损失较大，效率低，其经常工作时所消耗的能量比鼓风机还高，故在冶金炉上的应用不如风机和烟囱广泛。

自　测　题

一、单选题（选择下列各题中正确的一项）

1. 烟囱在使用之前，必须进行_____，否则烟囱不具有抽力。

　　A. 烘烤　　　　　　　B. 不烘烤　　　　　　C. 通风　　　　　　　D. 密封

2. 若烟囱破损出现孔洞时，此孔洞处会出现_____。

　　A. 溢气　　　　　　　B. 吸气　　　　　　　C. 溢出一部分气体　　D. 吸入一部分气体

3. 使烟囱抽力增大的是_____。

　　A. 烟气温度升高　　　　　　　　　　　B. 空气温度升高

　　C. 烟囱上下直径差增大　　　　　　　　D. 烟囱直径减小

4. 风机并联可以使_____增加。

　　A. 风压　　　　　　　B. 风量　　　　　　　C. 功率　　　　　　　D. 效率

5. 风机串联可以使_____增加。

　　A. 风压　　　　　　　B. 风量　　　　　　　C. 功率　　　　　　　D. 效率

6. 喷射器是利用一种喷射介质产生高速气流，使附近的_____降低，来吸取气体。

　　A. 静压　　　　　　　B. 位压　　　　　　　C. 动压　　　　　　　D. 总压

7. 喷射器的组成部分不包括_____。

　　A. 通入喷射器的管子　B. 喇叭形的气体入口　C. 燃烧室　　　　　　D. 扩张管

二、填空题（将适当的词语填入空格内，使句子正确、完整）

1. 烟囱底部的负压是由_____所造成的。

2. 炉子的供气系统主要由_____和_____组成。

3. 喷射器是一种_____的装置。

三、计算题

1. 已知某加热炉烟道系统总能量损失为184.9Pa，烟气标准状态流量为 $V_0 = 6.88 \text{m}^3/\text{s}$，烟囱底部的温度为420℃，烟气密度为 1.28kg/m^3，空气温度为30℃，试计算烟囱的高度和直径。

知 识 拓 展

1. 烟囱的抽力不足或抽力过大时，会产生什么现象，应如何解决？

2.5　高压气体流动

　　气体在流动过程中，当压力变化超过10000Pa时，其密度随压力的变化不可忽略，此种气体应视为可压缩性气体或称高压气体，此种气体流动应视为压缩性气体的流动或称为高压气体的流动。本章介绍的压缩性气体的流出主要是研究气体由管嘴的流出问题。

　　冶金生产中存在着压缩性气体的流出现象，例如，气体由喷射式煤气燃烧器、高压重油喷嘴、压缩空气管以及转炉氧枪等高压装置中喷出于炉内时，都属于压缩性气体由管嘴的流出。

　　研究压缩性气体流出的任务是找出压缩性气体流出的基本规律，并在此基础上解决管嘴的设计计算问题。

2.5.1　压缩性气体流出的基本规律

　　图 2-46 所示的容器内盛满绝对压力为 p_1、绝对温度为 T_1、密度为 ρ_1、比容为 v_1 的压缩性气体。如果在容器的某处开一面积为 f_1 的孔洞，则此压缩性气体必然由孔洞向外流出。理论计算和实验测定表明，流出流股的形状近似图 2-46 所示的先收缩后扩张形。当流股的最后压力等于周围介质的压力 p_0 时，流股自然消失于周围介质之中。下面分别研究流股内各物理参数的变化规律。

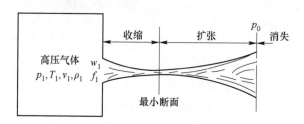

图 2-46　压缩性气体流出流股示意图

2.5.1.1　压力的变化规律

　　冶金生产中的压缩性气体的原始绝对压力一般为 $p_1 = 2 \sim 15$ 个大气压。流股是流向大气或一般冶金炉的炉膛，则周围介质的绝对压力 p_0 为一大气压或接近于一大气压。显然，流股中的压力在流动过程中逐渐降低，而流股中任意点的压力 p 都介于原始压力和周围介质压力之间，亦即任意点压力与原始压力 p_1 之比值 $\dfrac{p}{p_1}$ 为小于 1 的数值。此为流股中压力变化的定性规律。

2.5.1.2　密度和比容的变化规律

　　压缩性气体的基本特点是其密度和比容随压力而变。如果气体的流动过程近于绝热过程，则其比容随压力的变化关系为

$$p_1 v_1^k = p v^k \tag{2-85a}$$

或

$$v = v_1 \frac{1}{\left(\dfrac{p}{p_1}\right)^{1/k}} \tag{2-85b}$$

或

$$\frac{v}{v_1} = \frac{1}{\left(\dfrac{p}{p_1}\right)^{1/k}} \tag{2-85c}$$

　　显然，密度随压力的变化关系应为

$$\rho = \rho_1 \left(\frac{p}{p_1}\right)^{1/k} \tag{2-86a}$$

或
$$\frac{\rho}{\rho_1} = \left(\frac{p}{p_1}\right)^{1/k} \tag{2-86b}$$

式中，p_1、v_1 和 ρ_1 分别是气体的原始压力、原始比容和原始密度；p、v 和 ρ 分别是气体流股中任意点的压力、比容和密度；k 是气体的恒压比热与恒容比热的比值，称为绝热指数，其值对双原子气体（如空气和氧气等）为 $k = 1.4$，对三原子气体（如过热蒸汽等）为 $k = 1.33$。

由上式中分别看出，在一定的原始条件下，气体的比容随气体压力的降低而增高，气体密度随气体压力的降低而降低。由于气体压力在流动过程中逐渐降低，所以气体比容在流动过程中逐渐增高，而气体密度在流动过程中逐渐降低。此为气体比容和气体密度在流动过程中的定性变化规律。

2.5.1.3　温度的变化规律

压缩性气体在流动过程中，其温度也发生变化。当原始参数为 p_1、v_1 和 T_1，任意点的参数为 p、v 和 T 时，则参数间的关系为

$$\left. \begin{array}{l} \dfrac{p_1 v_1}{T_1} = \dfrac{pv}{T} \\[2mm] T = T_1 \left(\dfrac{p}{p_1}\right)^{(k-1)/k} \\[2mm] \dfrac{T}{T_1} = \left(\dfrac{p}{p_1}\right)^{(k-1)/k} \end{array} \right\} \tag{2-87}$$

在一定的原始条件下，气体的绝对温度 T 随气体压力 p 的变化而变化。由于气体压力 p 在流动过程中逐渐降低，所以气体的绝对温度在流动过程中也逐渐降低。此为气体温度在流动过程中的定性变化规律。

2.5.1.4　速度的变化规律

压缩性气体在流动过程中的速度也不断变化。速度变化的关系式需用伯努利方程式推导。对于压缩的高压气体而言，伯努利方程的微分形式为

$$\mathrm{d}Hg + \frac{\mathrm{d}p}{\rho} + \mathrm{d}\frac{W^2}{2} = 0 \tag{2-88}$$

超音速流股
（动画）

将上式由原始状态 1 积分到任意点 p，同时认为 $W_1 \approx 0$，位能的变化可以忽略，则得气体在流动过程中任意点 p 处的流速为

$$w = \sqrt{\frac{2k}{k-1} p_1 v_1 \left[1 - \left(\frac{p}{p_1}\right)^{(k-1)/k}\right]} \ (\mathrm{m/s}) \tag{2-89a}$$

$$w = \sqrt{\frac{2k}{k-1} RT_1 \left[1 - \left(\frac{p}{p_1}\right)^{(k-1)/k}\right]} \ (\mathrm{m/s}) \tag{2-89b}$$

式中　p_1——原始压力，Pa；

　　　v_1——原始比容，$\mathrm{m^3/kg}$；

　　　T_1——原始温度，K；

    R——气体常数；

    k——绝热指数；

    p——所求点的已知压力，Pa；

    w——所求点的流速，m/s。

则一定气体在一定原始条件下，气体的流速 w 随气体的压力 p 而变。由于气体压力 p 在流动过程中逐渐降低，所以气体流速在流动过程中逐渐增高。此为气体流速变化的定性规律。

下面分析流速的定量关系。

A 原始速度

气体进入管嘴前的流速称为原始速度，其值一般较小，可以认为 $w_1 \approx 0$。

B 临界速度

由图 2-46 看出，气体流股有一最小断面，称其为临界断面。临界断面处的各物参数分别称为临界压力、临界比容、临界密度、临界速度等。下面就分析有代表意义的临界值，尤其是临界速度的情况。

根据压缩性气体的连续方程式，气体流股的断面关系为 $f = \dfrac{M}{w\rho}$。

将式（2-89a）和式（2-86a）代入上式并整理得

$$f = \frac{M}{\sqrt{\dfrac{2k}{k-1} \cdot \dfrac{p_1}{v_1} \left[\left(\dfrac{p}{p_1} \right)^{2/k} - \left(\dfrac{p}{p_1} \right)^{(k+1)/k} \right]}} \quad (\text{m}^2) \qquad (2\text{-}90)$$

这是计算气体流股断面积的基本关系式。当气体种类（ k 一定），气体的原始参数 p_1 和 v_1，气体的质量流量 M kg/s 已知时，可用上式计算任意点 p 处的流股断面面积。

由上式可看出，数据群 $\left[\left(\dfrac{p}{p_1} \right)^{2/k} - \left(\dfrac{p}{p_1} \right)^{(k+1)/k} \right]$ 具有极大值时，流股断面 f 具有极小值，即为临界断面。为此，取其一次导数为零，解之即可求出临界压力为

$$p_界 = p_1 \left(\frac{2}{k+1} \right)^{k/(k-1)} \quad (\text{Pa}) \qquad (2\text{-}91\text{a})$$

此为计算临界压力的基本关系式。将气体的绝热指数代入，则得

空气和氧气 $\qquad\qquad\qquad\qquad p_界 = 0.528 p_1 \qquad\qquad\qquad\qquad (2\text{-}91\text{b})$

过热蒸汽 $\qquad\qquad\qquad\qquad p_界 = 0.548 p_1 \qquad\qquad\qquad\qquad (2\text{-}91\text{c})$

将上式中的 p 值分别代以 $p_界$，则可得出临界比容、临界密度和临界温度的计算关系式如下。

a 临界比容

一般式 $\qquad\qquad\qquad v_界 = v_1 \left(\dfrac{k+1}{2} \right)^{1/(k-1)} (\text{m}^3/\text{kg}) \qquad\qquad (2\text{-}92\text{a})$

空气和氧气 $\qquad\qquad\qquad v_界 = 1.578 v_1 (\text{m}^3/\text{kg}) \qquad\qquad\qquad (2\text{-}92\text{b})$

过热蒸汽 $\qquad\qquad\qquad v_界 = 1.588 v_1 (\text{m}^3/\text{kg}) \qquad\qquad\qquad (2\text{-}92\text{c})$

b　临界密度

一般式
$$\rho_界 = \rho_1 \left(\frac{2}{k+1} \right)^{1/(k-1)} \ (kg/m^3)$$
(2-93a)

空气和氧气
$$\rho_界 = 0.634\rho_1 \ (kg/m^3)$$
(2-93b)

过热蒸汽
$$\rho_界 = 0.636\rho_1 \ (kg/m^3)$$
(2-93c)

c　临界温度

一般式
$$T_界 = T_1 \left(\frac{2}{k+1} \right) \ (K)$$
(2-94a)

空气和氧气
$$T_界 = 0.833T_1 \ (K)$$
(2-94b)

过热蒸汽
$$T_界 = 0.861T_1 \ (K)$$
(2-94c)

由上述各式看出，$p_界$、$v_界$、$\rho_界$ 和 $T_界$ 的大小只取决于气体种类和气体的原始条件。当气体种类和原始条件已知时，则不难求出各物理参数的临界值。

临界速度的基本关系式为

$$w_界 = \sqrt{\frac{2k}{k+1} p_1 v_1} \ (m/s)$$
(2-95a)

$$w_界 = \sqrt{\frac{2k}{k+1} RT_1} \ (m/s)$$
(2-95b)

将上式中的各原始条件分别代以各临界值，得

$$w_界 = \sqrt{k p_界 v_界}$$
(2-96a)

或
$$w_界 = \sqrt{k RT_界}$$
(2-96b)

这是计算临界速度的基本公式。当气体种类和原始条件已知时，可用上式计算临界速度。得

氧气
$$w_界 = 17.41 \sqrt{T_1} \ (m/s)$$
(2-97a)

空气
$$w_界 = 18.31 \sqrt{T_1} \ (m/s)$$
(2-97b)

过热蒸汽
$$w_界 = 23.51 \sqrt{T_1} \ (m/s)$$
(2-97c)

显然，气体临界速度的大小仅取决于气体种类和气体的原始温度。在相同温度下，过热蒸汽的临界速度大于空气更大于氧气的临界速度。对同一种气体而言，温度越高则其临界速度越大。

由式（2-95a）和式（2-95b）看出，临界速度的关系式与物理学上的音速公式完全相同，所以临界速度就是气体在临界状态下的音速。

应当指出，上述结果只适用理想气体，由于实际气体在流动过程中存在着压头损失，故实际临界速度应为理想临界速度乘以速度系数，即

$$w_{界实} = \varphi w_界 \ (m/s)$$
(2-98)

式中，φ 为小于1的速度系数，其值一般为 0.96 ~ 0.99。

C　极限速度

下面分析气体在流动过程中流速的最大极限值即极限速度。当原始压力极大或气体流向周围介质压力极小时，$\frac{p_0}{p_1} \rightarrow 0$。

因此，此气体的极限速度为

氧气　　　　　　　　　　　　$w_\text{限} = 42.7 \sqrt{T_1}$（m/s）　　　　　　　　　　（2-99a）

空气　　　　　　　　　　　　$w_\text{限} = 44.8 \sqrt{T_1}$（m/s）　　　　　　　　　　（2-99b）

过热蒸汽　　　　　　　　　　$w_\text{限} = 61.1 \sqrt{T_1}$（m/s）　　　　　　　　　　（2-99c）

显然，气体的极限速度取决于气体种类和气体温度。

应当指出，气体都不能达到极限速度，所以极限速度的概念只是给出极限量的参考。

D　任意点的速度和马赫数

气体流速的定量值如下。

$$\frac{w}{w_\text{界}} = \frac{\sqrt{\dfrac{2k}{k-1}p_1 v_1 \left[1 - \left(\dfrac{p}{p_1}\right)^{(k-1)/k}\right]}}{\sqrt{\dfrac{2k}{k+1}p_1 v_1}} = \sqrt{\frac{k+1}{k-1}\left[1 - \left(\frac{p}{p_1}\right)^{(k-1)/k}\right]} \qquad (2\text{-}100)$$

当气体种类一定（k 已知）时，$\dfrac{w}{w_\text{界}}$ 仅随 $\dfrac{p}{p_1}$ 而变。

应当指出，所求结果仍为理想流速。考虑到压头损失，则应作如下校正

$$w_\text{实} = \varphi w \text{（m/s）} \qquad (2\text{-}101)$$

气体在某点的速度与该点同条件下的音速之比称为气体在某点的马赫数 M。根据这个定义，可找出马赫数 M 随 p/p_1 的变化。将它们的关系制成图或列成表格，可进行有关计算，这种图和表可从有关的设计资料中找到。

上述分析表明，在流股收缩段内，气流的马赫数 $M < 1$，气体流速为亚音速，常称该段为亚音速区。在流股的收缩段和扩张段的交接处，气流的马赫数 $M = 1$，常称该处为音速点。在流股扩张段内，气流的马赫数 $M > 1$，气体流速为超音速，常称该段为超音速区。

2.5.1.5　流股断面的变化规律

由图 2-46 看出，在一定的质量流量 M 时，流股断面 f 的大小取决于流速 w 和密度 ρ 变化。由于在流动过程中流速不断增加，密度不断降低，所以流速和密度对流股断面起着相反的影响。理论计算和实验测定表明，在流股的开始阶段，流速的增高率大于密度的降低率，所以在流动过程中二者的乘积是逐渐增加，从而使流股的断面逐渐减小，形成流股的收缩段。理论计算和实验测定也表明，流股断面收缩到临界断面后，流速的增高率开始小于密度的降低率，所以在流动过程中二者的乘积逐渐降低，从而使流股的断面逐渐增大，形成流股的扩张段。显然，先收缩后扩张是气体内部各物理参数客观变化的综合结果。

当气体种类、气体的原始参数和气体的质量流量已知时，流股中任意点的断面积都可用式（2-90）计算。临界断面的关系式为

$$f_\text{界} = \frac{M}{\sqrt{\dfrac{2k}{k-1} \cdot \dfrac{p_1}{v_1}\left[\left(\dfrac{2}{k+1}\right)^{2/(k-1)} - \left(\dfrac{2}{k+1}\right)^{(k+1)/(k-1)}\right]}} \text{（m}^2\text{）} \qquad (2\text{-}102a)$$

将气体的 k 值代入可得

空气和氧气
$$f_界 = \frac{M}{0.68 \times \sqrt{\dfrac{p_1}{v_1}}} \ (\text{m}^2) \tag{2-102b}$$

过热蒸汽
$$f_界 = \frac{M}{0.67 \times \sqrt{\dfrac{p_1}{v_1}}} \ (\text{m}^2) \tag{2-102c}$$

显然，对一定气体而言，其临界断面较易于计算。但是，任意点 p 处的断面 f 计算时却比较麻烦。经整理得

$$\frac{f}{f_界} = \sqrt{\frac{\left(\dfrac{2}{k+1}\right)^{2/(k-1)} - \left(\dfrac{2}{k+1}\right)^{(k+1)/(k-1)}}{\left(\dfrac{p}{p_1}\right)^{2/k} - \left(\dfrac{p}{p_1}\right)^{(k+1)/k}}} \tag{2-103a}$$

显然，气体种类一定（k 一定）时，比值 $f/f_界$ 仅随比值 p/p_1 而变。因此，可绘这两个比值关系的图表。

应当指出，前述所求得的临界断面和任意点的断面都是在理想流速下所求得的结果，对实际气体而言，应进行如下校正

$$f_{界实} = \frac{f_界}{\varphi} m^2 \tag{2-103b}$$

式中，φ 为速度系数，其值为 $0.96 \sim 0.99$。

2.5.2 管嘴的设计

压缩性气体流出的基本规律为设计管嘴提供了理论基础，下面根据这些理论基础研究管嘴的形状和主要尺寸的确定方法。

高压流股本身存在着一定的形状和尺寸。管嘴的形状和尺寸必须与流股的形状和尺寸相适应，这是管嘴设计的基本原则。

由于流股的存在特点不同，管嘴也有不同类型。下面仅介绍音速管嘴和超音速管嘴。

2.5.2.1 音速管嘴

如图 2-47 所示，当高压气体由开始断面流至其临界断面时，气体的压力已由原始压力 p_1 降至临界压力 $p_界$。如果临界压力 $p_界$，恰好等于周围介质压力 p_0 时，则流股在临界断面处便开始向周围介质内散失。在这种情况下，流股可保持流股收缩段的完整形状。根据管嘴形状与流股形状相适应的原则，这种管嘴的形状也应是与流股形状相一致的收缩形管嘴。这种管嘴的出口断面就是流股的临界断面，气体由管嘴出口的喷出速度即为气体的临界速度或音速。因此，常称这种管嘴为音速管嘴。显然，$p_界 = p_0$ 是设计音速

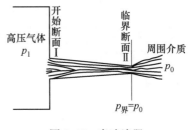

图 2-47 音速流股

管嘴的根据，采用收缩形管嘴是设计音速管嘴的结果。

当 $p_界$ 代以 p_0 时，则设计音速管嘴的原始压力条件是：

空气和氧气 $$p_1 = \frac{p_0}{0.548} \approx 2p_0 \qquad (2\text{-}104\text{a})$$

过热蒸汽 $$p_1 = \frac{p_0}{0.528} \approx 2p_0 \qquad (2\text{-}104\text{b})$$

上述关系表明，当气体的原始绝对压力两倍于周围介质压力时可用收缩形的音速管嘴使气体由原始设备内流出。

音速管嘴的主要尺寸包括原始直径、出口直径（即临界直径）、收缩角度和收缩管长度。下面介绍这些尺寸的确定方法。

由图 2-48 看出，管嘴的原始直径即为原始管道的直径。原始管道的直径可用下式计算。

$$f_始 = \frac{M}{w_0 \rho_0} \qquad (2\text{-}105\text{a})$$

$$d_始 = \sqrt{\frac{4f_始}{\pi}} \qquad (2\text{-}105\text{b})$$

式中　M——气体的质量流量，kg/s；

　　　w_0——气体在标准状态下的流速，m/s；

　　　ρ_0——气体在标准状态下的密度，kg/m^3。

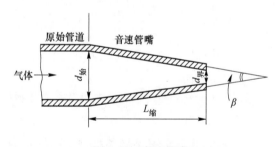

图 2-48　音速管嘴

管嘴的出口断面即为临界断面，它可用式（2-102b）或式（2-102c）以及式（2-103a）计算。

管嘴的出口直径即为临界直径，即

$$d_界 = \sqrt{\frac{4f_{界实}}{\pi}} \qquad (2\text{-}106\text{a})$$

管嘴的收缩角度即为流股的收缩角度 β，其实验值为 $\beta = 30° \sim 60°$。

管嘴的长度为

$$L_缩 = \frac{d_始 - d_界}{2\tan\dfrac{\beta}{2}} \qquad (2\text{-}106\text{b})$$

如此，音速管嘴的形状和主要尺寸皆可确定。

2.5.2.2 超音速管嘴

如图 2-49 所示，高压气体由开始断面 I 流至临界断面 II 时，其压力已由原始压力 p_1 降至临界压力 $p_界$，但由于临界压力 $p_界$ 仍大于周围介质压力 p_0。所以流股继续前进，此时因流股压力 p 等于周围介质压力 p_0。而流股向周围介质散失。在这种情况下，流股具有全部收缩段和一定的扩张股。根据管嘴形状与流股形状相适应的原则，管嘴形状也应是先收缩后扩张形管嘴。此种管嘴的出口断面大于流股的临界断面，此种管嘴的气体喷出速度大于流股的临界速度即大于音速。因此，常称这种管嘴为超音速管嘴（亦称拉伐尔管嘴）。显然，$p_1 > p_0$ 是设计超音速管嘴的报据，先收缩后扩张型管嘴是设计超音速管嘴的结果。

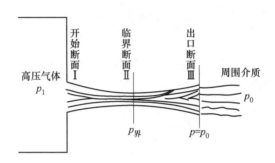

图 2-49 超音速流股

由式（2-91b）和式（2-91c）看出，当 $p_界$ 代以 p_0 时，则设计超音速管嘴的压力条件是：

空气和氧气
$$p_1 > \frac{p_0}{0.528}(\approx 2p_0) \qquad (2\text{-}107a)$$

过热蒸汽
$$p_1 > \frac{p_0}{0.548}(\approx 2p_0) \qquad (2\text{-}107b)$$

上述关系表明，当气体的原始压力 p_1 大于两倍周围介质压力 p_0 时，才可以采用超音速管嘴使气体由原始设备内流出。

如图 2-50 所示，超音速管嘴的主要尺寸包括收缩段尺寸和扩张段的出口直径、扩张角度以及扩张管长度。

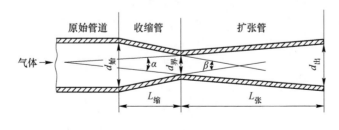

图 2-50 超音速管嘴

超音速管嘴的收缩管尺寸的确定方法与音速管嘴相同。

超音速管嘴的出口断面即为流股压力 p 等于周围介质压力 p_0 的断面。当比值 $\dfrac{p_0}{p_1}$ 已知时，查附录1或附录2可求得出口断面 $f_{出}$ 与临界断面 $f_{界}$ 的比值 $\dfrac{f_{出}}{f_{界}}$。

$$f_{出} = \frac{f_{出}}{f_{界}} \times f_{界} \ (\text{m}^2) \tag{2-108a}$$

$$f_{出实} = \frac{f_{出}}{\varphi} \ (\text{m}^2) \tag{2-108b}$$

出口直径应为

$$d_{出} = \sqrt{\frac{4f_{出实}}{\pi}} \ (\text{m}) \tag{2-108c}$$

管嘴的扩张角度即为流股的扩张角度，其经验值为 $\alpha = 7° \sim 8°$。

扩张管的长度应为

$$L_{张} = \frac{d_{出} - d_{界}}{2\tan\dfrac{\alpha}{2}} \ (\text{m}) \tag{2-108d}$$

如此，超音速管嘴的形状和主要尺寸可以完全确定。

自　测　题

1. 某氧气顶吹转炉所用氧枪内氧气的原始参数为：$p_1 = 10\text{at}$（工程大气压），$v_1 = 0.0755\text{m}^3/\text{kg}$，$\rho_1 = 12.9\text{kg/m}^3$，转炉炉膛的压力 $p_0 = 1\text{at}$。试求氧气由氧枪喷头喷出时的密度 $\rho_0 \ (\text{kg/m}^3)$ 和比容 $v_0 \ (\text{m}^3/\text{kg})$。若知原始温度 $T_1 = 293\text{K}$，试求氧气喷出时的绝对温度 $T_0(\text{K})$。氧枪喷头的临界速度 $w_{界}$ 和喷出速度 w 之值？若知氧气的体积流量 $V_0 = 7200\text{m}^2/\text{h}$，试确定该氧枪喷头的临界断面 $f_{界}$ 和出口断面 $f_{出}$？试根据上述条件确定管嘴的形式和管嘴的主要尺寸。

知　识　拓　展

1. 从管嘴喷出的高压气流与普通低压气体流出相比，有何特点？

2. 为什么超音速流动时速度随截面的扩大而增加，亚音速流动时速度随截面的扩大而降低？

3. 对提高气流速度起主导作用的是喷嘴的形状？还是气体本身的状态变化？

4. 获得超音速的条件有哪些？

5. 拉瓦尔喷嘴为什么能获得超音速的喷出速度？

6. 当喷嘴外界压力 p_0 大于、等于和小于临界压力时，音速喷嘴和超音速管嘴的流速和流量如何变化？

2.6　炉内气体流动

冶金生产中，根据气体在炉内运动的特征和使用的燃料不同，可分为火焰炉、转炉、竖炉等类型。气体在炉内的运动规律，对炉内的燃烧过程和传热过程有着重要影响，本章将扼要介绍这几种炉子的炉内气体流动规律。

2.6.1　火焰炉内的气体流动

2.6.1.1　位压头作用下的炉气流动

火焰炉内的
气体流动
（录课）

根据一般分析，在火焰炉内，影响气流方向和气流分布的因素不外是气流所具有的位压头、动压头、静压头和所遇到的阻力。而对于某一具体炉型来说，主要的决定性因素往往是炉气本身所具有的位压头的作用和烧嘴、炉头等所喷出的射流的作用。在现代化的火焰炉内，由于射流作用的加强，位压头的作用就相对减弱，有的甚至可予以忽略。但是在热风炉、蓄热室等没有射流作用或射流作用很小的热设备内，位压头作用便相对加大，有时可起到主要的作用。这种靠位压头作用下的炉气流动又叫炉气的自然流动。

位压头作用的一般规律，已包含于前述的压头方程式和烟囱工作等部分内容中，这里只讲几个特殊的问题。

A　火焰充满炉膛的问题

火焰充满炉膛
（动画）

为了使炉内传热的效果良好，应该使高温的热流贴近被加热物的表面，而且不断更新。但由子炉气比周围的冷空气轻，所产生的位压头的作用将使热气体上浮，贴近炉顶而流动，相反较冷的气体密度大，则将贴近被加热物料的表面。换言之，即炽热的火焰没有"充满"炉膛，在被加热物料表面是较冷的气层。这种现象的出现显然对于炉内传热是很不利的。所以这类炉气自然流动的炉子如何使炽热的火焰充满炉膛具有重要的意义。

凡炉顶逐渐上升的（燃烧室一端炉顶低，另一端高）的炉子，由于位压头的作用，其中热气层的流速比水平炉顶时要高一些，在其他条件一定的情况下，这种炉子里的热气层厚度较小，火焰不易充满炉膛。把炉顶做成逐渐下降的，可使火焰充满炉膛并且贴近被加热物料表面，对提高炉子生产率和降低燃料消耗都有好处。

炉膛内热气层厚度与炉宽也有直接关系，当炉气量一定时，炉宽与热气层厚度是成反比的。所以为了保证炉气充满炉膛，还必须有足够的热负荷（足够的炉气流量）和适当的炉子宽度。

把烟道口开在炉底上，有利于使火焰贴附被加热物料表面。上排烟的炉子尾部火焰不易充满炉膛，也不易贴附被加热物料表面。

对于以射流作用为主的炉子，在火焰可以被组织得贴附被加热物料表面的情况下，则不一定要求火焰充满炉膛。因为在火焰与炉子之间的冷气层虽然也不利于物料加热，但危害较小，在有的炉子上反而起到了保护炉顶的作用。

　　B　分流定则

　　在冶金炉的蓄热室、热风炉和某些换热器内，被加热物体几乎摆满空间，气体的流动可以看作是通过许多并联管路的流动，而且在流动过程中与周围物体（格子砖或物料）进行热交换。这时，要求气体在通道内分布均匀，以便使格子砖或物料得到均匀的加热或冷却。

　　怎样的流动方向才能使气流在各通道间分布均匀呢，根据"热气受有浮力，因而具有向上升的趋势（位压头）"这一原理，确定了如下的原则，即"在位压头起重要作用的情况下，为了使气流在各通道内分布均匀，必须使逐渐冷却的气体（热气）由上向下流动，逐渐被加热的气体（冷气）由下向上流动"。这就是分流定则。

　　现在对这一定则做如下的解释。

　　在位压头起重大作用的情况下，显然，水平流动将不会得到均匀的气流分布，所以应该使气流垂直流动。

　　如图 2-51 所示，气体垂直流过 a、b 两个并连管路。假如违反分流定则，使渐冷的热气由下向上流动。虽然为了使气流分布均匀两个管路的断面和阻力系数做得尽可能相等，但由于任何的偶然原因都可能使气流在其一个管路中流过的稍多一些。比如在 a 中流得稍多一些。因为是渐冷的热气，流量多的通道 a 内通道壁的温度升高得快，热气的温度降低得慢，其结果将使 a 中的温度稍高一些，即 $t_a > t_b$，则 a 中气体的位压头（或理解为气体所受的浮力）将比 b 中大一些。而位压头是帮

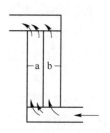

图 2-51　气体的分流

助气体上升的，它将使 a 中的气体温比 b 中更加增多一些。这一结果又将使 a 中的温度更高些，位压头更大些，流量更多些。如此恶性循环，直到由于 a 中流量增加使阻力加大（阻力总是对气流分布起自动调节作用的）和随压头增大的作用达到平衡为止。结果，这样的流动方向使气流分布极不均匀。

　　相反，如果渐冷的热气由上向下流动，由于偶然的原因使 a 中的气流稍多时，则 a 中位压头将大些，但因热气体向下流时的位压头相当于"阻力"，故 a 中气流所受的"阻力"比 b 中大些，它将抑止 a 中气流的增加，很快达到平衡。这时位压头将和阻力损失一起，起到气流分布自动调节的作用。所以，渐冷热气应该由上向下流动，以便使气流分布均匀。

　　用同样的方法也可以说明渐热的冷气应该由下往上流动的道理。

　　必须指出，上述分流定则主要是考虑位压头的作用，因此只适于位压头起重要作用的流动。如果系统的阻力大得多，而流动中位压头的增量相对微小，分流定则就完全不适用。比如高炉中的气体流动与分流定则完全相反，因为那里的阻力损失有几万帕，而由炉顶到炉底的位压头增量才只有几百帕。

　　C　火焰上浮问题

　　前面所讲的是在没有射流的作用下气体在炉膛中的自然流动。但在大多数燃烧煤气

或燃烧重油的炉子中是聚射流的作用使火焰具有一定的方向，这种人为地使火焰具有一定方向的办法通常叫作"组织火焰"。

但是由烧嘴或炉头喷出的火焰（射流），由于位压头的作用，将发生向上弯曲，即所谓"上浮"的现象。这种火焰上浮往往不利于组织火焰。

有的人曾将这种上浮的火焰形状比作"倒转的抛物线轨迹"。即将物体沿一定方向抛出时，在忽略阻力的情况下，由于受到重力的作用其运动轨迹是抛物线。同理，热气喷出后，由于受到浮力的作用，将呈现倒转的抛物经形轨迹。如果喷出口向下倾斜，与水平线夹角为 α，气体喷出速度为 w，则气流抛物线可达到的深度为：

$$H = \frac{w^2\sin^2\alpha}{2g} \cdot \frac{\rho_t}{\rho_0 - \rho_t} = \frac{w'^2\sin^2\alpha}{2g} \cdot \frac{273 + t_0}{t - t_0} \tag{2-109}$$

式中　ρ_t, ρ_0——热气体和周围冷气体的密度，kg/m^3。

　　　t, t_0——热气体和周围冷气体的温度，℃。

实际上炉内火焰的运动规律与上述规律极为近似，在组织炉内气体流动时，它是重要的依据。

2.6.1.2　射流（流股）及射流作用下的炉气流动

射流是指由管嘴喷射到大的空间并带动周围介质流动的气流，也称流股。在使用烧嘴的火焰炉内，气体的流动与火焰的组织都靠烧嘴喷出的射流作用，与炉气的自然流动完全不同。

A　自由射流的基本规律

气体由管嘴喷射到一个无限大的空间内，该空间充满了静止的并与喷入气流物理性质相同的介质，这种射流叫自由射流。

自由射流的示意图如图 2-52 所示。

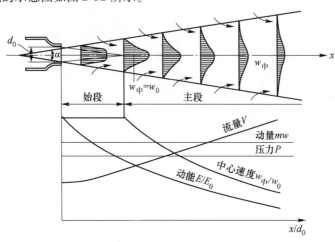

图 2-52　自由射流

当射流喷出管嘴后，由于气体质点的脉动扩散和分子的黏性作用，气体质点把动量通过碰撞传给了周围静止的介质，带动了介质一起运动，同时被带动的介质质点也参加到射流中来；并向射流中心扩散，因为射流中心的压力比周围的压力低，这样沿运动方向上射流截面不断扩张，流量逐渐加大，速度随之降低。所以自由射流的喷出介质与周围介质同时进行动量交换和质量交换，也是两种介质的混合过程。

由图 2-52 可以看到，自由射流沿长度方向的动量不变，这表示喷出介质的质点在与周围介质碰撞以后，虽然造成动量的减小，但被碰撞质点却得到了动量而运动，所以二者动量的总和保持不变。至于动能的减少，是由于运动快的气体与被带动起来的运动较慢的介质之间因碰撞而造成动能的损失，损失的动能转变成了热能。

由于射流流量的不断增加，射流各断面上速度的分布也发生变化，靠近静止介质边缘的速度下降较快，而中心的流速下降较慢。气体射流起始直径越大，中心流速的下降越慢。我们把管嘴出口一段距离内，被带入的质点还未扩散到射流中心，中心流速没有减慢的这一段，称为始段（或首段），长度大约是喷口直径的 6 倍。在始段以后的部分叫主段，这时中心流速开始降低。自由射流的张角为 18° ~ 28°。

B　两自由射流相遇

a　相交射流

两相交射流相遇后，由于相互作用而发生射流变形，首先被压扁，展宽，然后又逐渐形成一个圆形射流，如图 2-53 所示。

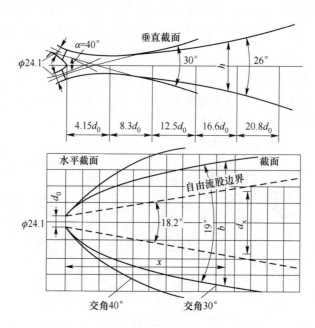

图 2-53　相交射流变形简图

对相交射流相遇前后的情况全面观察后，可以将射流分为三个不同的区段，即开始段、过渡段和主段。开始段是指相交射流外部边缘没有相遇以前的一段它们各自保持原有形状及方向。这一段的长度，取决于喷管间的距离和各射流的张角和交角的大小。主段是指射流汇合成单一射流，它已不再受到变形的作用力。过渡段是指射流外边缘开始接触处到射流不再受到变形作用力为止的区段。在这一区段内，射流受到相互的冲击作用而使截面发生变形（图2-53），射流在垂直方向上压扁，水平方向上展宽，外边界呈曲线形。两射流的交角（α）越大，射流的压扁变形越大。

相交射流汇合后射流的流动方向，取决于原有两射流的方向和动量比。可用动量矢量的平行四边形法则求得，即汇合射流的方向为各射流动量矢量的平行四边形的对角线。

汇合射流的射程（通常用相对中心速度衰减到某一数值的射流长度来表示），可能大于或小于各单一射流的射程，取决于碰撞时能量的损失和射流变形的大小。

b　平行射流

平行射流（$a=0$）由于没有产生使两射流变形的力，因此汇合射流的边界是直线形。

图2-54所示是直径各为36.3 mm和24.1 mm的两圆形的平行射流形成的汇合射流的边界和速度场，汇合射流的张角比单一射流稍小一些（14°～15°），这是由于射流从各方吸入周围静止介质的接触面相对地缩小，故从周围带入的气体较少，形成了较小的张角。但射流的射程加大了。

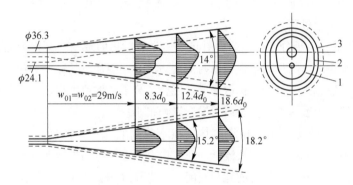

图2-54　两平行射流汇合的简图

1—截面在距离为$8.3d_0$处；2—截面在$12.4d_0$处；3—截面在$18.6d_0$处（虚线表示单一射流）

c　反向射流

图2-55是两个动量相等同一轴线的反向射流相碰撞时的情况，射流顺着与开始方向垂直的方向均匀流去。

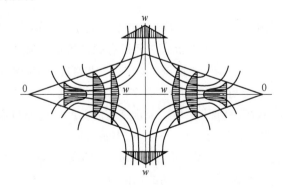

图2-55　同一轴线反向射流相撞的流动情况

当不同轴线的反向射流相遇时，在两射流的中间形成强烈的循环区（图2-56）。而且由汇合射流外边形成的张角，小于此二射线单独存在时的张角（虚线）。这与同向平行射流一样，是从周围介质往射流中带入的气体量较少的缘故。

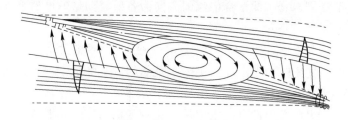

图 2-56　两轴线错开的反向射流流动情况

C　同心射流的混合

同心射流的混合对煤气和空气在炉内边混合边燃烧的扩散燃烧过程起着重要的作用。混合是两种气体间的动量和质量的交换过程，即相互扩散过程。

（1）同心射流的混合过程是极其复杂的，根据紊流理论，可以把混合过程看作是可能同时发生的三个过程。

1）分子扩散：由于分子热运动而引起气体分子迁移的现象。又称为黏性扩散。这种扩散的速度很小，一般只发生在自由射流的边界上，因那里的速度和速度梯度都等于零，没有脉动扩散，主要靠分子扩散来进行混合。分子扩散速度决定于浓度梯度和扩散系数的大小，但因扩散速度小，所以对混合影响很小。

2）脉动扩散：在紊流时，由于气体质点不规则的脉动（涡动）而引起的分子扩散，当射流的平均流速增加时，紊流脉动速度也会增加，脉动扩散愈强烈，气流的混合进行愈快，根据实验分析，气流的脉动速度 w' 与气流本身速度 $w^{0.5}$ 成正比，其比值可用卡尔曼常数 K 来表示，即 $K=\sqrt{\dfrac{\overline{w'^{2}}}{w}}$。

3）机械涡动：由于存在着大的旋动物质（称"机械旋涡"而不是象脉动所引起的那种小的"物理旋涡"）而发生的混合，这种大的旋动物质，是由于气流的旋转、互相冲击以及在混合过程中碰撞固体表面、受到机械搅动等造成的机械涡动而产生的。它将加速气流的混合。

这三个过程，特别是后两个过程进行的快慢，决定了同心射流的混合速度。

煤气烧嘴是最常见的同心射流的混合。而最有意义的是在煤气流（中心射流）中心线上的混合过程，因为煤气的燃烧过程，要求煤气和空气在中心线上达到完全燃烧所需要的煤气、空气的配比之后才能完成。

（2）为了加速同心射流的混合，缩短混合路程的长度（即缩短煤气烧嘴的火焰长度），根据实验研究的结果，找到了下面一些规律和措施。

1）中心射流轴线上的混合过程，随着外层同心气流的相对速度的增加而加快。即当外层气流的速度与中心气流的速度之间的比值增加时，中心轴线上的浓度 C 降低较快，说明混合速度越大，且混合速度仅与速度比有关，而与两射流的绝对速度无关。这是因为射流速度增加时，气体质点的紊流扩散速度加快，使混合路程缩短。然而由于质点向前运动的速度也同时加快，使质点在一定时间内向前运动的距离增加。当两射流的速度比值增加时，紊流扩散加快使混合路程缩短的幅度大于质点向前运动的距离增加的幅度，使达到一定混合程度所需的路程缩短了，也就是混合加快了。当提高两射流的绝对速度，而速度比保持不变时，上述两种幅度（指混合路程缩短和质点运动的距离）变化大体一致。因而使混合速度变化不大。

2）减小中心射流喷口直径有利于气流的混合。这是缩短混合路程的最有效的方法。因为当中心射流直径减小时，外层射流的质点达到射流轴线所要穿过的路程缩短了，有利于加快混合速度。

3）使同心射流具有一定交角，则混合强度增加。这是因为在射流互撞处形成了强化混合过程的新旋动物质。同时由于射流的交角增大，射流的射程也有所增加。

4）在喷管处安装导向叶片，使内外层气流产生旋转，则混合强度增加。特别是二者同向旋转的作用比逆向旋转的作用大，因为同向旋转速度衰减较慢。

从上述分析中看出，采取上述措施都是为了加强脉动扩散和机械涡动，因此有利于加速两同心射流的混合。

D　射流与平面相遇

射流与平面相遇时，由于射流对平面的冲击作用，将发生射流的变形、速度分布的变化，并在表面上产生局部压力，这种一面受限制的射流叫半限制射流。研究射流与平面相遇的流动，在炉子的实际使用中有重要意义。

气体从管嘴喷出以后，在未与平面相遇以前是自由射流，而一经和平面接触以后，射流就发生铺展现象，变得又扁又宽。射流截面上的速度分布也发生变化，速度最大处不在射流中心线上，而在靠近平面处。这就是说在相应截面上，半限制射流的最大速度比自由射流大，因为半限制射流靠平面这一面不受静止介质的影响。射流与平面的交角越大，这种现象越明显。图2-57是射流与平面成30°交角时射流里的速度分布。

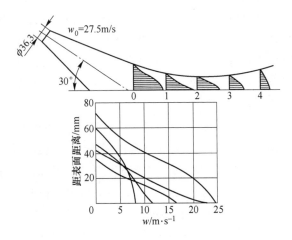

图2-57　射流与平面相遇时的速度分布

　　射流在平面上宽度的张角随交角的增加而增大，根据实验它们的关系为

$$\alpha' = 30 + 3\alpha \tag{2-110}$$

式中　α'——射流在平面上的张角；

　　　　α——射流与平面的交角。

　　射流对平面冲击造成局部的压力，压力的大小与气流速度的平方成正比，并和交角的正弦平方也成正比。平均压力等于

$$P = \rho w^2 \sin^2 \alpha \ (\text{Pa}) \tag{2-111}$$

式中　ρ——气体的密度。

　　射流在平面上的铺展，射流接近平面处是截面上速度最大的，以及射流在固体平面上产生的压力，这几点对于炉内传热都是有利的。因为物料表面的气流速度大和产生的压力都有利于对流传热，并驱散物料表面上的低温气层。

　　E　弯曲管道中射出的射流

　　由弯曲管道中射出的射流具有重要的特点：一是在射流中有气流的旋转现象，二是射流有偏歪现象（图2-58）。在设计炉子时，需要考虑到这些特点。

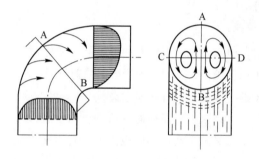

图 2-58　弯曲管道中的气体流动

　　当气流沿固体表面流动时，如果表面急剧弯曲，就会使气流受到固体表面的作用而改变方向，造成气流的冲击作用而使流体中压力分布发生变化。在固体表面法线方向上形成压力梯度：越靠近气体所冲向的表面，气体的压力越大。而且当拐弯越急，气流速度越大时，这种压力梯度越大。所以被冲击表面附近的气体具有离开它的趋向。同时黏性流体在靠近固体表面附近有边界层，气流速度较小，惯性也必然较小，在压力梯度的作用下，这部分流速较小的流体必然改变原有流动方向，以更大的角度向气流中心偏转。这种偏转气流叫"二次气流"。

　　如果这个弯曲的表面是弯曲管道时，在拐弯处速度较小的部分气流在 A 处受到压力差的作用要往中心偏转（图2-58向 B 的方向），但因中心有速度较大的主气流阻挡，故不能从中心转过来，而两边（C、D 处）气流速度较小，所以只能沿管道两侧边沿偏转过来。由于气流的连续性，流到 B 处的气流必然又从中间补充向上流动。这样在拐弯处的管路断面上，就形成了两个环流，叫作"二次环流"。

　　产生二次环流后，管内气流的最大速度将不在管子中心线上，而偏转到一侧面靠近 A 处的表面。如果管子拐弯后经很短距离就喷出射流，此时射流的最大速度将不在管子

中心线上而发生射流的偏斜。而且在射流开始一段距离内仍保持着环流的特点。在射流中有旋转和偏斜现象时，自由射流的基本规律，便不能适用了。

这种弯头管嘴喷出射流的偏斜和环流现象，对组织火焰有较大影响。如平炉炉头水套长度太短时，火焰将向上冲起并有旋转现象，影响火焰"刚性"，不利于提高炉子生产率。为了消除二次环流对射流的影响，必须增加拐弯以后的管道长度。

在其他各种火焰炉上，火焰的转动和偏斜也是经常能见到的，凡是气流方向（火焰）有改变的地方，就有可能产生这种现象。

F 限制射流的特点

火焰炉内气体流动可以看成是射流在四周为炉墙所包围的限制空间内的流动，这种射流叫作限制射流。如果这个限制空间较大，即射流喷口截面比限制空间的截面小得多，壁面对射流实际上起不了限制作用，则可看成是自由射流。如果喷口截面积很大，限制空间截面相对较小，则喷出气流很快充满限制空间，这时就变成了管道内的气体流动。我们所要讨论的限制射流是介于自由射流与管道内气流之间的气体流动，它既受到壁面的限制，又不能将炉膛充满。

a 限制射流的基本特征

在限制空间内的射流运动可以分为两个主要区域（图2-59），即射流本身的区域和射流周围的循环区（回流区）。此外，在限制空间的死角处因空间局部变形而引起的局部循环区（旋涡区）。

图2-59是限制射流示意图。以平行于轴线的射流分速度 $w_x = 0$ 作为射流与回流区的分界面。从喷出口流出射流截面，沿 X 方向上逐渐扩大，但没有自由射流那样显著。

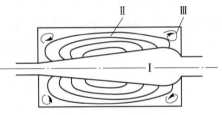

图 2-59 限制射流简图

Ⅰ—射流本身；Ⅱ—回流区；Ⅲ—旋涡区

后来由于流量减小使截面不再扩大，因此一直到流出这个空间，都不与壁面接触，似乎是射穿了限制空间。在射流从喷出口流出不远一段内，射流由回流区带入气体，流量增大，使周边速度降低，速度沿 X 方向趋于不均匀化，与自由射流的开始段相似，此段内各截面上的动量保持不变。后来，由于从周围带入的气体受到限制，特别是在射流的后半段，射流还要向回流区分出一部分气体，射流本身的流量反而减少，故速度分布趋于均匀化，因此沿流动方向动量逐渐减小，压力逐渐增加。最后当气流由截面很小的出口排出时，因为速度增大，气流的动量又增加，压力下降。这一特征对炉膛内压力分布有实际意义，它是造成炉内气流循环的重要原因。

b 限制空间内的气体循环

限制射流的一个特点就是射流靠边缘速度较小的一部分将会由于与周围介质的摩擦而与射流主流分开，回到静压较低的地方即返回喷口的地方去，这样就在射流周围发生了循环现象，并形成了环流区。环流区的位置和其中气体流动的方向，和射流的入口、出口位置、射流主流的运动方向都有关系。图2-60可以帮助定性地了解射流在限制空间内形成环流区的几种不同情况。

图 2-60　射流在限制空间中的流动情况

c　限制空间内的涡流区

当气流遇到障碍物或通道突然变形（如扩张、拐弯）时，它将脱离固体表面，而产生旋涡。一般都在炉内的"死角"处产生旋涡，而形成局部的回流区。旋涡产生的原因与循环气流相似。但是许多旋涡的流动方向是不规则的，它不像循环气流那样，有一定的回路。

在高温火焰炉内，旋涡区的存在对炉子工作带来有害的作用，主要在于：

（1）不利于炉内传热过程。旋涡区中气体的更新慢，温度低，如存在于火焰与物料之间，对传热的影响更为显著。

（2）旋涡区易于沉渣。因气流方向和速度的突然改变，使熔渣和灰尘与气流分离而沉降下来，这些沉渣对炉子砌砖体有侵蚀作用。

（3）由于旋涡区的存在，增加了气流的阻力。

2.6.2　转炉内的气体流动

转炉炉内
气体流动
（动画）

在氧气顶吹转炉的冶炼过程中，氧气喷枪将高速氧气射流冲击转炉熔池表面，形成如图 2-61 所示的曲面。引起熔池铁水运动，起到机械搅拌作用。同时，氧气沿着熔池产生的凹坑曲面流动，并逐渐被铁水吸收。与铁水中的碳反应生成 CO，因而使转炉熔池上面的空间形成以 CO 为主的气体。此时，在凹坑界面附近被吸收的氧，将与铁水中的 Si、C、Fe 反应放出大量热能，随着铁水的运动，液态金属内的温度分布，基本上是均匀的。当氧气射流对熔池铁水的机械搅拌作用既强烈而又均匀时，则化学反应过程亦快而平稳。冶炼过程必将迅速而稳定，可以提高各项生产经济技术指标。因此控制好转炉内的气体运动规律，特别是射流对熔池的作用，是十分重要的。

转炉熔池内搅拌作用的强弱和均匀程度，主要取决于氧气射流对熔池的冲击。具体说来，就是用在熔池中产生的凹坑深度（又称冲击深度）和凹坑面积（又称冲击面积）来衡量，同时也要观察熔池的运动状况。

由于氧气射流对熔池的冲击是在高温下进行的，实际测量有不少困难。为了研究射流对熔池的作用机理，多数工作是在冷态模型中进行的。

氧气射流冲击熔池液面，形成凹坑，沿凹坑边界气体有流动现象。如果不考虑吹炼过程的化学反应，则从凹坑中流出的气体量，应该与吹入的气体量处于同一量级。但在冶炼过程中，由于化学反应的结果，从凹坑中流出的气体体积比吹入的气体体积要多，而凹坑的中心部分被吹入的气体所占据，所以排出的气体必然沿凹壁面流出。排出气流层的一边与来流的边界接触，另一边与凹坑壁面接触。由于排出气体的速度较大，因此对凹坑壁面有一种牵引作用，其结果使邻近凹坑的液体层获得速度，沿坑底流向四周，随后沿坑壁向上和向外运动。由于其向上运动的分速度，这种液体将会跑到熔池液面以上，向外流动的液体将在液坑周围形成一圈突起的环（图 2-61），然后在熔池上层内继续向四周流动。从凹坑内流出的铁水，必须由四周给予补充，以保持平衡。于是就引起熔池内液体运动，其总的趋势是朝向凹坑中心

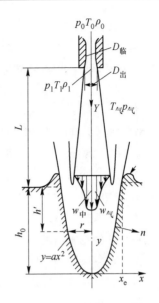

图 2-61　氧气射流冲击熔池表面形成凹坑曲面示意图

的。这样，熔池内铁水就形成了以射滞止点（凹坑最低点）为中心的环状流，起到对熔池的搅拌作用。当射流冲击熔池产生的冲击深度小时，这种环状流较弱，而且环截面半径亦小，处于环状流中的铁水层较薄。因此对熔池底层铁水，搅拌作用很弱，不利于冶炼。只有当冲击深度达到一定数值时，产生的环流才能促使熔池底部的铁水被搅拌而运动，这种搅拌作用如果适宜，冶炼效果亦较好。如果冲击深度过大，将会损伤炉衬，影响炉衬寿命，不利于冶炼。所以从熔池搅拌角度来看，冲击深度应处在一定范围内。

2.6.3　竖炉内的气体流动

竖炉是一种垂直放置的炉子，整个炉膛空间充满各种物料（散料）。当物料垂直向下运动时，与上升的气体介质相遇而进行热交换和化学反应。由于料层有相当的厚度，气体通过料层时，不仅与物料进行强烈的化学反应，而且高温的气流在与物料进行充分的热交换过程中被冷却。由于燃料利用效率比较高，竖炉被广泛用于矿物原料的熔炼、煅烧等方面，炼铁的高炉、炼铜、炼铅、炼锡的鼓风炉，都属于这一类炉子。

竖炉内物料的运动和上升气流的运动十分复杂。这是因为散料层本身的结构复杂，而在运动过程中又伴随着化学反应和散料的物态变化。因此要寻求散料层中气体流动的规律还有许多困难，这里只能就较为理想和简化了的情况阐述其一般规律。

2.6.3.1　物料运动与上升气流的相互关系

竖炉内促使物料向下运动的力是靠物料自身的重力作用而产生的。但是由于物料颗粒之间的内摩擦作用，在颗粒间形成摩擦阻力，运动较慢的料块，就阻碍运动较快的料块向下运动。同时由于料柱重量沿水平方向传给侧墙而形成对侧墙的旁压力。当料块向下运动时，在旁压力的作用下，料块与侧墙之间形成摩擦阻力。由于这两种摩擦力的作

用，使料块自身的重力作用在炉底的垂直压力减小。即料柱本身的重量在克服了各种摩擦力之后，作用于炉底的重量要比实际重量小得多，这部分重量（即垂直压力）称为料柱的有效重量。用公式表示为

$$G_{效} = G_{料} - p_{墙} - p_{料} \tag{2-112}$$

为了保证物料顺利下降，就必须在竖炉内保持 $G > \Delta p$，为此应增大物料的有效重量 G，相对地减小散料层中的压头损失。

适当增大炉腹角和减小炉身角，适当增加风口数量，有利于减小炉墙对物料的摩擦力，相应地提高有效重量。增大物料的平均堆比重，可以增大风口平面上料柱的有效重量系数，喷吹燃料后，随焦炭负荷提高，物料平均堆比重增大，有利于物料顺行。

影响压头损失 Δp 的因素，主要是物料的透气性和上升气流的速度和密度。改善物料的粒度，使物料粒度均匀，可以提高物料的空隙度，从而改善料柱的透气性。粒度不均，空隙度就会减小。但生产中要保持物料粒度完全一样是困难的，一般只能将物料粒度分级入炉，这样可以提高粒度的均匀性，使 Δp 减小。

散料层的反压力与上升气流速度的平方成正比，因此有人认为提高冶炼强度，气流速度过高会破坏物料顺行。但冶炼实践表明，Δp 大体只与风量的一次方成正比。冶炼强度达到一定水平后，Δp 几乎不再增高。这是由于冶炼强度提高以后，炉缸工作更活跃，物料的空隙度相应增大，提高了物料的透气性。所以气流速度增加后，Δp 不会明显升高。采用富氧鼓风的高压操作，是保证顺行而又不降低气体流量的有效措施。富氧鼓风时，由于带入的氮量降低，使焦炭燃烧生成的煤气量减少，因而流速变小，Δp 降低。采用高压操作，可以降低气体的实际流速，因而有助于物料顺行。

提高气流速度不仅要保证物料顺行，还要保持料层的稳定性，否则上层物料将被气流抛出。决定料层稳定状态（即达到稳定性极限）时的气流速度，称为极限速度。竖炉内最大允许速度，不应超过极限速度，一般操作上取为极限值的 80% ～ 90%。

2.6.3.2　竖炉内物料的透气性和进风条件对气流分布的影响

竖炉内气流沿料层截面均匀上升，是使炉气与炉料均匀进行反应，从而获得炉子截面上温度均匀分布，保证炉料均匀下降的首要条件。要使炉气均匀分布，就要保证料层空间有均匀的透气性。为此应尽量使料块块度和分布均匀，料层高度相等，从而获得均匀的空隙度。

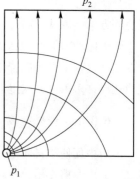

影响气流分布的另一因素，就是进风条件的不同。向竖炉内送风，一般是从炉子两侧或周围，通过若干风口将空气鼓入料层。由于送风条件不同，炉内气流分布也不一样。

单一进风口形成的放射形气流（动画）

进风速度不大时，气流不改变风口附近的料层情况，这时气流形成的空洞较小。当料层透气性均匀，高度相等时，气流将以风口为中心，形成放射形气流（图 2-62），由于左侧气流由风口到顶间之距离较小，即阻力较小，故气

图 2-62　单一进风口所形成的放射形气流

流速度较大，右侧离风口较远，流速较小。因
而沿风口一侧炉壁之气体流量较多，而中心部
分流量较少。在风口附近等压线也较密集，即
压力变化较大，且与距离不成正比。当采用两
个风口相对送风时，情况有所改善（图2-63），
气流之间发生相互干扰，这时两侧的气流量仍
然较大，中心部分仍然有风量不足的可能。增
加送风口与炉料顶面间的压力差，不仅增加两
侧的流量，同时也使中心部分的流量有所增加。
气流向炉料中心推进的原因，不是由于风口出
口的气体所具有的动能造成的，而是由于压力
的作用造成的。气体流出风口以后的一段距离
内，气流的截面逐渐扩大，假定速度逐渐减小，
因此风口附近压力梯度最大，以后逐渐减小。
就在风口附近区域形成较大的压差而促使部分
气体向中心推进。

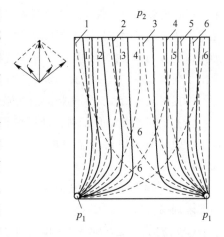

图2-63　两个送风口所形成的
放射形气流

- - - - - 每个风口单独工作时的气流图形；

──── 两个风口同时工作时的气流图形（各虚线
交点利用平行四边形原理求该点之速度向量）

　　进风速度较大时，气体给风口附近的动能，足以推动炉料运动使其松散而形成空
洞。称为风口气袋（图2-64）。在风口气袋内气体与部分炉料形成循环区，它使气流向
炉子中心和风口两旁扩展。如果风口气袋逐渐扩大，直到占满整个炉子截面，放射形气
流逐渐变为平行向上升的气流（图2-65），这就大大促进了炉气的均匀分布。由于气袋
向中心伸展，气流就容易到达料层中心。气袋附近的表面积增大了，它附近的流向线也
就松散一些，压力梯度的变化也缓和一些。

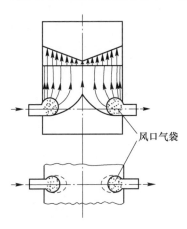

图2-64　风口气袋

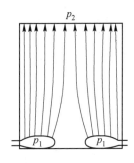

图2-65　风口气袋扩大后气流分布情况

　　风口气袋向中心及两旁扩展的深度，主要取决于进风的开始动量。同时在一定的程
度上也取决于风嘴向炉内伸出的程度。保持一定进风量时，要增加进风速度可以减小风
口直径。其他条件不变时，提高风口前鼓风压力，也会增加鼓风量。因此在料层稳定的
范围内，提高鼓风压力能促进炉气分布均匀。但是当鼓风量为定位和炉顶为常压的情况

下，风口前鼓风压力仅决定于通过风口阻力和料层阻力之和。若风口直径及炉料透气性已定，风口前压力仅决定于料层高度。加大料层高度，就可以提高风压，这就有利于增加风口气袋向中心扩展，即使炉子宽度有所增加，也能保持气流均匀分布。这样就明显看出了料层高度、鼓风压力和炉子宽度三者之间的密切关系，对气流分布均匀的影响。

根据以上分析，为了使竖炉内气流分布均匀，必须：

（1）合理组织炉顶加料，使沿炉子横截面料层阻力大致相等。一般希望较小颗粒停留在边缘而大块料居于中央。并在靠炉壁处适当形成料坡，以便减少气流向边缘发展。

（2）用提高风口进风速度的办法，使风口气袋向中心适当扩展，或适当增加料层高度以提高风口前鼓风压力。

（3）炉子宽度应与料层高度（即与鼓风压力）相适应，不能过分加宽。

（4）料层顶面与炉顶之间，应保持一定空间，以维持炉顶断面上气体静压力分布相等，对于大型竖炉，则应沿顶面匀称布置排气管道。

知 识 拓 展

1. 自由射流的一般特性有哪些？

2. 两自由射流相遇后将发生哪些变化？

3. 加速同心射流混合的措施有哪些，这在冶金炉上有何意义？

4. 半限制射流和弯曲管道中的射流有哪些特点？

5. 限制射流的基本特征是什么？

6. 氧气顶吹转炉的冲击深度取决于哪些因素？

7. 氧气射流冲击对转炉内液体运动有何影响？

8. 竖炉内的气体流动有哪些规律，要使竖炉内气流分布均匀，应注意哪些方面的问题？

3 热 量 传 递

热力学第二定律指出：在一个物体内部或物系之间，只要存在温度差，就有热能自发地从高温处向低温处传递（传递过程中的热能常称热量）。自然界和各种生产技术领域中到处存在着温差，因此热量的传递就成为自然界和生产技术领域中一种极普遍的物理现象。

目前在智能化冶金生产中，存在大量热量传递环节，大致上可以分为两种类型。一类是更有效地增强或减弱传热，例如，冶金炉中高温的炉底水管及连铸结晶器的冷却要增强传热，而在室外的蒸汽管道上敷设隔热材料是利用绝热以减弱传热；另一类着重于确定温度分布。例如，在已知了物体内的温度分布后可设法采取措施，使温度分布趋于均匀，以减少热应力，或找出高温点，以确定是否超过材料的温度极限。因此，掌握热量传递的基础知识，对合理设计和使用冶金炉，不断改善冶金过程的技术经济指标都具有重要意义。

3.1 概　　述

3.1.1 分类

按物理本质的不同，热量传递分为三种基本形式：传导、对流和辐射。

（1）传导传热。物体各部分之间不发生相对宏观位移时，依靠分子、原子及自由电子等微观粒子的热运动而产生的热能传递称为传导传热（heat conduction），简称导热。例如，物体内部热量从温度较高的部分传递到温度较低的部分，以及温度较高的物体把热量传递给与之接触的温度较低的另一物体都是导热现象。

传导传热在固体、液体和气体中都可能发生，根据分子运动论，温度是物质的微观运动和激烈程度的衡量。只要物体内部的温度分布不均匀，不同地点的微观粒子的能量就不同，对气体而言就会通过分子或原子扩散，对于固体则依靠晶格的振动。在固体金属中除了晶格的振动外，还有由于自由电子的扩散而引起的热量的传递。

（2）对流传热。热对流（heat convection）是指由于流体的宏观运动而引起的流体各部分之间发生相对位移，冷、热流体相互掺混所导致的热量传递过程。热对流只能发生在流体（液体和气体）中，而且由于流体中的分子同时在进行着不规则的热运动，因而热对流必然伴随有热传导现象。

在实际生产及生活中，常常遇到的不只是流体内部的单纯热对流，而是流体流过一个固体表面时，流体与固体表面间的热量传递过程，称为对流传热。因此，将运动的流体与固体表面之间通过热对流和导热作用所进行的热交换过程，称为对流传热或对流给热。本书只讨论对流传热。

（3）辐射传热。物体通过电磁波来传递能量的方式称为辐射。物体会因各种原因发出辐射能，其中因热的原因而发出辐射能的现象称为热辐射。本书所讨论的辐射是指热辐射。

自然界中各个物体都不停地向空间发出热辐射，同时又不断地吸收其他物体发出的热辐射。辐射与吸收过程的综合结果就造成了以辐射方式进行的物体间的热量传递，即辐射传热（radiative heat transfer），也称辐射换热。

辐射传热与传导传热、对流换热相比较，具有如下特点：

1）辐射换热与导热、对流给热不同，不依赖物体的接触就进行热量传递。导热和对流给热都必须由冷、热物体直接接触或通过中间介质相接触才能进行。热辐射不需中间介质，可以在真空中传递，在空间的传递依靠热射线为载运体。

2）辐射换热过程伴随着能量形式的转化，即物体的部分热能转化为电磁波向外辐射，当此电磁波到达另一物体表面而被吸收时，电磁波又转化为热能。即热能（发射物体）→辐射能（电磁波携带）→热能（接收物体）。

3）一切物体只要其温度 $T > 0K$，都会不断地发射热射线，即热辐射是物质的固有属性。

4）物体间以热辐射的方式进行的热量传递是双向的。当物体间有温差时，高温物体辐射给低温物体的能量大于低温物体辐射给高温物体的能量，因此总的结果是高温物体把能量传给低温物体。即使各个物体的温度相同，辐射换热仍在不断进行，只是每一物体辐射出去的能量，等于吸收的能量，从而处于辐射动态平衡的状态，此时物体间的辐射换热量为零。

（4）综合传热。在实际传热过程中往往是两种或三种传热方式在同一时间、同一位置共同起作用，所以必须考虑它们的综合传热效果。两种或三种不同性质的传热方式共同作用时，则称为综合传热。综合传热一般分为两类：一类是辐射换热与导热联合作用，多发生在多孔材料或是半透明介质中；另一类是辐射换热与对流换热联合作用，如物体表面与气体和周围环境之间的传热，常常就是辐射换热和对流换热共同作用的过程。

3.1.2 传热的研究方法

众所周知，自然界存在许多类似的物理量的转移过程，如：电量的转移、动量的转移、质量的转移等。其共同规律为

$$过程的转移量 = \frac{过程的动力}{过程的阻力}$$

比如：电量的转移的计算方法，即欧姆定律。

$$过程的转移量（电流） = \frac{电量转移过程的动力（电势差）}{电量转移过程的阻力（电阻）} = \frac{\Delta U}{R}$$

而热量传递同样是自然界的一种物理量的转移过程，其计算方法和电量的计算类似：

$$\text{过程的转移量(热流量)} = \frac{\text{热量转移过程的动力(热压)}}{\text{热量转移过程的阻力(热阻)}} \qquad (3-1)$$

传热学的任务，就是研究不同条件下热压和热阻的具体内容和数值，从而能计算出传热量大小，并合理地控制和改善传热过程。

前已提及，实际传热过程往往是两种或三种传热方式同时存在的综合作用。因而热阻也将是几种传热方式综合在一起的热阻。我们将首先分别研究各种传热方式单独存在时的传热规律和热阻，然后再扩大到研究一般的实际传热过程。

3.1.3　基本概念

3.1.3.1　热流量和热流通量

单位时间内通过某一截面所传递的热量，即热流量。符号 Q，单位为 J/s，W。

单位时间内通过单位截面面积所传递的热量，即热流通量（热流密度）。符号 q，单位为 J/($m^2 \cdot s$)，W/m^2。

3.1.3.2　等温线和等温面

温度场中，同一时刻温度相同的点所组成的线或面称为等温线或等温面。等温面上的任一条线都是等温线。例如，大平壁内的等温面为一系列平行平面，圆筒壁内等温面为一系列同心圆柱面。如图 3-1 所示。

同一时刻，不同温度的等温线之间和等温面之间不会相交，因为在同一时刻，空间内同一个点不能有两个或两个以上的温度值。所以，在连续的温度场内，等温面（或等温线）在物体中形成封闭的曲面（或曲线），或者终止于物体的边界上，不会在物体中中断。

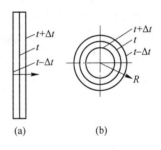

图 3-1　等温线示意图
（a）平壁；（b）圆筒壁

3.1.3.3　稳定传热和非稳态传热

所谓稳定热态即物体各处温度不随时间变化的传热状态。传入某系统的热量等于传出的热量。

非稳态传热时温度和传热量随时间而变化。传热体系中的"热压"（温差），有时是变化的，如传热各方向的温度随时间而变化。因此，热压将不是固定量，这给传热计算带来很大的困难。不过除了专门研究加热和冷却过程作不稳定热态处理外，一般的炉子里多半都是希望作业温度稳定在某一范围内。为使问题简化，可以取某种平均值作为代表，然后仍作为稳定的热态来处理。本书重点介绍稳定态导热。

自 测 题

一、判断题（判断下列命题是否正确，正确的在（　）中记"√"，错误的在（　）中记"×"）

（　　）1. 没有温度差，就没有传热现象。温度差是传热的动力。

（　　）2. 导热只能发生在固体内部或接触的固体间，不会在流体中发生。

（　　）3. 同一等温面上没有热量传递。

二、填空题（将适当的词语填入空格内，使句子正确、完整）

1. 不同温度的物体互相接触时，热量会在相互没有物质转移的情况下，自发地由_____物体传向_____物体。

2. 传热过程按物理本质的不同，将其分为三种基本的传热方式为_____、_____和_____。

3. 传导传热是依靠物体内部_____等微粒热运动而进行的。

4. 传导传热液体和固体中，热量的转移是依靠_____的作用。

5. 传导传热在气体中，热量的转移是依靠_____。

6. 传导传热在金属内部，热量的转移是依靠_____。

7. 对流现象只能在_____或_____中出现，它是借_____而引起的热量转移。

8. 两种或三种传热方式同时存在的传热过程，称为_____。

9. 单位时间的传热量可称为_____，温度差可称为_____。

10. 温度场中，同一时刻温度相同的点所组成的面称为_____。

知 识 拓 展

1. 思考电量的转移、动量的转移、质量的转移、热量转移的相似与不同？

3.2　传导传热

稳定态导热概述（录课）

稳态导热（微课）

在没有宏观位移的情况下，当物体内部存在温差或不同温度的物体互相接触时，热量依靠微观介质的迁移从高温部分传到低温部分，发生传导传热。

3.2.1　导热的基本定律

在物体的导热过程中，其热量传递与哪些因素有关？法国数学家、物理学家傅里叶在对导热过程进行大量实验研究的基础上，提出了导热的基本定律——傅里叶定律。

$$Q = -\lambda \frac{dt}{dx} F \tag{3-2}$$

式中　Q——沿 x 轴方向的热流，W；

　　　F——与热流垂直的传热面积，m²；

dx——两等温面间的距离，m；

dt——两等温面间的温差，℃；

λ——与物体性质有关的比例系数，称为导热系数或热导率，即当温度沿 x 轴向的变化率为 1 单位时，通过单位面积的热流。

式（3-2）就是单向导热时的傅里叶方程式（各物理参数见图 3-2）。该式表明，一维导热的热流量与温度差及传热面积成正比，而与距离成反比。

式（3-2）中的负号是考虑到热流以温度降低的方向为正（即热流总是指向温度降低的方向），而 dt 是以温度降低的方向为负，两者方向相反。

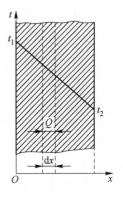

图 3-2 物体导热

3.2.2 导热系数

导热系数是衡量物体导热能力的物理参数。从式（3-2）可知 λ 的单位为：

$$\lambda = \frac{Q}{\frac{dt}{dx} \cdot F} = \frac{W}{\frac{℃}{m} \cdot m^2} = W/(m \cdot ℃)$$

由导热系数的单位可以看出，它表示传热物体厚度为 1m，两表面的温度差为 1℃，传热面积为 1m²，在 1s 内所传递的热量。

各种材料的导热系数都由实验测定。气体、液体和固体三者比较来看，气体的导热系数最小，仅为 $0.006 \sim 0.58 W/(m \cdot ℃)$。随着温度的升高，气体的导热系数增加。液体的导热系数在 $0.09 \sim 0.7 W/(m \cdot ℃)$ 之间。温度升高时，大多数液体的导热系数减小。固体的导热系数比较大，其中以金属材料的导热系数最大，在 $2.3 \sim 419 W/(m \cdot ℃)$ 之间，纯银的导热系数最高（$\lambda_0 = 419$），铜（$\lambda_0 = 395$），金（$\lambda_0 = 302$），铝（$\lambda_0 = 209$）等都是热的良导体，一般有色金属的导热系数较钢铁材料的导热系数高。

影响物体导热系数的因素很多，其中最主要是物体的种类和温度，此外，还和材料的湿度、密度及压力等因素有关。

3.2.2.1 温度

大多数建筑材料、保温材料及耐火材料，在一定的温度范围内，导热系数可以认为是温度的线性函数，即

$$\lambda_t = \lambda_0 + bt \ (W/(m \cdot ℃)) \tag{3-3}$$

式中 λ_0——0℃时（或常温下）的导热系数，$W/(m \cdot ℃)$；

　　　b——温度系数，只在指定的温度范围内适用。一般气体的 b 值为正值，而大多数金属为负值（也有些金属在某一温度区间为正值，如金属铝）。对多数耐火材料，b 值为正，即 λ 随温度升高而变大。但也有例外，如镁砖、碳化硅及石墨等。

下面介绍几种常见材料的导热系数。

A　金属的导热系数

生铁的导热系数见表 3-1。

表 3-1　生铁的导热系数

温度/℃	0	100	200	300	400	500	600
$\lambda/\text{W} \cdot (\text{m} \cdot \text{℃})^{-1}$	50	49	35	40	56	78	95

碳素钢（$w(\text{C}) < 1.5\%$；$w(\text{Mn}) < 0.5\%$；$w(\text{Si}) < 0.5\%$）在常温下的导热系数 λ_0 计算如下

$$\lambda_0 = 69.8 - 10w(\text{C}) - 16.7w(\text{Mn}) - 33.7w(\text{Si})　(\text{W}/(\text{m} \cdot \text{℃})) \tag{3-4}$$

式中　$w(\text{C})$——钢中含碳量，%；

　　　$w(\text{Mn})$——钢中含锰量，%；

　　　$w(\text{Si})$——钢中含硅量，%。

碳素钢的导热系数一般随其温度升高而降低，变化关系如式（3-3）所示。其实验常数 b 可由表 3-2 查得。

表 3-2　碳素钢实验常数 b 的数值

钢　号	纯铁	10 号钢	20 号钢	45 号钢
$b/\text{W} \cdot (\text{m} \cdot \text{℃})^{-1}$	-0.017	-0.020	-0.017	-0.013

B　耐火材料的导热系数

常用耐火材料在常温下的导热系数见表 3-3，不同温度下耐火材料的导热系数仍可用式（3-3）计算，式中 b 值可查表 3-3。

表 3-3　耐火材料的 λ_0 和 b 值

种　类	$\lambda_0/\text{W} \cdot (\text{m} \cdot \text{℃})^{-1}$	$b/\text{W} \cdot (\text{m} \cdot \text{℃})^{-1}$
黏土砖	0.7	0.00064
高铝砖	1.52	-0.00019
硅砖	1.05	0.0009
镁砖	4.3	-0.00051
铬镁砖	1.98	0
碳砖	23.26	0.035
轻质黏土砖	0.29	0.00026
硅藻土砖	0.072	0.000206
蛭石砖	0.09	0.00036
红砖	0.47	0.00051
石棉	0.157	0.00019
矿渣棉	0.052	0

C　液体的导热系数

常用液体的导热系数见表 3-4。

表 3-4　某些液体的导热系数

名　称	温度/℃	$\lambda/\mathrm{W}\cdot(\mathrm{m}\cdot\text{℃})^{-1}$
水	0	0.551
	20	0.599
	50	0.648
	100	0.863
	150	0.864
	200	0.663
	250	0.618
	300	0.540
重油	32	0.119
	100	0.111
焦油 重轻	30	0.175
	30	0.116
煤油	0	0.121
	200	0.090

D　气体的导热系数

常用气体的导热系数见表 3-5。

表 3-5　某些气体的导热系数

名　称	气体在下列温度下的 $\lambda/10^{-2}\mathrm{W}\cdot(\mathrm{m}\cdot\text{℃})^{-1}$												
	0℃	100℃	200℃	300℃	400℃	500℃	600℃	700℃	800℃	900℃	1000℃	1100℃	1200℃
空气	2.49	3.19	3.83	4.45	5.06	5.63	6.19	6.72	7.23	7.72	8.20	8.64	9.08
氧气	2.51	3.26	4.00	4.72	5.43	6.09	6.71	7.30	7.87	8.37	8.89	9.37	9.84
烟气	2.28	3.09	3.97	4.84	5.77	6.64	7.49	8.29	9.00	9.80	10.49	11.29	12.22
蒸汽	—	2.42	4.32	7.01									

3.2.2.2　密度

密度小的材料内部孔隙多，因为空气的热导率很小，故密度小的材料热导率也小。但要注意其中孔隙与空洞的区别，孔隙不能引起明显的对流作用，而因孔隙连成较大的空洞则可能因其中介质的对流作用加强，反而使材料的导热能力提高，这将不利隔热保温。

3.2.2.3　湿度

自然环境下，材料因孔隙多而吸水，故总有一定的湿度。水的热导率比空气大得多，而且它将从高温区向低温区迁移而携带热量。因此湿材料的热导率一般比干燥材料和水的都要大。例如，某干砖的热导率为 $0.33\mathrm{W}/(\mathrm{m}\cdot\text{℃})$，水的热导率为

$0.55W/(m \cdot ℃)$，而该湿砖的热导率可达 $1W/(m \cdot ℃)$，因此对这类材料应采取适当的防潮措施。

影响材料导热系数的因素还有材料的成分、结构和所处的状态。对于各向异性的材料（如木材、石墨等），其导热系数还与方向有关，本书在以后的分析讨论中都只限于各向同性材料。材料的导热系数主要是通过实验测定，一般厂家在材料出厂时都提供导热系数的数据。

3.2.3　一维稳态导热

工程上有许多导热现象，可归结为温度仅沿一个方向变化而与时间无关的一维稳态导热过程，例如炉况稳定时，炉墙由内向外的散热等。冶金生产中，常见炉墙结构形式分为平壁和圆筒壁，接下来将讨论这两种结构形式的一维稳态导热。

3.2.3.1　平壁导热

平壁导热
（录课）

一般工业炉的炉墙，很多都是平壁。壁内导热问题应用很广。当平壁的高度与宽度远大于其厚度，则称为无限大平壁。此时，可以认为温度沿高度和宽度两个方向上的变化相对于厚度方向很小，即为一维稳态导热。同时认为壁内温度沿平面均匀分布，且各等温面皆与表面平行。就是说，温度只沿壁的法线方向变化。接下来，分别讨论单层平壁导热和多层平壁导热。

A　单层平壁

设单层平壁两侧温度分别为 t_1、t_2，且 $t_1 > t_2$，壁厚为 S，导热系数为 $λ$（图 3-3）。按稳定热态下傅里叶单向导热方程式（3-2），分离变量后，写成：

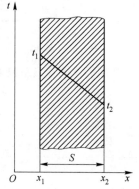

$$Q \frac{dx}{F} = -λ dt$$

图 3-3　单层平壁导热

两边积分：

$$\int_{x_1}^{x_2} Q \frac{dx}{F} = \int_{t_1}^{t_2} -λ dt$$

考虑到平壁稳定导热时，Q 及 F 皆为常数，故上式左边先进行积分：

$$\frac{Q}{F}(x_2 - x_1) = \int_{t_1}^{t_2} -λ dt$$

将关系式（3-3）代入，并以 $(t_2 - t_1)$ 同时乘以上式的右边，将负号并入 $(t_2 - t_1)$ 中，则上式改写成：

$$\frac{Q}{F}(x_2 - x_1) = (t_1 - t_2) \frac{\int_{t_1}^{t_2}(λ_0 + bt)dt}{t_2 - t_1}$$

$λ_0$ 及 b 皆为常数，故上式右边可积分，并整理为：

$$\frac{Q}{F}(x_2 - x_1) = (t_1 - t_2)\left[λ_0 + b\left(\frac{t_1 + t_2}{2}\right)\right]$$

式中，$x_2 - x_1$ 即壁的厚度 S；$\lambda_0 + b\left(\dfrac{t_1 + t_2}{2}\right)$ 即 t_1、t_2 之间的平均导热系数 $\lambda_{均}$。

故上式可写成：

$$\frac{Q}{F}S = (t_1 - t_2)\lambda_{均}$$

或

$$Q = \frac{\lambda_{均}}{S}(t_1 - t_2)F \tag{3-5a}$$

与式 (3-1) 的形式对比，可写成：

$$Q = \frac{t_1 - t_2}{\dfrac{S}{\lambda_{均}F}} \ (\text{W}) \tag{3-5b}$$

可见，平壁稳定导热时的"热压"即为壁两侧的温度差。而"热阻"为：

$$R = \frac{S}{\lambda_{均}F} \ (\text{℃/W})$$

即热阻与壁厚成正比，而与平均导热系数及传热面积成反比。

B 多层平壁

实际炉壁多数是由两层或多层材料构成。各层材料的导热系数不同，现以两层平壁为例。

已知壁内外两侧温度为 t_1、t_3，且 $t_1 > t_3$，各层厚度为 S_1 及 S_2，导热系数分别为 λ_1、λ_2。为使问题简化，假定两层壁为紧密接触，且接触面两边温度相同，并假令其为 t_2（图3-4）。

首先按单层平壁导热公式分别计算各层热流。

按式 (3-5b) 对第一层：

$$Q_1 = \frac{t_1 - t_2}{\dfrac{S_1}{\lambda_1 F}}$$

对第二层：

$$Q_2 = \frac{t_2 - t_3}{\dfrac{S_2}{\lambda_2 F}}$$

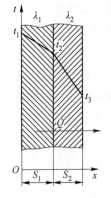

图 3-4 双层平壁导热

假定均为稳定热态，通过物体的热流应相等，即

$$Q_1 = Q_2 = Q$$

按和比定律得

$$Q = \frac{(t_1 - t_2) + (t_2 - t_3)}{\dfrac{S_1}{\lambda_1 F} + \dfrac{S_2}{\lambda_2 F}} = \frac{t_1 - t_3}{\dfrac{S_1}{\lambda_1 F} + \dfrac{S_2}{\lambda_2 F}} \tag{3-6}$$

对平壁，若内外侧面积都相等，也可将 F 提出：

$$Q = \frac{t_1 - t_3}{\dfrac{S_1}{\lambda_1} + \dfrac{S_2}{\lambda_2}} F \tag{3-7}$$

当 Q 求出后，$t_2 = t_1 - Q \dfrac{S_1}{\lambda_1 F}$ 或 $t_2 = t_3 + Q \dfrac{S_2}{\lambda_2 F}$。

从式（3-6）或式（3-7）可看出，通过两层平壁导热的热流等于两层的热压之和与两层热阻之和的比值。即

$$Q = \frac{\Delta t_1 + \Delta t_2}{R_1 + R_2} = \frac{t_1 - t_3}{R_1 + R_2}$$

可用同样方法证明，通过几层平壁的导热量为

$$Q = \frac{t_1 - t_{n+1}}{\sum\limits_{i=1}^{n} R_i}(\mathrm{W}) \tag{3-8}$$

式中，$R_i = \dfrac{S_i}{\lambda_1 F_i}$。

必须指出：在推导多层平壁公式时，曾假定各层之间接触良好，而接触的两表面温度相同。而实际多层平壁的导热过程中，固体表面并非是理想平整的，总是存在着一定的粗糙度，因而两相邻面很难紧密贴在一起，而且由于空气薄膜的存在，将使多层热阻增加。这种附加热阻称为"接触热阻"，其数值与空隙大小，充填物种类及温度高低都有关系。很难精确估计，工程中往往忽略这一影响，但应注意到因此而产生的误差。

另外，当应用式（3-7）或式（3-8）时，需要确定各层的平均导热系数。因而要知道各接触面的温度。但实际中往往难于测定这些温度。为解决这一问题，一般采用试算逼近法。即先假定接触面温度为两极端温度的某种中间值，依此算出 Q 值后，再验算中间温度（见下例），若相差太多则以验算结果为第二次假定温度，再算一次，直至两个数值相近为止。实际上，由于中间温度对导热系数的影响程度不大，对 Q 值的影响范围更小，一般假定 $1\sim2$ 次就能达到要求。

例 3-1 设有一炉墙，用黏土砖和红砖两种材料砌成，厚度均为 230mm，炉墙内表面温度为 1200℃，外表面温度为 100℃，试求每秒通过每平方米炉墙的热损失。又问，如果红砖的使用允许温度为 800℃，那么在此条件下能否使用？

解：（1）先设中间温度 $t_2 = \dfrac{1200 + 100}{2} = 650$ （℃）

根据表 3-4 查得各层的平均导热系数为：

$$\lambda_1 = 0.7 + 0.00064 \times \frac{1200 + 650}{2} = 1.292 \ (\mathrm{W/(m \cdot ℃)})$$

$$\lambda_2 = 0.47 + 0.00051 \times \frac{100 + 650}{2} = 0.661 \ (\mathrm{W/(m \cdot ℃)})$$

（2）代入式（3-7）中：

$$Q = \frac{1200 - 100}{\dfrac{0.23}{1.292} + \dfrac{0.23}{0.661}} = 2091 \ (\mathrm{W/m^2})$$

（3）验算中间温度。

利用第一层导热公式：

$$Q = \frac{t_1 - t_2}{\frac{S_1}{\lambda_1 F}}$$

$$t_2 = t_1 - \frac{S_1}{\lambda_1 F}Q = 1200 - \frac{0.23}{1.292 \times 1} \times 2091 = 828 \ (\text{℃})$$

$$t_2 = t_3 + \frac{S_1}{\lambda_1 F}Q = 100 + \frac{0.23}{0.661 \times 1} \times 2091 = 828 \ (\text{℃})$$

求出的中间温度与假设的中间温度相差太远，应再次假设。

（4）第二次计算，假设 $t_2 = 828$℃，各层 $\lambda_{均}$：

$$\lambda_1 = 0.7 + 0.00064 \times \frac{1200 + 328}{2} = 1.349 \ (\text{W/(m·℃)})$$

$$\lambda_2 = 0.47 + 0.00051 \times \frac{828 + 100}{2} = 0.707 \ (\text{W/(m·℃)})$$

由此

$$Q = \frac{1200 - 100}{\frac{0.23}{1.349} + \frac{0.23}{0.707}} = 2213 \ (\text{W/m}^2)$$

再来验算中间温度 t_2：

$$t_2 = 1200 - 2218 \times \frac{0.23}{1.349} = 822 \ (\text{℃})$$

求出的温度与第二次假设的温度（828℃）相差不多，故第二次计算正确。由此得出：

1）通过此炉墙的热流为 2218W/m²。

2）红砖在此条件下使用不太适宜。

3.2.3.2 圆筒壁导热

圆筒壁导热
（录课）

假定圆筒壁的长度远远大于管壁的厚度，则可忽略轴向的温度变化，而仅考虑沿径向的温度变化，即 $t = f(r)$。管壁内外的温度可看作是均匀的，即等温面均是轴对称的，故圆筒壁的导热可看作是一维稳态导热。

对稳态导热，圆筒壁与平壁的相同之处在于沿热流方向上的不同等温面间的热流量 Q 是相等的；不同之处在于圆筒壁的导热面积随着半径的增大而增大，因而沿半径方向传递的热流密度 q 是随着半径的增大而减小的，故圆筒壁的导热计算是求整个管壁的热流量或单位管长的热流量。

A 单层圆筒壁导热

如图 3-5 所示，假定温度沿表面分布均匀，而且等温面都与表面平行，即温度只沿径向改变，且向外导热时导热面积不断增大。设单层圆筒壁两侧温度分别为 t_1、t_2，且 $t_1 > t_2$，壁厚为 S，平均导热系数为 λ。

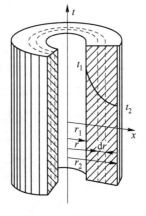

图 3-5 圆筒壁导热

按单向稳定态导热的傅里叶公式（3-2）

$$Q = -\lambda \frac{dt}{dr} 2\pi r L (W)$$

以 λ 表示平均导热系数，分离变量后积分得

$$\lambda(t_1 - t_2) = Q \int_{r_1}^{r_2} \frac{dr}{2\pi r L}$$

即

$$\lambda(t_1 - t_2) = \frac{Q}{2\pi L} \ln \frac{r_2}{r_1}$$

$$Q = \lambda \frac{t_1 - t_2}{\ln \dfrac{r_2}{r_1}} 2\pi L \qquad (3\text{-}9)$$

可写作

$$Q = \lambda \frac{t_1 - t_2}{r_2 - r_1} \cdot \frac{2\pi L(r_2 - r_1)}{\ln \dfrac{r_2}{r_1} \cdot \dfrac{2\pi L}{2\pi L}}$$

令 $r_2 - r_1 = S$，并注意到 $2\pi L r_2$、$2\pi L r_1$ 分别为 F_2、F_1，则

$$Q = \frac{t_1 - t_2}{\dfrac{S}{\lambda}} \cdot \frac{F_2 - F_1}{\ln \dfrac{F_2}{F_1}} \qquad (3\text{-}10)$$

这里 $\dfrac{F_2 - F_1}{\ln \dfrac{F_2}{F_1}}$ 称为 F_2 与 F_1 的对数平均值。

于是式（3-10）可写成

$$Q = \frac{t_1 - t_2}{\dfrac{S}{\lambda F_{均}}} \qquad (3\text{-}11)$$

与式（3-5b）比较可见，圆筒壁导热公式与平壁导热公式完全相同，只是取内外面积的对数平均值（$F_{均}$）代替平壁的传热面（F）就可以。

B 多层圆筒壁的导热

取一段由三层不同材料组成的多层圆筒壁（图3-6）。设各层之间接触很好，两接触面具有同样的温度。已知多层壁内外表面温度为 t_1 和 t_4，各层内、外半径为 r_1、r_2、r_3、r_4，各层导热系数为 λ_1、λ_2、λ_3。层与层之间两接触面的温度 t_2 和 t_3 是未知数。

通过各层的热量根据式（3-9）可得：

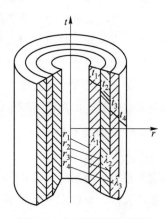

图 3-6 多层圆筒壁的导热

$$Q_1 = \frac{2\pi L(t_1 - t_2)}{\dfrac{1}{\lambda_1}\ln\dfrac{r_2}{r_1}}$$

$$Q_2 = \frac{2\pi L(t_2 - t_3)}{\dfrac{1}{\lambda_2}\ln\dfrac{r_3}{r_2}} \tag{a}$$

$$Q_3 = \frac{2\pi L(t_3 - t_4)}{\dfrac{1}{\lambda_3}\ln\dfrac{r_4}{r_3}}$$

在稳定状态下，通过各层的热量都是相等的，即 $Q_1 = Q_2 = Q_3 = Q$。利用上面这些方程式可求出每一层里面的温度变化。即

$$t_1 - t_2 = \frac{Q}{2\pi L} \cdot \frac{1}{\lambda_1}\ln\frac{r_2}{r_1}$$

$$t_2 - t_3 = \frac{Q}{2\pi L} \cdot \frac{1}{\lambda_2}\ln\frac{r_3}{r_2} \tag{b}$$

$$t_3 - t_4 = \frac{Q}{2\pi L} \cdot \frac{1}{\lambda_3}\ln\frac{r_4}{r_3}$$

将上面方程中各式相加得多层总温差。

$$t_1 - t_4 = \frac{Q}{2\pi L}\left(\frac{1}{\lambda_1}\ln\frac{r_2}{r_1} + \frac{1}{\lambda_2}\ln\frac{r_3}{r_2} + \frac{1}{\lambda_3}\ln\frac{r_4}{r_3}\right) \tag{c}$$

由此求得热流 Q 的计算式：

$$Q = \frac{2\pi L(t_1 - t_4)}{\dfrac{1}{\lambda_1}\ln\dfrac{r_2}{r_1} + \dfrac{1}{\lambda_2}\ln\dfrac{r_3}{r_2} + \dfrac{1}{\lambda_3}\ln\dfrac{r_4}{r_3}} \ (\mathrm{W}) \tag{3-12a}$$

按照同样的推理，可以直接写出包含几层圆筒壁的导热计算公式为：

$$Q = \frac{2\pi L(t_1 - t_{n+1})}{\sum\limits_{i=1}^{n}\dfrac{1}{\lambda_i}\ln\dfrac{r_{i+1}}{r_i}} = \frac{(t_1 - t_{n+1})}{\sum\limits_{i=1}^{n}\dfrac{1}{2\pi L\lambda_i}\ln\dfrac{r_{i+1}}{r_i}} \ (\mathrm{W}) \tag{3-12b}$$

或者写成：

$$Q = \frac{t_1 - t_{n+1}}{\sum\limits_{i=1}^{n}R_i} = \frac{\Delta t}{R} \ (\mathrm{W}) \tag{3-12c}$$

式中　Δt——n 层圆筒壁内外表面温度差；

　　　R——多层圆筒壁的总热阻。

$$R = \sum_{i=1}^{n}R_i = \sum_{i=1}^{n}\frac{1}{2\pi L\lambda_i}\ln\frac{r_{i+1}}{r_i} \ (\mathrm{℃/W})$$

可求得各层的接触面温度：

$$\left.\begin{aligned} t_2 &= t_1 - \frac{Q}{2\pi L\lambda_1}\ln\frac{r_2}{r_1} \\ t_3 &= t_2 - \frac{Q}{2\pi L\lambda_2}\ln\frac{r_3}{r_2} = t_1 - \frac{Q}{2\pi L}\left(\frac{1}{\lambda_1}\ln\frac{r_2}{r_1} + \frac{1}{\lambda_2}\ln\frac{r_3}{r_2}\right) \\ t_3 &= t_4 + \frac{Q}{2\pi L\lambda_3}\ln\frac{r_4}{r_3} \end{aligned}\right\} \tag{3-13}$$

对于圆筒壁, 可按多层平壁导热的原理推导出下式

$$Q = \frac{t_1 - t_{n+1}}{\sum\limits_{i=1}^{n}\dfrac{S_i}{\lambda_i F_{均i}}} \ (\text{W}) \tag{3-14}$$

式中 S_i——各层壁的厚度, m;

      λ_i——各层壁的平均导热系数;

      $F_{均i}$——各层内外表面的对数平均值, m^2。若 $\dfrac{F_2}{F_1} < 2$, 则对数平均值可用算术平均

            值代替。

例 3-2   蒸汽管内外直径各为 150mm 及 160mm, 管外包扎两层隔热材料, 第一层隔热材料厚 40mm, 第二层厚 60mm。因温度不高, 可视各层材料的导热系数为不变的平均值, 数值如下: 管壁 $\lambda_1 = 58\text{W}/(\text{m}\cdot\text{℃})$, 第一层隔热层 $\lambda_2 = 0.175\text{W}/(\text{m}\cdot\text{℃})$, 第二层隔热层 $\lambda_3 = 0.093\text{W}/(\text{m}\cdot\text{℃})$。若已知蒸汽管内表面温度 $t_1 = 350℃$, 最外表面温度 $t_4 = 40℃$, 试求每米长管段的热损失和各层界面温度。

解: (1) 求各层核算面积 (对每米管段)。

各层交界面积: $F_1 = \pi D_1 = 3.14 \times 0.15 = 0.471(\text{m}^2/\text{m})$

                  $F_2 = \pi D_2 = 3.14 \times 0.16 = 0.534(\text{m}^2/\text{m})$

                  $F_3 = \pi(D_2 + 2S_2) = 3.14 \times (0.16 + 2 \times 0.04) = 0.75(\text{m}^2/\text{m})$

                  $F_4 = \pi(D_2 + 2S_2 + 2S_3) = 3.14 \times (0.16 + 2 \times 0.04 + 2 \times 0.06)$

                    $= 1.13(\text{m}^2/\text{m})$

因 F_2/F_1, F_3/F_2, F_4/F_3 皆小于 2, 故核算面积可用算术平均值求得

          $F_{均1} = (F_1 + F_2)/2 = (0.471 + 0.534)/2 = 0.50 \ (\text{m}^2/\text{m})$

          $F_{均2} = (F_2 + F_3)/2 = (0.534 + 0.75)/2 = 0.64 \ (\text{m}^2/\text{m})$

          $F_{均3} = (F_3 + F_4)/2 = (0.75 + 1.13)/2 = 0.94 \ (\text{m}^2/\text{m})$

(2) 代入公式得

$$Q = \frac{t_1 - t_4}{\dfrac{S_1}{\lambda_1 F_{均1}} + \dfrac{S_2}{\lambda_2 F_{均2}} + \dfrac{S_3}{\lambda_3 F_{均3}}} = \frac{350 - 40}{\dfrac{0.005}{58 \times 0.50} + \dfrac{0.04}{0.175 \times 0.64} + \dfrac{0.06}{0.093 \times 0.94}} = 297 \ (\text{W}/\text{m})$$

3.2.4   非稳态导热

3.2.4.1   非稳态导热及其类型

冶金生产中, 金属的加热、冷却、熔化、凝固、蓄热室的传热过程中温度均随时间

发生变化,属于非稳态导热。按照过程进行的特点,非稳态导热一般可分为如下两种形式。

A 有规律的周期性非稳态导热

在有规律的周期性非稳态导热过程中,导热体内各点上的温度虽然随时间而变化,但遵循着一定的规律,即随时间做重复性的循环变化。如图 3-7 所示顶燃式热风炉,其工作原理是冷空气、热烟气依次交替地流过相同的格子砖换热面,换热面周期性地从烟气(热流体)吸收积蓄热量,然后向空气(冷流体)释放热量,从而实现冷、热流体的热量交换。

在连续的运行中,虽然蓄热室吸收和放出的热量相等,但热传递过程却是非稳态的。在工作过程中,格子砖发生周期性加热或冷却现象,格子砖各点温度也发生周期性变化。故这类导热的特点是物体的温度呈周期性变化。

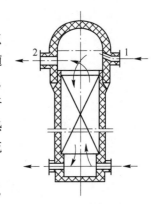

图 3-7 顶燃式热风炉的
结构形式
1—燃烧口;2—热风出口

B 非周期性非稳态导热

非周期性非稳态导热是导热体内的温度随时间的变化不是周期性的非稳态导热。如设备等在启、停和变工况运行时的设备温度变化情况。许多工程问题需要确定物体内部温度场随时间的变化,或确定其内部温度达某一极限值所需的时间,如钢坯加热过程。因此,这里主要介绍非周期性的非稳态导热过程,要求了解非稳态导热过程的特点,并确定其内部的瞬时温度场。

下面以一维非稳态导热为例来分析其过程的主要特征。

例 3-3 如图 3-8 所示,设有一平壁,初始温度 t_0,若其左侧的表面温度突然升高到 t_1 并保持不变,而右侧仍与温度为 t_0 的空气接触,分析物体的温度场的变化过程。

首先,物体与高温表面靠近部分的温度很快上升,而其余部分仍保持原来的 t_0,如图 3-8 中曲线 HBD;由于物体的导热作用,随时间的推移,使温度变化波及范围逐渐扩大,如图中曲线 HB、HC;当到某一时间后,右侧表面温度也逐渐升高,如图中曲线 HD、HE、HF;当时间达到一定值后,温度分布保持恒定,如图中曲线 HG(若 λ 为常数,则 HG 是直线)。

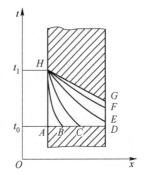

图 3-8 不稳定导热
温度变化

由此可见,上述非稳态导热过程中,存在着右侧面参与换热与不参与换热的两个不同阶段:

(1)第一阶段(右侧面不参与换热)。温度分布显现出部分为非稳态导热规律控制区和部分为初始温度区的混合分布,即在此阶段物体温度分布受 t_0 的影响较大,此阶段称非正规状况阶段。

(2)第二阶段(右侧面参与换热)。如图 3-9 所示,当右侧面参与换热以后,物体

中的温度分布不受 t_0 影响，主要取决于边界条件及物性，此时，非稳态导热过程进入到正规状况阶段。正规状况阶段的温度变化规律一般是讨论的重点。

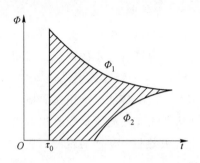

图 3-9　平壁不稳定导热的热量传递

C　非稳态导热的主要特点

（1）非稳态导热过程中，物体内温度不仅与空间位置有关，而且与时间有关。

（2）非稳态导热过程中，在与热流量方向相垂直的不同截面上热流量不相等，这是非稳态导热区别于稳态导热的一个主要特点。

（3）影响稳态导热强弱的主要因素是导热系数 λ，而影响非稳态导热强弱的主要因素除导热系数外，还与物体的密度、比热容等物性参数有关，即与导温系数 a 有关。

3.2.4.2　导温系数 a

在非稳态导热过程中，物体内部各点的温度会随时间不断变化，但有的物体温度变化（传播）快，有的慢，这不仅决定于材料的导热能力，也与材料的蓄热能力有关。而综合反应材料导热能力和蓄热能力相对大小的物性参数就是材料的导温系数，用符号 a 表示，其定义式为

$$a = \lambda/(\rho c) \tag{3-15}$$

式中，分子 λ 是导热系数，表征物体的导热能力；分母是物体单位体积的热容量，表征物体温度变化时升高或降低 1K 所需吸收或放出的热量。不同材料在相同的加热或冷却条件下，a 值越大，意味着物体的导热能力越强而蓄热能力越弱。从宏观表现上看，材料的 a 值越大，其温度变化传播越快，即物体内各部分温度趋于均匀一致的能力越强。不同材料的导温系数相差很大，例如普碳钢的导温系数约为合金钢的 2~4 倍，所以钢锭在凝固过程中，普碳钢锭内部的温度分布要比合金钢锭均匀。合金钢锭在凝固时由于温度分布不均会产生较大的热应力，甚至出现裂纹。

应注意导温系数与导热系数的联系与区别，导热系数只表明材料的导热能力，而热扩散率综合考虑了材料的导热能力和蓄热能力，因而能准确反映物体中温度变化的快慢。对于非稳态导热过程，由于物体本身不断地吸收或放出热量，显然，影响其导热的因素不仅与反映导热能力大小的导热系数有关，还与物体的蓄热能力有关，因而决定物体内温度分布的是导温系数而不是导热系数，导温系数是对非稳态导热过程有重要影响的热物性参数。对于稳态导热过程，物体内部不再储存或放出热量而只进行热量的传

递，各点的温度不随时间而变，导温系数也就失去了意义，而导热系数对该过程有很大的影响，因此导热系数是决定稳态导热过程热传递的重要热物性参数。

自 测 题

一、判断题（判断下列命题是否正确，正确的在（ ）中记"√"，错误的在（ ）中记"×"）

（ ）1. 任何工程材料的导热系数都随温度升高而增大。

（ ）2. 固体材料中铜的导热系数最大。

（ ）3. 温度梯度与热量传递的方向相反。

（ ）4. 单层平壁内稳态导热的温度分布呈对数分布。

（ ）5. 多层圆筒壁导热时，其温度变化曲线是一条不连续的曲线。

（ ）6. 傅里叶定律只适用于稳定导热问题，对不稳定导热不适用。

二、单选题（选择下列各题中正确的一项）

1. 下列属于稳定态导热的现象是_____。

    A. 开炉时炉壁的散热   B. 停炉时炉壁的散热

    C. 正常生产时炉壁的散热   D. 正常生产时钢坯的加热

2. 导热系数最小的是_____。

    A. 气体   B. 液体   C. 钢   D. 金

3. 导热系数最大的是_____。

    A. 金   B. 纯银   C. 钢   D. 铝

4. 导热系数最大的是_____。

    A. 合金钢   B. 高碳钢   C. 低碳钢   D. 铸铁

5. 导热系数表示传热物体厚度为1m，两表面的温度差为_____℃，传热面积为1m²，在1s内所传递的热量。

    A. 1   B. 5   C. 10   D. 100

6. 使平壁传导传热量增加的因素是_____。

    A. 温差减小   B. 导热系数增加

    C. 平壁厚度增加   D. 减小传热面积

三、填空题（将适当的词语填入空格内，使句子正确、完整）

1. 导热系数的大小取决于_____和_____。

2. 物体各处温度不随时间变化的传热状态称为_____。

3. 平壁厚度越_____，平壁材料的导热系数越_____，则通过平壁的导热量越大。

4. 导热系数反应材料的_____能力，而导温系数则表示材料非稳态导热时"传播"_____的快慢能力。

四、计算题

1. 有一加热炉炉墙其内层为232mm厚的黏土砖，外层为116mm厚的硅藻土砖，内表面温度为1250℃，外表面温度为100℃，求通过炉墙的热流通量 q 及中间层温度 t_2。已知 λ_1 和 λ_2 分别为：$\lambda_1 = 0.7 + 0.00064t_{均}$，$\lambda_2 = 0.12 + 0.000186t_{均}$。

2. 一蒸汽管外敷两层隔热材料，厚度相同，若外层的平均直径为内层平均直径的两倍，而内层材料的导热系数为外层材料的两倍，现将两种材料对换，而其他条件不变，问两种情况下热流有何关系（忽略蒸汽管热阻）？

知 识 拓 展

1. 导热系数有什么意义，如何减少炉壁的热损失？

2. 两种体积密度相同的多孔隔热砖，一种气孔尺寸较大，但气孔数目较少；另一种气孔数目多，但气孔尺寸较小。试问何种砖的保温效果好，为什么？

3. 在严寒的北方地区，建房用砖采用实心砖还是多孔的空心砖好，为什么？

4. 冬天在白天太阳下晒过的棉被，晚上盖起来感到很暖和，并且经过拍打后，效果更加明显，试解释原因。

3.3　对流给热

3.3.1　概述

对流给热是指运动的流体与固体表面之间通过热对流和导热作用所进行的热交换过程，称为对流给热或对流换热。具有如下三个特点：

（1）流体与壁面必须直接接触，而且流体与壁面间必须有温度差且存在相对运动；

（2）对流给热既存在流体内的热对流，也有流体和壁面间的导热；

（3）对流给热过程中没有热量形式的转化。

3.3.1.1　对流给热的机理

气体力学中我们已学到边界层的概念，从中知道，流体在运动时与固体接触的表面处形成一流速近似于零的薄膜层，从这个薄膜层到流速恢复远方来流速度的区域就是边界层，也叫动力边界层，如图3-10所示。我们把基本上没有速度梯度的流体部分称为"主流"或"流体核心"。

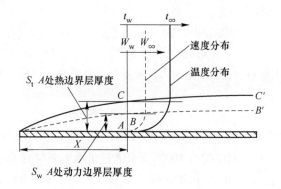

图3-10　动力边界层与传热边界层

　　同样在有传热现象的系统中，流体与固体表面的温度梯度主要集中在边界层内，这种温度变化（即温度梯度）的边界层称为"传热边界层"。流体的传热边界层与动力边界层的概念在一般情况下是不同的。

　　当流体的紊乱程度较大时，边界层内的一部分流体由层流变成紊流。只是靠近固体壁面处，才存在仍保持层流流动的薄膜层，即"层流底层"或叫"层流内层"。

　　由于层流边界层内流体分子无径向位移和掺混现象，因而通过该层的换热只能靠导热来实现。即使在紊流边界层下换热也必须在层流底层内由导热来完成。边界层虽然很薄，但它的热阻却相当大。这就是说高温表面向低温流体，或高温流体向低温表面进行对流换热时，热阻主要发生在边界层内，所以温度梯度也主要出现在边界层内。

　　当流体为层流时，边界层很厚，则流体内部的混合只能靠分子扩散作用来实现。所以这时整个对流换热过程都显示出导热的特征。当流体呈紊流流动时，由于边界层减薄了，同时流体内部的混合作用也随着紊流程度的增大而显著加强，所以这时的对流换热过程仅仅在层流底层内才有导热特征。所以对流换热在紊流程度提高时得到了明显的强化。

3.3.1.2　对流给热的分类

常见对流给热的分类有：

（1）按流体流动原因的不同，可分为自然对流换热和强制对流换热；

（2）按流体运动是否与时间相关，可分为非稳态对流换热和稳态对流换热；

（3）按流体与固体壁面的接触方式，可分为内部流动换热和外部流动换热；

（4）按流体的运动状态，可分为层流流动换热和紊流流动换热；

（5）按流体在换热中是否发生相变或存在多相的情况，可分为单相流体对流换热和多相流体对流换热。

　　对实际的对流给热过程，按上述的分类，可以将其归入相应的类型。例如，在外力推动下流体的管内流动换热属于强制对流给热，可以为层流也可以为紊流，可能有相变也可能无相变。

3.3.1.3　牛顿冷却公式

　　无论是哪种类型的对流给热，都可用牛顿冷却公式计算对流给热的热流量。

$$Q = \alpha_{对}(t_1 - t_2)F \tag{3-16}$$

式中　t_1——流体的温度，℃；

　　　t_2——固体表面的温度，℃；

　　$\alpha_{对}$——对流给热系数，W/（m·℃）。

将式（3-16）移项得

$$\alpha_{对} = \frac{Q}{(t_1 - t_2)F}$$

此即 $\alpha_{对}$ 的定义式。从该定义式中看出 $\alpha_{对}$ 的物理意义就是：当流体与壁面的温差为1℃时，单位面积上单位时间内的对流给热量，它的单位是 W/（m²·℃）。

同样也可以把牛顿冷却公式写成欧姆定律的形式

$$Q = \frac{t_1 - t_2}{\dfrac{1}{\alpha_{对} F}} \tag{3-17}$$

与式（3-1）比较可见，对流给热的热阻为

$$R = \frac{1}{\alpha_{对} F} \tag{3-18}$$

下面着重讨论如何确定对流给热系数 $\alpha_{对}$ 的问题。

相似原理
（录课）

3.3.2　相似原理

牛顿冷却公式虽然揭示了对流给热量与温差、换热面积和对流给热系数之间的关系，但并不能用此公式来解决实际的换热问题，因为对流给热是个相对复杂的传热过程，只不过用 $\alpha_{对}$ 替换了所有影响对流给热的复杂因素罢了，实际上变成了

$$\alpha_{对} = f(W, t_1, t_2, \lambda, C_p, \rho, \mu, \phi, L, \cdots) \tag{3-19}$$

因此，对流给热的根本问题在于如何具体确定对流给热系数 $\alpha_{对}$。如果 $\alpha_{对}$ 求出，则对流给热量就很容易用牛顿冷却公式计算求得。

确定对流给热系数的方法目前有两种：一种是相似原理的应用，另一种是量纲分析法。本书只介绍相似原理的应用。

相似的概念首先出现在几何学里。两个几何相似的图形，则必有其相对应部分的比值为同一常数 C_l，叫作"相似倍数"或相似比。这里我们把相似比 C_l 称作"几何相似准数"，它是表征体系几何图形特点的一个无因次量。换言之只要两个图形的"几何相似准数"相等，则此两图形必相似。

同样可以把上述的几何相似推广到其他复杂的物理现象之中，即找出能表征物理现象相似的相似准数，只不过必须明确，任何物理现象相似都是在几何相似的前提下，在相对应的点或部位上和在相对应的时间内所有用以说明两个现象的一切物理量都一一对应成比例。

气体流动及热量交换过程中表征过程特征的物理量就是：速度、密度、黏度、导热系数和时间等。

同几何相似一样，对于彼此相似的物理量的分布规律，我们可由其中任何一个分布规律，通过它的全盘放大或缩小而得其他与之相似的一切分布规律。由此看来：凡在几何相似基础上的两个系统的同类物理现象中，若在相应的时刻和相应的地点上，与现象有关的物理量一一对应成比例，则这两个现象就称为彼此相似现象。比如有两个流动现象相似，则必然有流动通道的几何形状相似，速度场相似，密度分布相似等。这里各种物理现象相似倍数（如 C_l、C_w、C_τ、C_t 等），虽然在数值上可以彼此不等，但是它们之间存在着按一定规律约束的关系。而这种约束关系完全是由该物理现象自身的规律所决定的。

3.3.2.1　相似准数的物理意义

同一类物理现象我们总是可以找出某个无因次的准数来反映该类物理现象的本质。

正如气体力学中的雷诺准数（Re）可以代表流体的"扰乱程度"一样。我们把这种无因次数群称为"相似准数"或叫相似准则。对流换热常用准数及物理意义见表3-6。

表 3-6 对流换热常用准数及物理意义

准数名称	定义式	物理意义	备注
努歇尔准数 Nu	$Nu = \dfrac{\alpha_{对} S}{\lambda}$	反映流体对流换热能力与导热能力的相对大小，可体现对流换热的强弱程度	待定准数（$\alpha_{对}$ 为待求量）
雷诺准数 Re	$Re = \dfrac{w_t d_{当} \rho_t}{\mu_t}$	反映流体流动时惯性力与黏性力的相对大小，可体现强制对流换热时流态对换热的影响，可用来判断流态	已定准数
格拉斯霍夫准数 Gr	$Gr = \dfrac{\rho^2 g L^3}{\mu^2} \beta \Delta t$	反映流体自然对流时浮升力与黏性力的相对大小，可体现自然对流换热时流态对换热的影响	已定准数
普朗特准数 Pr	$Pr = \dfrac{\nu}{a} = \dfrac{\rho v c_p}{\lambda}$	反映流体流动时动量扩散能力与热量扩散能力的相对大小，可体现对流换热时流体物性对换热的影响	已定准数

3.3.2.2 相似定理及其意义

A 相似第一定理

如果同一类现象其代表性的相似准则相等的话，则这些现象在本质和发展程度上（指各个参数间的数量关系）就是相同的。即彼此相似的现象必有数值上相同的相似准数（此即相似第一定理），它说明两现象相似的条件就是具有代表性的相似准数相等。

许多实验研究指出，很多形式比较简单的传热公式往往是只能适用于准数相同的流体。在运用传热公式时应当注意这一限制。

B 相似第二定理

描述一组相似现象的每个变量间的关系，此即相似第二定理（亦称二定理），我们把这种相似准数之间的函数关系叫作"准数方程"。

相似第二定理说明按照相似第一定理指导下进行模拟实验所得到的数据（即结果），应当按照准数方程来进行整理。这样做可以使得实验数据的整理工作大大简化。同时经过整理所得到的准数方程的应用范围也得到扩大，即可以把准数方程推广并应用到与其相似的同类现象中去。

从对流给热机理的分析中已经知道：这一复杂的对流给热过程是由许多个简单的过程（现象）所综合而构成的，即它是由流体的运动，内部的热对流及边界层的导热等过程构成，也就是说对流给热过程的特性取决于上述几个简单过程的特性和它们之间的相互关系。从上面对相似准数的物理意义讨论中已经知道：Nu 代表着对流现象的本质，Re、Gr 则分别代表强制流动和自然流动的本质，Pr 代表流体本身的热物理特征，l_1/l_2 代表系统的几何特征。这样一来我们就可以按照第二定理，把这些表征对流给热过程特性的各相似准数列成相应的函数式，即

$$Nu = f\left(Re、Gr、Pr、\frac{l_1}{l_2}\right) \tag{3-20}$$

当给热系统的几何条件确定后，l_1/l_2 为常数，故上式可改写为

$$Nu = f(Re、Gr、Pr) \tag{3-21}$$

如果流体的种类已限定（即 Pr 为常数），则上式变为

$$Nu = f(Re、Gr) \tag{3-22}$$

若又已知是自然流动（即可不考虑 Re），因而上式进一步简化为

$$Nu = f(Gr) \tag{3-23}$$

在强制流动中的紊流状态时，自然流动因素可以不考虑，即 Gr 可以忽略，则上式为

$$Nu = f(Re) \tag{3-24}$$

由此看来一个十分复杂的公式（3-20）便被简化为 2～3 个准数之间的函数关系了。显然这就为具体通过实验来确定这一函数关系创造了可行性条件。许多实验公式和物理经验公式就是用这样的方法得到的。它们将适用于与实验条件相似的所有现象中去。

通过相似理论的第一、第二定理写出了相似准数关系式，这样就可以直接通过模拟某过程的实验模型并用实验手段来直接测定出准数方程式的具体函数形式和所包括的物理量，最后用相似第二定理将所测出的实验结果经过整理而得出一个完全被确定的函数式。

C　相似第三定理

相似第三定理内容为：若两现象为同一个关系方程式所描绘，其单值条件相似并且单值条件所组成的决定性准数的数值相等时，则此两现象相似。相似理论的第三定理还明确指出了所得到的经验公式的具体推广范围。

对一组描述现象的微分方程的通解中，加上针对某一具体现象特征的补充条件，最后得出单一的解（特解），我们把这些补充条件称为单值性条件。它包括：几何条件、物理条件、边界条件、初始条件、……，如果这些条件都一一对应成比例就称为单值条件相似，单值条件相似是现象相似的必要条件。

相似第三定理明确规定了两个现象相似的充分必要条件，所以当我们去考察从未研究过的新现象时，只要能够肯定它与某已经研究过的现象属于同类现象，单值条件相似，并且由单值条件所组成的决定性准数相等，就可以完全肯定这两个现象相似。因而也就可以把曾经研究过的现实的实验结果应用到所要研究的这一新现象中来，而无须对该现象再进行重复性的研究实验，可见相似第三定理指出的两现象相似的条件，也就是指出了通过模型实验所得到的经验公式的实际推广应用的范围。

第三定理的实际意义就在于从理论上允许我们把某些设备内的复杂现象采用较小的模型在实验室里进行模化实验，并进而把测定模型的实验结果推广应用到这些设备中去。目前物理学、化学、冶金热工学等实验中已广泛应用相似准数来处理实验数据。在工程技术上采用相似原理指导下的模化法，已广泛应用。随着科学技术的发展，相似原理必将进一步得到发展和应用。

3.3.2.3 对流换热计算的一般步骤

（1）根据已知条件整理出与 Nu 有关的量（Pr、Re 或 Gr）。

（2）依据传热情况选择合适的准数方程，进而求出 Nu。

（3）代入 $Nu = \dfrac{\alpha_{对} S}{\lambda}$，求出对流给热系数 $\alpha_{对}$。

（4）然后由牛顿冷却公式（3-16）计算对流给热量，或者给热面积 F。

下面以空气横向强制流过单个圆形管道时的对流给热过程为例，来具体说明应用相似理论所确定的实验公式的过程。

对于空气流过单个圆管做强制横向流动的具体条件下，可以确定此时对流给热的准数方程的函数形式为 $Nu = f(Re)$。

一般将其表示成适应性较广泛的幂函数形式，即

$$Nu = CRe^n$$

实验时只需测定上式中两个准数（Nu、Re）中所包含的各物理量，即 Re 中的直径 d，流速 w，运动黏度 ν（查表），与 Nu 中的气体导热系数 λ（查表），管子定形尺寸 S（此处用管外径 d）及 $\alpha_{对}$。测定结果整理见表 3-7（此处 $d = 12\text{mm}$）。为了求得常数 C 与 n，应将 $Nu = CRe^n$ 的关系直线化，即将 Re 与 Nu 的数值描绘在双对数坐标上，如图 3-11 所示。

表 3-7 $\alpha_{对} = f(w)$ 和 $Nu = f(Re)$ 的实验数据

实验序号	1	2	3	4	5	6	7	8
$w/\text{m} \cdot \text{s}^{-1}$	6.8	8.45	10.1	11.9	14.2	19.1	24.8	25.8
$Re \times 10^{-3}$	5.45	6.87	8.04	9.55	11.6	15.1	20.2	20.4
$\alpha_{对}/\text{W} \cdot (\text{m}^2 \cdot {}^\circ\!\text{C})^{-1}$	83.9	94.0	106.8	119.3	131.4	158	180	188
Nu	39.9	45.1	50.6	56.4	62.5	74.5	86.1	87.9

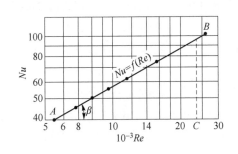

图 3-11 $Nu = f(Re)$

八个实验点基本上落在一条直线上（若实验点在双对数坐标系内是曲线，可近似地将其划为若干段直线）。此函数关系应为

$$\lg Nu = \lg C + n\lg Re$$

n 即为该线段的斜率，可在图上按比例量出

$$n = \tan\beta = \frac{\overline{BC}}{\overline{AC}} = 0.6$$

于是即可求出常数 $C = \frac{Nu}{Re^{0.6}}$。

为了更有代表性，可取三个数据的平均值（见表3-7）

$$Re = 5.45 \times 10^3, Nu = 39.9$$

$$C_1 = \frac{39.9}{5450^{0.6}} = 0.228$$

$$Re = 9.55 \times 10^3, Nu = 56.4$$

$$C_2 = \frac{56.4}{9550^{0.6}} = 0.230$$

$$Re = 20.2 \times 10^3, Nu = 86.1$$

$$C_3 = \frac{86.1}{20200^{0.6}} = 0.225$$

$$C = \frac{C_1 + C_2 + C_3}{3} = 0.227$$

最后得出函数关系式

$$Nu = 0.227Re^{0.6} \qquad\qquad (a)$$

在具体应用时，这一函数还可展开

$$\alpha_{对} = 0.227\,\frac{\lambda}{d}\left(\frac{wd}{\nu}\right)^{0.6} = 0.227\,\frac{\lambda}{d^{0.4}}\left(\frac{w}{\nu}\right)^{0.6}$$

若用20℃下的空气，代入上式可简化成

$$\alpha_{对} = 26.23w^{0.6}\,(W/(m^2 \cdot ℃)) \qquad\qquad (b)$$

由于代入了很多定数，式（b）比式（a）适用的范围就缩小得多。式（b）只针对20℃的空气，流过 $d = 12mm$ 的横置圆管，但表达成准数关系式（a）时，则同样的实验成果却具有更广泛的概括性。式（a）可适用于空气流过任何直径的横置圆管，只要 Re 在 $5.45 \times 10^3 \sim 20.4 \times 10^3$ 的范围内就可以。若测定和整理数据时包括 Pr，将函数整理成

$$Nu = CRe^n Pr^m \qquad\qquad (c)$$

的形式，则式（c）便可推广到任何流体流过任何直径的横置圆管，只要 Re 在实验测定的范围之内就可以。

可见，将实验结果整理成准数的函数关系，不单是为了减少变量，简化函数形式，更重要的是，使在某一特定条件下实验得到的数据呈规律性，能适用于所有与之相似的该类过程中去，使实验结果具有普适意义和科学的概括价值。

3.3.3　对流给热系数的若干实验公式

3.3.3.1　强制对流

A　流体在管内做紊流运动时的对流给热

在此条件下适用于各种气体和液体的公式是

$$Nu = 0.023Re^{0.8}Pr^{0.4} \tag{3-25a}$$

这里准数 Nu、Re 和 Pr 是用流体的平均温度作为计算的定性温度（定性温度是决定物理参数时所用的温度），并且用管子的直径作为定形尺寸。此式适用范围是 $Re > 10^4$，$Pr = 0.7 \sim 2500$，以及 $l/d > 50$。而导温系数 $\alpha = \dfrac{\lambda}{c_p\rho}$，上式展开可写成

$$\alpha_{对} = 0.023\frac{\lambda}{d}\left(\frac{wd}{\nu}\right)^{0.8}\left(\frac{c_p\rho\nu}{\lambda}\right)^{0.4} \tag{3-25b}$$

将上式稍加变化，则为

$$\alpha_{对} = 0.023\lambda\left(\frac{1+\beta t}{\nu}\right)^{0.8}\left(\frac{c_p\rho\nu}{\lambda}\right)^{0.4}\frac{w_0^{0.8}}{d^{0.2}} \tag{3-25c}$$

令

$$A = 0.023\lambda\left(\frac{1+\beta t}{\nu}\right)^{0.8}\left(\frac{c_p\rho\nu}{\lambda}\right)^{0.4} \tag{3-26a}$$

则式（3-25c）变为

$$\alpha_{对} = A\frac{w_0^{0.8}}{d^{0.2}} \ (\text{W}/(\text{m}^2 \cdot \text{℃})) \tag{3-26b}$$

式中　w_0——流体在管内的流速，m/s；

　　　d——管子内径或当量直径，m；

　　　A——因流体种类和流体温度而异的系数。常用流体在某些温度下的 A 值可查表 3-8。

式（3-26b）是准数关系式的简化公式。

表 3-8　某些流体的 A 值

	温度/℃	0	20	40	60	80	100
水	A	1425	1849	2326	2756	3082	3373
重油	温度/℃	40	60	80	100	120	140
	A	31	52	88	119	147	197
空气	温度/℃	0	200	400	600	800	1000
	A	3.97	4.32	4.68	4.89	5.16	5.35
烟气	温度/℃	0	200	400	600	800	1000
	A	3.95	4.63	5.35	5.76	6.41	6.64
水蒸气	温度/℃	100	150	200	250	300	350
	A	4.07	4.13	4.30	4.52	4.71	4.98

若 $l/d < 50$，应在式（3-26b）中加乘长度校正系数 k_l，即

$$\alpha_{对} = k_l A\frac{w_0^{0.8}}{d^{0.2}} \ (\text{W}/(\text{m}^2 \cdot \text{℃})) \tag{3-26c}$$

k_l 值取决于换热管段进口处的形状，管内流动 Re 的大小等。当换热管段进口以前没有急剧转弯或截面变化的情况下，k_l 可按表 3-9 选取。

表 3-9   紊流下的 k_l 值

Re	l/d								
	1	2	5	10	15	20	30	40	50
1×10^4	1.65	1.50	1.34	1.23	1.17	1.13	1.07	1.03	1
2×10^4	1.51	1.40	1.27	1.18	1.13	1.10	1.05	1.02	1
5×10^4	1.34	1.27	1.18	1.13	1.10	1.08	1.04	1.02	1
1×10^5	1.28	1.22	1.16	1.10	1.08	1.06	1.03	1.02	1
1×10^6	1.14	1.11	1.08	1.05	1.04	1.03	1.02	1.02	1

显然，在相同条件下水的对流给热能力大于重油的对流给热能力，更大于气体的对流给热能力。而对一定温度下的一定流体而言，流速越大，直径越小，则对流给热系数越大。

B   流体横向流过单管时的对流给热

流体横向流过单管面时的流动情况如图 3-12 所示。在管子的前后流动的情况不同，因此沿管子的周围对流给热系数的数值也不一样，如图 3-13 所示。在圆管的正面，有较多的质点透过边界层而直接冲击到壁面上，所以这里（$\varphi = 0°$）的放热系数最大；顺着流体流动的方向边界层的厚度逐渐增加，所以给热系数的数值迅速降低，而在 90° ~ 100° 时降到最低值；在管的后面部分，流体具有强烈的旋涡，因而给热系数又重新变大。

$$Nu = CRr^n Pr^m \tag{3-27a}$$

C 和 n 的数值依 Re 的大小而定（见表 3-10）；$m = 0.40$。

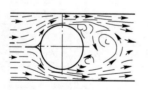

图 3-12   流体横向流过
管面的流动情况

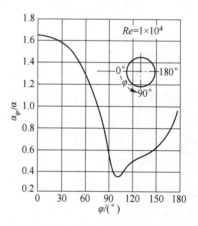

图 3-13   沿管周上对流
给热系数的变化

表 3-10   式（3-27a）中 C 和 n 的取值

Re	C	n
5 ~ 80	0.93	0.40
80 ~ 5×10^3	0.715	0.46
> 5×10^3	0.226	0.60

上式只有当流体流动的方向与管子轴心线之间的夹角 φ（冲击角）=90°时才正确。如果冲击角 $\varphi < 90°$，则应根据式（3-20a）所得的给热系数乘以修正系数 ε_φ（见表3-11）。

表 3-11　不同 φ 值时的 ε_φ

φ	90°	80°	70°	60°	50°	40°	30°	20°	10°
ε_φ	1.0	1.0	0.98	0.94	0.88	0.78	0.67	0.52	0.42

将式（3-27a）按表3-10中第三种情况展开

$$\alpha_{对} = 0.226 \frac{\lambda}{d} \left(\frac{wd}{\nu} \right)^{0.6} \left(\frac{c_p \rho \nu}{\lambda} \right)^{0.4} \varepsilon_\varphi \tag{3-27b}$$

稍加变化则上式变为

$$\alpha_{对} = 0.226 \lambda \left(\frac{1+\beta t}{\nu} \right)^{0.6} \left(\frac{c_p \rho \nu}{\lambda} \right)^{0.4} \frac{w_0^{0.6}}{d^{0.4}} \varepsilon_\varphi \tag{3-27c}$$

令

$$B = 0.226 \lambda \left(\frac{1+\beta t}{\nu} \right)^{0.6} \left(\frac{c_p \rho \nu}{\lambda} \right)^{0.4} \tag{3-28a}$$

则变为

$$\alpha_{对} = B \frac{w_0^{0.6}}{d^{0.4}} \varepsilon_\varphi \tag{3-28b}$$

常用流体在某些温度下的 B 值可查表3-12。

表 3-12　某些流体的 B 值

水		重油		空气		烟气		水蒸气	
温度/℃	B	温度/℃	B	温度/℃	B	温度/℃	B	温度/℃	B
0	992	40	81	0	3.98	0	4.00	100	4.23
20	1192	60	94	200	4.62	200	5.30	150	4.47
40	1258	80	135	400	5.48	400	6.35	200	4.84
60	1462	100	155	600	6.00	600	7.16	250	5.18
80	1611	120	180	800	6.49	800	8.06	300	5.50
100	1663	140	207	1000	8.89	1000	8.50	350	5.78
						1600	11.05		

显然，在相同条件下，水的对流给热能力大于重油的对流给热能力，更大于气体的对流给热能力。对一定温度下的一定流体而言，流速越大，管径越小，冲击角越大，则对流给热系数越大。

C　流体横向流过管束时的对流给热

流体横向冲击管束时的情况与单管类似，但影响因素更复杂。管束排列方式有顺排及错排两种（图3-14）。从第二排起，每排管都正处于前排产生的旋涡区的尾流内，所受到的冲击情况不如错排时强烈。因而错排内的给热过程一般较顺排略为强烈。另外，沿流动纵深方向管束排数多少也将影响平均给热系数。因为流体进入管束后，由于速度及方向反复变化而增加了流体的紊乱程度，因而沿着流动方向，各排管的给热系数将逐渐增加，大约到第三排以后才逐渐趋于稳定。因此，整个管束的平均给热系数将随着排数的增加而稍有增大。

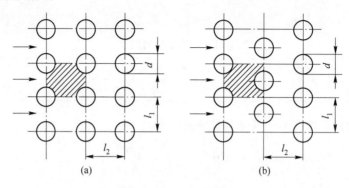

图 3-14　管束排列方式

（a）顺排；（b）错排

流体在管外垂直管束呈强制紊流流动时，其对流给热系数的计算方法如下。

a　对于错排管束

错排管束的对流给热系数的准数关系式为：

$$\alpha_{对} = 0.226ab\frac{\lambda}{d}\left(\frac{wd}{\nu}\right)^{0.6}\left(\frac{c_p\rho\nu}{\lambda}\right)^{0.4} \tag{3-29a}$$

稍加变化则上式变为：

$$\alpha_{对} = ab \times 0.226\lambda\left(\frac{1+\beta t}{\nu}\right)^{0.6}\left(\frac{c_p\rho\nu}{\lambda}\right)^{0.4}\frac{w_0^{0.6}}{d^{0.4}} \tag{3-29b}$$

根据式（3-28a），上式可变为：

$$\alpha_{对} = abB\frac{w_0^{0.6}}{d^{0.4}}\ (\text{W}/(\text{m}^2 \cdot \text{℃})) \tag{3-29c}$$

式中　w_0——流体在管束间最窄通道处的流速，m/s；

d——管束管子的外直径，m；

B——由表 3-12 查得的系数；

a——系数，可由表 3-13 查之；

b——系数，可由表 3-13 查之。

此为流体在管外垂直流过错排管束呈强制紊流流动时对流给热系数的公式，它也是准数关系式的简化公式。

表 3-13　系数 a 值和系数 b 值

a		b		
当 $\frac{l_1}{d} < 3$ 时	当 $\frac{l_1}{d} > 3$ 时	对第一排管子	对第二排管子	对第三排以后的管子
$a = 1 + 0.1\frac{l_1}{d}$	$a = 1.3$	$b = 0.756$	$b = 1.01$	$b = 1.28$

式（3-29c）可计算管束的任意排管子的对流给热系数。管束的平均对流给热系数为：

$$\alpha_{对均} = \frac{\alpha_{对1} + \alpha_{对2} + (n-2)\alpha_{对3}}{n} \quad (\mathrm{W/(m^2 \cdot ℃)}) \quad (3\text{-}29\mathrm{d})$$

式中 $\alpha_{对1}$——第一排管的对流给热系数；

$\alpha_{对2}$——第二排以后管子的对流给热系数；

$\alpha_{对3}$——第三排以后管子的对流给热系数；

n——管束内管子的总排数。

但当管子排数较多时，管束的平均对流给热系数可取为第三排管的对流给热系数。

b 对于顺排

顺排的第一排管子的对流给热系数同于错排的第一排管子的对流给热系数，可用式 (3-29c) 计算。

顺排的第二排以后管子的对流给热系数的准数关系式为：

$$\alpha_{对} = a \times 0.157 \frac{\lambda}{d} \left(\frac{wd}{\nu}\right)^{0.65} \left(\frac{c_p \rho \nu}{\lambda}\right)^{0.4} \frac{w_0^{0.65}}{d^{0.35}}$$

稍加变化则为：

$$\alpha_{对} = a \times 0.157 \lambda \left(\frac{1+\beta t}{\nu}\right)^{0.65} \left(\frac{c_p \rho \nu}{\lambda}\right)^{0.4} \frac{w_0^{0.65}}{d^{0.35}}$$

令

$$C = 0.157 \lambda \left(\frac{1+\beta t}{\nu}\right)^{0.65} \left(\frac{c_p \rho \nu}{\lambda}\right)^{0.4} \quad (3\text{-}30\mathrm{a})$$

则上式变为

$$\alpha_{对} = a \times C \frac{w_0^{0.65}}{d^{0.35}} \quad (\mathrm{W/(m^2 \cdot ℃)}) \quad (3\text{-}30\mathrm{b})$$

式中 w_0——流体在管束间最狭通道处的流速，m/s；

d——管束管子的外直径或外当量直径，m；

a——系数，由表 3-13 查之；

C——因流体种类和流体温度而变的系数。常用流体在常用温度下的 C 值见表 3-14。

此为流体在管外垂直流过顺排管束的对流给热系数的基本公式，它也是准数关系式的简化公式。

表 3-14 某些流体的 C 值

水		重油		空气		烟气		水蒸气	
温度/℃	C	温度/℃	C	温度/℃	C	温度/℃	C	温度/℃	C
0	1349	40	78	0	4.89	0	5.00	100	5.23
20	1617	60	105	200	5.82	200	6.40	150	5.47
40	1872	80	149	400	6.51	400	7.56	200	5.82
60	2093	100	181	600	7.09	600	8.61	250	6.16
80	2838	120	200	800	7.56	800	9.54	300	6.63
100	3280	140	252	1000	8.02	1000	9.89	350	7.09

顺排管束的平均对流给热系数可用下式计算：

$$\alpha_{对均} = \frac{\alpha_{对1} + (n-1)\alpha_{对2}}{n} \ (W/(m^2 \cdot ℃)) \tag{3-30c}$$

当管束排数较多时可用第二排管子的对流给热系数为顺排管束的平均对流给热系数。

上面的两种管束的计算关系式都是对流体与管束垂直而言的，即冲击角 $\varphi = 90°$。当冲击角 $\varphi < 90°$ 时，所求结果应乘以表 3-11 中的校正系数 ε_φ。

由错排管束的式（3-29c）和顺排管束的式（3-30b）可以看出，在相同条件下，水的对流给热能力大于重油的对流给热能力，更大于各种气体的对流给热能力。同时也可以看出，对一定流体而言，流体的温度越高、流体的流速越大、管子的管径越小、管的间距较大、管束排数较多，则流体与管束间的对流给热系数越大。实际经验表明，当其他条件相同时，错排管束的对流给热系数大于顺排管束的对流给热系数。

应当指出，上面介绍的几个关系式都是用相似理论法所求得的准数关系式的简化公式。这些简化公式比一般的实验式的应用范围较广。但是它仍然仅适用于所给的几种流体，对于其他流体则仍须用原准数关系式计算。

3.3.3.2　自然对流给热

自然对流给热是流体与固体壁面之间或流体内部因温度不同引起的自然对流时发生的热量传递过程。

在自然界中，物体的自然冷却或加热都是以自然对流的方式实现的。冶金生产中，炉壳、管道的散热都与自然对流有关。当温度较高时，在进行传热计算时，自然对流因素是不可忽略的。

A　自然对流给热的分类

自然对流换热常按流体所处空间的大小以及其边界层发展是否受到影响，主要分为无限大空间的自然对流换热和有限空间的自然对流换热两类。无限大空间的自然对流换热是指流体处于相对很大的空间，边界层的发展不因空间限制受到干扰，而并非指几何尺寸的绝对大小，如冶金炉墙和管道的散热、建筑物墙壁外表面的散热、室内冬天取暖用暖气片的散热等；有限空间的自然对流换热是指流体所处的空间相对狭小，边界层无法自由展开。本书只介绍无限大空间的自然对流换热的特点及计算，对于有限空间的自然对流换热请参考相关文献。

B　固体表面向无限空间的自然对流

a　影响因素

图 3-15 是炉子外表面与大气间的自然对流给热情况。由图中看出，炉顶、炉墙和架空炉底都存在着自然对流。

产生自然对流的原因是固体表面的温度大于周围大气的温度而使大气形成了自然循环。因此，固体表面与大气间的温度差是影响自然对流的主要因素。

上热面（如炉顶）的循环比较容易，因此，自然对流

图 3-15　自然对流示意图

的能力较强。下热面（架空炉底）的循环更难，因此，它的自然对流能力最差。显然，固体表面的存在位置是影响自然对流的因素之一。

总之，自然对流主要受固体表面与流体的温度差和固体表面存在位置的影响。因此，自然对流给热系数也多由表示这两个影响因素的参数所组成。

b 实验公式

根据实验研究得出这时准数关系式的具体形式为

$$Nu = C(GrPr)^n \tag{3-31}$$

式中，C 和 n 为常数，其值可按放热表面的形状及 Gr、Pr 的数值范围由表 3-15 选取。表 3-15 中的数值适用于均温壁面的自然运动放热。

表 3-15　式（3-31）中常数 C、n 值

表面形状及位置	流动情况示意图	C、n 值			定型尺寸 l/m	适用范围 Gr、Pr
		流态	C	n		
垂直平壁及垂直圆柱		层流	0.59	$\frac{1}{4}$	高度 h	$10^4 \sim 10^9$
		紊流	0.12	$\frac{1}{3}$		$10^9 \sim 10^{12}$
水平圆柱		层流	0.53	$\frac{1}{4}$	圆柱外径 d	$10^4 \sim 10^9$
		紊流	0.13	$\frac{1}{3}$		$10^9 \sim 10^{12}$
热面朝上或冷面朝下的水平壁		层流	0.54	$\frac{1}{4}$	矩形取两个边长的平均值，圆盘取 $0.9d$	$10^5 \sim 2 \times 10^7$
		紊流	0.14	$\frac{1}{3}$		$2 \times 10^7 \sim 3 \times 10^{10}$
热面朝下或冷面朝上的水平壁		层流	0.27	$\frac{1}{4}$	矩形取两个边长的平均值，圆盘取 $0.9d$	$3 \times 10^5 \sim 3 \times 10^{10}$

整理数据时采用的定型尺寸是管、线、球的直径或竖板的高度（详见表 3-15）。至于定性温度，是采用边界层的平均温度 $t_m = \frac{1}{2}(t_w + t_f)$，此处 t_w 为壁面温度，t_f 为远离壁面的流体温度。

式（3-31）适用于任何液体和气体以及任何形状和大小的物体。这个公式也可以用来计算横板的放热。

必须指出，在紊流放热过程中，式（3-31）中的 $n = 1/3$，于是 Gr 与 Nu 中的定型尺寸可以相消，故自然流动紊流放热与定型尺寸无关。

当 Pr 作为常数处理时，可以采用表 3-16 的简化计算式，这些公式的定型尺寸与表 3-15 相同，它们适用于常温常压下的空气自然运动放热。

表 3-16　空气在无限空间自然运动放热简化计算公式

表面形状及位置	流态	应 用 范 围	简化计算公式
垂直平壁及垂直圆柱	层流	$10^4 < Gr \cdot Pr < 10^8$	$\alpha = 1.49\left(\dfrac{\Delta t}{h}\right)^{\frac{1}{4}}$
	紊流	$10^9 < Gr \cdot Pr < 10^{12}$	$\alpha = 1.36(\Delta t)^{\frac{1}{3}}$
水平圆柱	层流	$10^3 < Gr \cdot Pr < 10^9$	$\alpha = 1.35\left(\dfrac{\Delta t}{d}\right)^{\frac{1}{4}}$
	紊流	$10^9 < Gr \cdot Pr < 10^{12}$	$\alpha = 1.48\ (\Delta t)^{\frac{1}{3}}$
热面朝上或冷面朝下的平壁	层流	$10^4 < Gr \cdot Pr < 2 \times 10^7$	$\alpha = 1.38\left(\dfrac{\Delta t}{l}\right)^{\frac{1}{4}}$
	紊流	$2 \times 10^7 < Gr \cdot Pr < 3 \times 10^{10}$	$\alpha = 1.59\ (\Delta t)^{\frac{1}{3}}$
热面朝下或冷面朝上的水平壁	层流	$3 \times 10^5 < Gr \cdot Pr < 3 \times 10^{10}$	$\alpha = 0.69\left(\dfrac{\Delta t}{l}\right)^{\frac{1}{4}}$

自　测　题

一、判断题（判断下列命题是否正确，正确的在（　）中记"√"，错误的在（　）中记"×"）

（　　）1. 动力边界层和传热边界层的概念在一般情况下是相同的。

（　　）2. 对流换热是导热和热对流综合作用的结果。

（　　）3. 在相同的 Re 及管束排数下，叉排管束的平均表面传热系数要比顺排管束强。

二、单选题（选择下列各题中正确的一项）

1. 管内流体流态为层流时，流体和管内壁的热量传递主要靠_____作用来实现。

　　A. 导热　　　　　　　B. 对流　　　　　　　C. 辐射　　　　　　　D. 综合传热

2. 强制对流给热时，影响对流给热量的决定因素是流体的_____。

　　A. 温度　　　　　　　B. 流速　　　　　　　C. 压力　　　　　　　D. 密度

3. 对流给热系数表示当流体与壁面的温差为_____℃时，单位面积上单位时间内的对流给热量。

　　A. 1　　　　　　　　　B. 5　　　　　　　　　C. 10　　　　　　　　D. 100

4. 表征流体自然对流发展程度的准数是_____。

　　A. Re　　　　　　　　B. Gr　　　　　　　　C. Nu　　　　　　　　D. Pr

5. 在对流给热过程中，表示对流给热量和导热量比例的准数是_____。

　　A. Re　　　　　　　　B. Gr　　　　　　　　C. Nu　　　　　　　　D. Pr

6. 在相同条件下，对流给热能力最大的是_____。

A. 水　　　　　　　B. 重油　　　　　　C. 空气　　　　　　D. 烟气

7. 当流体黏性一定时，流速越高，其他条件相同时其表面传热系数则_____。

　　A. 越大　　　　　　B. 越小　　　　　　C. 不变　　　　　　D. 无法判断

8. 管内流体流态为紊流时，在其他条件相同时，流体与管壁的对流换热量_____层流时的对流换热量。

　　A. 大于　　　　　　B. 小于　　　　　　C. 等于　　　　　　D. 无法判断

9. 流体横向流过单管时，对一定流体来说，下列_____使对流给热系数增加。

　　A. 流速增加　　　　B. 管径增大　　　　C. 冲击角减小　　　D. 流体温度减小

10. 流体横向流过单管时，对一定流体来说，下列_____使对流给热系数减小。

　　A. 流速增加　　　　B. 管径减小　　　　C. 冲击角增大　　　D. 流体温度降低

11. 流体横向流过管束时，对一定温度的流体而言，下列_____是流体与管束间的对流给热系数增大。

　　A. 流体的流速减小　　　　　　　　　B. 管子的管径增大

　　C. 管的间距增大　　　　　　　　　　D. 管束排数减少

12. 自然对流给热量主要决定于_____的大小。

　　A. 流量　　　　　　B. 压力　　　　　　C. 温差　　　　　　D. 材料性能

13. 以下现象属于自由对流给热的是_____。

　　A. 冶金炉的炉墙散热　　　　　　　　B. 空气预热器管外的换热

　　C. 水冷壁管内的换热　　　　　　　　D. 钢液向空气中散热

三、填空题（将适当的词语填入空格内，使句子正确、完整）

1. 根据流动原因的不同，把对流给热分为_____和_____两大类。

2. 若两物理现象相似，则其_____相等，此即相似第一定理。

3. 流体强制横流单管时，前驻点到分离点随 ρ 的增加，层流边界层的厚度逐渐_____，局部表面给热系数的数值会逐渐_____。

四、计算题

1. 在直径分别为 0.2m 和 0.1m 的两种管道内，热烟气流量 $V_0 = 0.15 \mathrm{m^3/s}$，当烟气温度为 1000℃时，求两种管内的对流给热系数各为多少？

2. 水以 0.8m/s 的速度，在直径 $d = 50\mathrm{mm}$ 的管外流动。水与管子轴线间的冲击角为 10°，已知水的平均温度为 40℃，求其对流给热系数。

　　　　　　　　　　知 识 拓 展

1. 黏性流体有哪两种流动状态，流动状态的不同对对流换热有何影响？

2. 为什么水的换热系数远比空气的高？

3. 为什么说影响对流换热的决定性因素是流体的流速？

4. 在分析各类对流换热的强弱时，为什么应着重分析它的边界层状况？

5. 影响对流换热的主要因素有哪些，它们是如何影响对流换热的？

6. 举出本专业常用炉子中遇到的对流换热现象。并说明哪些情况下需要强化对流换热，哪些情况下需要弱化对流换热，你认为应采取哪些措施来强化或弱化对流换热？

辐射换热
（微课）

3.4　辐射换热

辐射换热是三种基本传热方式之一，冶金炉（尤其是高温炉）辐射是其主要的传热方式。本节介绍辐射换热基本概念、基本定律，并在此基础上进一步分析辐射换热的计算和气体辐射等问题。

3.4.1　基本概念

3.4.1.1　辐射

辐射是波或大量微观粒子从发射体向四周传播的过程。发射辐射能是各类物质的固有特性。

电磁波理论解释说，物质是由分子、原子、电子等基本粒子组成的，当原子内部的电子受激和振动时，产生交替变化的电场和磁场，发出电磁波向空间传播，这就是辐射。电量子理论解释说，辐射是离散的量子化能量束，即光子传播能量的过程。

从本质上说，辐射既具有波动性又具有粒子性，并且不同波长的电磁波所具有的能量也不相同。

3.4.1.2　热射线

波长 $\lambda = 0.1 \sim 100 \mu m$ 的电磁波称为热射线，它们投射到物体上能产生热效应。热射线包括部分紫外线、可见光和部分红外线。

其中，紫外线连同 X 射线、γ 射线，是波长 $\lambda < 0.38 \mu m$ 的电磁波；可见光是波长 $\lambda = 0.76 \sim 1000 \mu m$ 的电磁波（有些文献以 $\lambda = 0.76 \sim 100 \mu m$ 作为红外区域，$\lambda > 100 \mu m$ 作为无线电波区域）。各类电波的波长可以从几万分之一微米到数公里，它们的分布如图3-16所示。

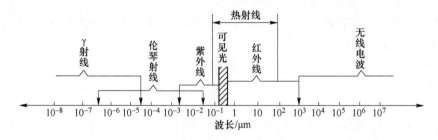

图 3-16　电磁波谱

3.4.1.3　热辐射

热辐射是物体因自身具有温度面向外发射能量的现象。由于原子内部电子可能被不同的方法所激发，于是相应地会产生不同波长的电磁波，继而投射到物体上产生不同的效应。如果是由于自身温度或热运动的原因而激发产生的电磁波传播，就称为热辐射。

热辐射就是热射线的传播过程。对于工程上的辐射体，热力学温度如果在 2000K 以下，其热射主要是红外辐射，而可见光的能量所占比例很少，通常可以略去不计。

3.4.1.4　辐射换热

不论物体的冷热程度和周围情况如何，只要其热力学温度 $T>0$ 时，都会不断地向外界发射热射线。物体的温度越高，它辐射的能量就越强。若物体间温度不相等，则高温物体辐射给低温物体的能量将大于低温物体向高温物体辐射的能量，其结果是热量从高温物体传给了低温物体，这就是物体间的辐射换热。

当这两物体之间无温差时，不论这两物体的冷热程度如何，它们都会不断地向周围发射热射线。然而此时其中任何一个物体所辐射出去的能量，同时又等于它自身所吸收的能量。所以归根到底，这是一种动态的平衡。

3.4.1.5　物体辐射传热的三种情况

当物体接受到热射线时，与光线落到物体上一样，有三种可能的情况：一部分被吸收（Q_A）；一部分被反射（Q_R）；另一部分穿过物体而继续向前传播（Q_D）（见图 3-17）。

根据能量守恒的关系可知

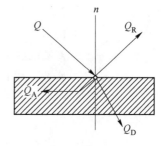

图 3-17　落在物体上的
辐射能分布图

$$Q_A + Q_R + Q_D = Q$$

两边同除以 Q

$$\frac{Q_A}{Q} + \frac{Q_R}{Q} + \frac{Q_D}{Q} = 1$$

式中　Q_A/Q ——物体对热辐射的吸收能力，称吸收率 A；

　　　　Q_R/Q ——物体对热辐射的反射能力，称反射率 R；

　　　　Q_D/Q ——物体对热辐射的透过能力，称透过率 D。

即　　　　　　　　　　　　　　$A + R + D = 1$

若 $A=1$，即 $R+D=0$，表明物体对外来的热辐射全部吸收，没有反射和透过，则该物体称为"绝对黑体"或"黑体"。

若 $R=1$，即 $A+D=0$，表明物体既不吸收，又不透过，能全部反射，则该物体称为"绝对白体"或"白体"。

若 $D=1$，即 $A+R=0$，表明物体能全部透过热射线，不吸收也不反射，则该物体称为"绝对透过体"或"透热体"。

在自然界中，绝对黑体，绝对白体和绝对透热体是不存在的，这三种情况只是为了研究问题方便而进行的假设。

还应该指出，不要把"黑体""白体""透热体"与黑色物体、白色物体、透明物体混淆起来，前者是对热射线而言，后者是对可见光而言。如雪是白色的，但可吸收热射线的 98.5%；玻璃对可见光能自由透过，但对热射线透过很少。

物体对辐射能吸收、反射和透过的能力，取决于物体的性质，表面状况，温度及热射线的波长等，如物体表面越粗糙，吸收能力越大，越接近于黑体。

一般工程中的固体多属于 $A+R=1$，$D=0$，即不能透过。凡吸收能力大的反射能力就小，而善于反射的吸收能力就小。常见的气体多属于 $A+D=1$，$R=0$，即气体不能反射，未被吸收的就被透过。

热辐射的基本
概念和定律
（录课）

3.4.2　基本定律

3.4.2.1　普朗克定律

普朗克定律说明绝对黑体的辐射强度与波长和温度的关系，根据普朗克研究的结果，绝对黑体单一波长的辐射强度与波长和温度的关系如下：

$$E_{0\lambda} = \frac{c_1 \lambda^{-5}}{e^{c_2/\lambda T} - 1} \quad (\text{W/m}^2)$$
(3-32)

式中　$E_{0\lambda}$——绝对黑体（符号"0"表示绝对黑体）在温度为 TK，对波长为 λ 的单一波长的辐射强度或称单色辐射强度；

　　　　e——自然对数的底；

　　c_1，c_2——实验常数，其中

$$c_1 = 3.74 \times 10^{16} (\text{W} \cdot \text{m}^2)$$

$$c_2 = 1.44 \times 10^{-2} (\text{W} \cdot \text{m}^2)$$

将式（3-32）绘成图 3-18。由图看出：当 $\lambda = 0$ 时，$E_{0\lambda} = 0$，随着 λ 的增加，$E_{0\lambda}$ 也跟着增大，当 λ 增大到某一数值时，$E_{0\lambda}$ 为最大值，然后又随着 λ 的增加而减少，至 $\lambda = \infty$ 时，又重新降至零。对应于这一最大值的波长与温度 T 的关系，可由维恩定律确定，即

$$\lambda_{\max} T = 2.9 \times 10^{-3} (\text{m} \cdot \text{K})$$

这种辐射强度的最大值是随着温度的升高向波长较短（可见光波）的一边移动，利用这个特点，可以判断辐射体的温度。低温时，中长波射线所占比例较大，颜色发红；温度升高后，短波射线所占比例增多，颜色发白。由图还可看出：当温度低于850K 时，$E_{0\lambda}$ 较小，但随着温度的升高而迅速增长，故温度高的物体，其辐射强度也大。

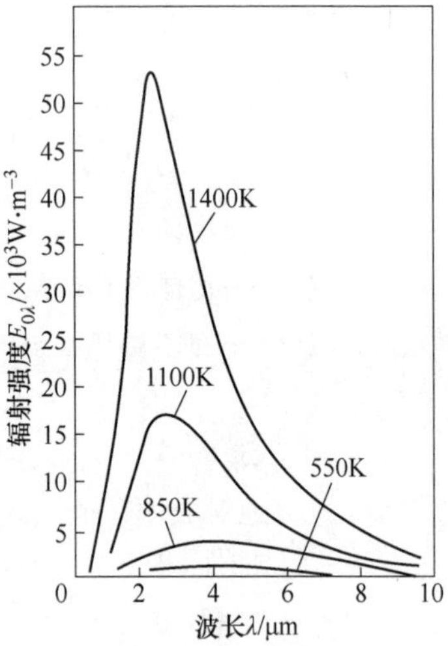

图 3-18　绝对黑体的辐射强度与
波长和温度的关系

例如：冶金生产中加热钢坯时，可以观察到当钢坯温度低于500℃时，因为辐射能分布中没有可见光成分，所以钢坯颜色没有变化。随着温度升高，600℃左右钢坯呈现暗红色，800～850℃钢坯呈现鲜红色，1000℃左右钢坯呈现橙黄，1300℃左右钢坯呈现白炽色。这一现象表明，随着钢坯温度升高，它向外辐射的最大单色辐射力向短波方向移动。

实际物体的辐射强度，因波长和温度而发生变化，只能根据该物体辐射光谱的试验来确定。如果实验所得到的辐射光谱是连续的，而且曲线 $E_\lambda = f(\lambda)$ 又和同温度下绝对黑体的相当曲线相似，即在所有波长 $\dfrac{E_\lambda}{E_{0\lambda}} = $ 常数，符合这一条件的物体称为灰体。经验表明，大多数工程材料都是灰体。

3.4.2.2 斯蒂芬－玻耳兹曼定律

斯蒂芬－玻耳兹曼定律表明黑体的辐射能力与其绝对温度的四次方成正比，故又称四次方定律。由式（3-32）积分后即可得绝对黑体的辐射能力：

$$E_0 = \int_0^\infty E_{0\lambda}\, d\lambda = \int_0^\infty \frac{c_1 \lambda^{-5}}{e^{c_2/\lambda T} - 1}\, d\lambda$$

计算后得

$$E_0 = C_0 \left(\frac{T}{100}\right)^4 \quad (\mathrm{W/m^2}) \tag{3-33}$$

式中 C_0——绝对黑体的辐射系数，它等于 $5.67\mathrm{W/(m^2 \cdot K^4)}$。

上次表明，辐射体温度越高，其辐射能力越迅速增加，这就进一步说明了提高辐射物体的温度是加强辐射传热最有效的措施。

以上确定了黑体的辐射能力，而大多数工程材料并非黑体，而是灰体。灰体的辐射能力 E 恒小于黑体的辐射能力 E_0。不同灰体的辐射能力也有很大差别。物体（灰体）的辐射能力与同温度下绝对黑体的辐射能力 E_0 之比值称为物体的黑度，用 ε 表示，即

$$\varepsilon = \frac{E}{E_0} = \frac{C\left(\dfrac{T}{100}\right)^4}{C_0\left(\dfrac{T}{100}\right)^4} = \frac{C}{C_0} \tag{3-34}$$

物体的黑度或称辐射率表示该物体辐射能力接近绝对黑体辐射能力的程度，因此黑度可以说明不同物体的辐射能力，它是分析和计算热辐射的一个重要的数值。金属表面具有较小的黑度；表面粗糙的物体或氧化的金属表面，则具有较大的黑度。常见物体的黑度数值见表3-17，这些数值是用实验测得的。知道了各种物体的黑度 ε，这就可按下式计算实际物体的辐射能力：

$$E = \varepsilon E_0 = \varepsilon C_0 \left(\frac{T}{100}\right)^4 = \varepsilon \cdot 5.67 \left(\frac{T}{100}\right)^4 \tag{3-35}$$

表 3-17 一些物体的黑度

名　称	温度/℃	ε
表面磨光的铁	425 ~ 1020	0.144 ~ 0.377
表面氧化的铁	100	0.736
氧化铁和铸铁	500 ~ 1200	0.85 ~ 0.95
表面磨光的钢件	770 ~ 1040	0.52 ~ 0.56
表面氧化的钢件	940 ~ 1100	0.8
表面粗糙的红砖	20	0.93

名　　称	温度/℃	ε
表面粗糙的硅砖	100	0.8
表面粗糙的黏土砖	高温	0.8 ~ 0.9
表面附釉的黏土砖	高温	0.75
表面粗糙的镁砖	高温	0.80
表面附釉的白云石砖	高温	0.80
表面粗糙的镁铝砖	高温	0.80
表面粗糙的高铝砖	高温	0.80
碳化硅	580 ~ 800	0.95 ~ 0.88
炭黑	1000 以上	0.95
钢水	大于 1600	0.65
氧化的钢	200 ~ 600	0.79
光亮的钢	80	0.018

3.4.2.3　克希荷夫定律

克希荷夫定律说明物体（灰体）的黑度与吸收率的关系。假设有两块不透热的平板，面积很大且相等，又靠得很近，忽略端部散热的影响，使一板面辐射的能量能全部落在另一板面上（见图 3-19）。

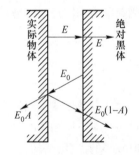

假定其中一块为绝对黑体，另一块为任意物体（灰体），面积为 F，后者的黑度为 ε，吸收率为 A。

实际物体的对外辐射 EF 或 $\varepsilon E_0 F$（W）全部落到绝对黑体表面，且全部被吸收。

绝对黑体对外辐射 $E_0 F$（W）全部落到实际物体上，被吸收一部分（$E_0 FA$），其余部分反射回到绝对黑体表面，然后全部被自身吸收（$E_0 F(1-A)$）。

图 3-19　求证克希荷夫定律

这时，绝对黑体表面所得的净热量可按该表面热平衡得出

$$Q = \varepsilon E_0 F + E_0 F(1 - A) - E_0 F$$

假设两表面温度相等，则差额热量为零，即 $Q = 0$，上式成为

$$\varepsilon E_0 = E_0 A（按实际物体表面热平衡可得同样结果）$$

由此得 $\qquad\qquad\qquad\qquad \varepsilon = A \qquad\qquad\qquad\qquad\qquad$ (3-36)

上式，即克希荷夫定律，表明在平衡辐射时，任何物体的黑度等于其同温度下的吸收率。

从上述结论还可推出如下概念：

(1) 物体的辐射能力与其吸收能力是一致的，能辐射的波，也能被该物体吸收。

(2) 反射能力大的物体，因其吸收能力小，故辐射能力必定小。

(3) 绝对黑体的吸收率等于1，为最大。故同一温度下绝对黑体的辐射能力也最大，因为它的 $\varepsilon = 1$。或者说，任何实际物体的辐射系数（C）都将小于 $5.67 \mathrm{W/(m^2 \cdot K^4)}$。

两物体间的
辐射热交换
（录课）

3.4.3 两物体间的辐射热交换

两物体面间的辐射热交换量不仅与辐射强度有关，还与两个表面的几何特征有关，几何特征是指表面的大小、形状及相对放置的位置。

如图 3-20 所示的两个平面三种布置情况（两表面的温度分别为 T_1 与 T_2）。在第一种布置中，由于两板十分靠近，每个表面发出的辐射能几乎全落到另一板上。在第二种情况下每个表面发出的辐射能都只有一部分落到另一表面上，剩下的则进入空间中去。至于最后一种布置则每个表面的辐射能均无法投射到另一表面上。显然，第一种情况下，两板间的辐射换热量最大，第二种次之，第三种布置方式的辐射换热量等于零。

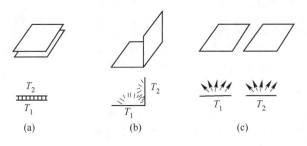

图 3-20　相对位置的影响

图 3-21 表明表面形状对辐射换热的影响。若比较两根直径相等且平行放置的圆管与两块平行的平板，板的宽度等于圆管的周长，别的条件也相对应。可以预料两平板间的换热量会比两圆管的大。因为在两平板的场合，每个表面发出的辐射能有比较多的部分可以落到另一表面上。

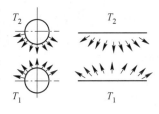

图 3-21　表面形状的影响

由上述可知，在一般情况下，一物体发射的辐射能，只有一部分投射到另一指定的物体表面，其余部分则落到指定物体周边的其他物体表面或空间中。为了计算方便，引入"角度系数"这一物理概念。

3.4.3.1　角度系数的概念

角度系数是表示从某一表面射到另一表面的能量与射出去的总能量之比。用符号 φ 表示：

$$\varphi_{12} = \frac{\text{从 } F_1 \text{ 表面射到 } F_2 \text{ 表面上的能量}}{\text{从 } F_1 \text{ 表面上射出去的总能量}}$$

$$\varphi_{21} = \frac{\text{从 } F_2 \text{ 表面射到 } F_1 \text{ 表面上的能量}}{\text{从 } F_2 \text{ 表面上射出去的总能量}}$$

由此可见，角度系数乃是一个几何参数，它只取决于两表面在空间的几何特性，而与表面的黑度和温度无关。

3.4.3.2　角度系数的性质

（1）自见性。任何平面和凸面自身辐射出去的射线，不能落入自身。故对自身的角度系数为零。若是凹面，具有自见性。

（2）完整性。在一个封闭体系内，任一表面辐射出去的射线，将全部分配在体系内各个表面上。故 $\varphi_{11} + \varphi_{12} + \varphi_{13} + \cdots + \varphi_{1n} = 1$。开口也可看作是封闭体系的一个表面，射线通过开口向体系外部投射出去。如图 3-22 所示。

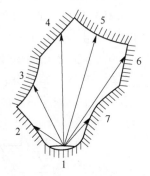

图 3-22　角度系数的
完整性

（3）互变性。对任意两个表面而言 $F_1\varphi_{12} = F_2\varphi_{21}$，此关系称为互变定理。由于角度系数与表面的黑度和温度无关，可以设想两个任意放置的黑体表面 F_1 和 F_2 的温度相等，辐射能力为 E_0，于是 F_1 的辐射能被 F_2 吸收为 $E_0 F_1 \varphi_{12}$，同时 F_2 的辐射能被 F_1 吸收的为 $E_0 F_2 \varphi_{21}$，既然两个表面的温度相等，故 $E_0 F_1 \varphi_{12} = E_0 F_2 \varphi_{21}$

或
$$F_1\varphi_{12} = F_2\varphi_{21} \tag{3-37}$$

这一关系称为互变关系。由于 F 和 φ 都是几何参数，与物体的温度和黑度无关，因此互变性可应用于温度和黑度不同的两个物体，只要各辐射面上的温度均匀即可。

（4）和分性。角系数的和分性也是利用能量守恒定律而得出的，如图 3-23 所示，图中由表面 F_i 和表面 F_j 组成，而表面 F_j 由表面 F_1 和表面 F_2 组成，据能量守恒原理，离开表面 F_i 而落在表面 F_j 上的能量必等于落在表面 F_1 上的能量加上落在表面 F_2 上的能量之和，因此有

$$E_i F_i \varphi_{ij} = E_i F_i \varphi_{i1} + E_i F_i \varphi_{i2} \tag{3-38a}$$

或
$$\varphi_{ij} = \varphi_{i1} + \varphi_{i2} \tag{3-38b}$$

若考虑表面 F_j 对 F_i 表面角系数的和分形式，则有：

$$E_j F_j \varphi_{ji} = E_j F_1 \varphi_{1i} + E_j F_2 \varphi_{2i} \tag{3-39a}$$

或
$$F_j \varphi_{ji} = F_1 \varphi_{1i} + F_2 \varphi_{2i} \tag{3-39b}$$

（5）兼顾性。如图 3-24 所示，在任意两物体 1 和 3 之间设置一个透热体 2，当不考虑路程对辐射传热量的影响时，则有 $\varphi_{12} = \varphi_{13}$；如果在物体 1 和 3 之间设置一个绝热体，则有 $\varphi_{13} = 0$。

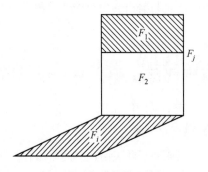

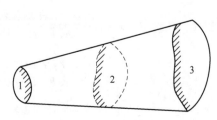

图 3-23　角系数的和分性　　　　　图 3-24　角度系数的兼顾性

3.4.3.3 最常见的几种封闭体系以及它们之间的角度系数

(1) 两个很靠近的平面（图 3-25 (a)）。$\varphi_{11} + \varphi_{12} = 1$，$\varphi_{11} = 0$，故 $\varphi_{12} = 1$，同理 $\varphi_{21} = 1$。

(2) 一个平面和一个曲面组成的封闭体系（图 3-25 (b)），相当于加热炉壁与物料表面组成的系统：

$$\varphi_{11} + \varphi_{12} = 1，\varphi_{11} = 0，故 \varphi_{12} = 1$$

而

$$F_1\varphi_{12} = F_2\varphi_{21}，得 \varphi_{21} = \varphi_{12}\frac{F_1}{F_2} = \frac{F_1}{F_2}$$

所以

$$\varphi_{22} = 1 - \varphi_{21} = \frac{F_2 - F_1}{F_2}$$

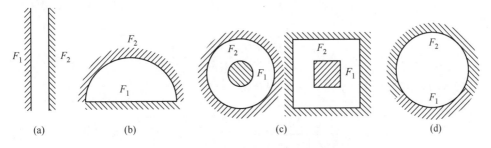

图 3-25　一些简单情况下的角度系数

(3) 一个大曲面包围一个小曲面的封闭体系（图 3-25 (c)），根据同样的分析可得出：

$$\varphi_{11} = 0；\quad \varphi_{12} = 1；\quad \varphi_{21} = \frac{F_1}{F_2}$$

$$\varphi_{22} = 1 - \varphi_{21} = \frac{F_2 - F_1}{F_2}$$

(4) 两个曲面组成的封闭体系（图 3-25 (d)）。因 F_1 向 F_2 或 F_2 向 F_1 的投射都要通过两曲面接合的界面处 f，所以 φ_{12} 应该是 φ_{1f}，$\varphi_{21} = \varphi_{2f}$，由图可知

$$\varphi_{12} = \varphi_{1f} = \frac{f}{F_1}，\varphi_{21} = \frac{f}{F_2}$$

对于更加复杂的几何形状与相对位置时的角度系数，可以用数学分析的方法或通过实验来求得。工程上为计算方便起见，已经将常见的几何形状与相对位置时的角度系数绘制成图线，可从有关书籍中查得。

3.4.3.4 封闭体系内两表面间的辐射热交换

在空间任意位置的物体之间的辐射热交换比较复杂。要从理论上求出它们之间的关系比较困难，可是在封闭体系中两物体间的辐射热交换要简单得多。如把冶金炉中金属的加热和熔炼（如炉墙对金属和物料的辐射）近似看作封闭体系，就可使我们的讨论大为简化，便于找出它们相互的关系。

A　有效辐射概念

物体表面对外来辐射要经过无数次的吸收反射，分析计算较复杂，故引入"有效辐射"的概念，将其归类分为三大部分：即自身辐射，对另一表面辐射的反射，对自身辐射的反射。这三种射线的总和，称为该表面的"有效辐射"。

在两表面组成的封闭体系内（图 3-26），"有效辐射"有如下形式：

F_1 表面的有效辐射

$$Q_{1\text{效}} = E_1 F_1 + Q_{2\text{效}} \varphi_{21}(1 - A_1) + Q_{1\text{效}} \varphi_{11}(1 - A_1)$$

上式右边第一项为自身辐射，第二项为对 F_2 投来辐射的反射，第三项为对自身投来辐射的反射。将上式整理得

$$Q_{1\text{效}} = \frac{E_1 F_1 + Q_{2\text{效}} \varphi_{21}(1 - A_1)}{1 - \varphi_{11}(1 - A_1)} \tag{a}$$

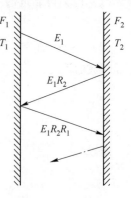

图 3-26　有效辐射

同理可得

$$Q_{2\text{效}} = \frac{E_2 F_2 + Q_{1\text{效}} \varphi_{12}(1 - A_2)}{1 - \varphi_{22}(1 - A_2)} \tag{b}$$

将（a）（b）两式联解，考虑到 $\varepsilon = A$，得

$$Q_{1\text{效}} = \frac{E_1 F_1 \left[\dfrac{1}{\varepsilon_2} - \varphi_{22}\left(\dfrac{1}{\varepsilon_2} - 1 \right) \right] + E_2 F_2 \varphi_{21}\left(\dfrac{1}{\varepsilon_1} - 1 \right)}{\left(\dfrac{1}{\varepsilon_1} - 1 \right)\varphi_{12} + 1 + \left(\dfrac{1}{\varepsilon_2} - 1 \right)\varphi_{21}} (\text{W}) \tag{c}$$

$$Q_{2\text{效}} = \frac{E_2 F_2 \left[\dfrac{1}{\varepsilon_1} - \varphi_{11}\left(\dfrac{1}{\varepsilon_1} - 1 \right) \right] + E_1 F_1 \varphi_{12}\left(\dfrac{1}{\varepsilon_2} - 1 \right)}{\left(\dfrac{1}{\varepsilon_1} - 1 \right)\varphi_{12} + 1 + \left(\dfrac{1}{\varepsilon_2} - 1 \right)\varphi_{21}} (\text{W}) \tag{d}$$

B　热交换量

两表面互相辐射、反射，但若 $T_1 > T_2$，则 F_2 将得到净热或差额热量，而 F_1 则失去 Q。根据 F_2 的热平衡得

$$Q = Q_{1\text{效}} \varphi_{12} + Q_{2\text{效}} \varphi_{22} - Q_{2\text{效}} = Q_{1\text{效}} \varphi_{12} - Q_{2\text{效}} \varphi_{21} \tag{e}$$

将（c）（d）代入（e），考虑到 $F_1 \varphi_{12} = F_2 \varphi_{21}$ 的关系整理得

$$Q = C_{12} \left[\left(\frac{T_1}{100} \right)^4 - \left(\frac{T_2}{100} \right)^4 \right] F_1 \varphi_{12} \tag{3-40a}$$

式中

$$C_{12} = \frac{5.67}{\left(\dfrac{1}{\varepsilon_1} - 1 \right)\varphi_{12} + 1 + \left(\dfrac{1}{\varepsilon_2} - 1 \right)\varphi_{21}} \tag{3-40b}$$

C_{12} 称为 1、2 两表面组成系统的综合辐射系数，或称导来辐射系数。C_{12} 中因分母恒大于 1，故 C_{12} 恒小于 $5.67\text{W}/(\text{m}^2 \cdot \text{K}^4)$。若两表面全为黑体，则 $C_{12} = 5.67\text{W}/(\text{m}^2 \cdot \text{K}^4)$。

式（3-40）为两表面组成封闭系统时辐射换热的一般计算式，接下来介绍几种常见的简化情况。

a 当两个物体为无限大平行平面时

由于 $\varphi_{12} = \varphi_{21} = 1$，$F_1 = F_2 = F$，故有

$$C_{12} = \frac{5.67}{\frac{1}{\varepsilon_1} + \frac{1}{\varepsilon_2} - 1} \tag{3-41a}$$

$$Q_{12} = \frac{5.67}{\frac{1}{\varepsilon_1} + \frac{1}{\varepsilon_2} - 1} \left[\left(\frac{T_1}{100} \right)^4 - \left(\frac{T_2}{100} \right)^4 \right] F \tag{3-41b}$$

b 一个大曲面包围一个小曲面的封闭体系

由于 $\varphi_{12} = 1$，$\varphi_{21} = \frac{F_1}{F_2}$，故有

$$C_{12} = \frac{5.67}{\frac{1}{\varepsilon_1} + \frac{F_1}{F_2} \left(\frac{1}{\varepsilon_2} - 1 \right)} \tag{3-42a}$$

$$Q_{12} = \frac{5.67}{\frac{1}{\varepsilon_1} + \frac{F_1}{F_2} \left(\frac{1}{\varepsilon_2} - 1 \right)} \left[\left(\frac{T_1}{100} \right) - \left(\frac{T_2}{100} \right) \right] F_1 \tag{3-42b}$$

例 3-4 计算直径 $d = 1\text{m}$ 的热风管每米长度内的辐射热损失。设热风管为裸露钢壳表面，外表温度 $t_1 = 227\text{℃}$，$\varepsilon_1 = 0.8$，此管置于露天，周围环境温度 $t_2 = 27\text{℃}$。

解： 可将此体系视为周围空间的大表面包围热风管的小表面。

小表面 $F_1 = \pi d L = 3.14 \times 1 \times 1 = 3.14\text{m}^2/\text{m}$

大表面为无限大，$\varphi_{12} = 1$，$\varphi_{21} = F_1/F_2 = F_1/\infty \approx 0$

$$Q_2 = \frac{5.67}{\left(\frac{1}{\varepsilon_1} - 1 \right) \varphi_{12} + 1 + \left(\frac{1}{\varepsilon_2} - 1 \right) \varphi_{21}} \left[\left(\frac{T_1}{100} \right)^4 - \left(\frac{T_2}{100} \right)^4 \right] F_1$$

$$= \frac{5.67}{\frac{1}{0.8} + 1 + \left(\frac{1}{\varepsilon_2} - 1 \right) \times 0} \left[\left(\frac{227 + 273}{100} \right)^4 - \left(\frac{27 + 273}{100} \right)^4 \right] \times 3.14 \times 1 = 4305 \ (\text{W/m})$$

C 辐射隔热

在工程中有许多时候要对辐射换热的强度加以抑制，减少表面间辐射换热的常用有效方法是采用高反射率的表面涂层，或者在表面间加设隔热板。

假设在两平行表面的中间，平行地放置一块面积相同的隔热板，当此板很薄且导热系数较大时，则隔板两侧的温度可视为相等（图 3-27）。

表面"1"与隔板"P"间的辐射传热量可按式（3-41a）与式（3-41b）确定如下：

$$Q_{1P} = \frac{C_0}{\frac{1}{\varepsilon_1} + \frac{1}{\varepsilon_P} - 1} \left[\left(\frac{T_1}{100} \right) - \left(\frac{T_P}{100} \right)^4 \right] F$$

式中，ε_P、T_P 分别代表隔板的黑度与温度；F 代表三个表面的面积。

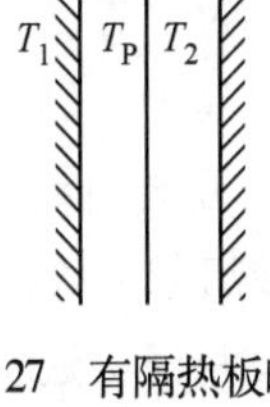

图 3-27 有隔热板时的辐射换热

对隔板"P"与表面"2"间的净辐射热量，同样可按上述公式写出：

$$Q_{P2} = \frac{C_0}{\dfrac{1}{\varepsilon_P} + \dfrac{1}{\varepsilon_2} - 1}\Big[\Big(\frac{T_P}{100} \Big) - \Big(\frac{T_2}{100} \Big)^4 \Big] F$$

若以 Q_{1P2} 表示有隔板条件下"1"与"2"间的净辐射热量，则在稳定热态下存在如下关系：

$$Q_{1P} = Q_{P2} = Q_{1P2}$$

$$Q_{1P2} = \frac{C_0}{\dfrac{1}{\varepsilon_1} + \dfrac{1}{\varepsilon_2} + \dfrac{2}{\varepsilon_P} - 2}\Big[\Big(\frac{T_1}{100} \Big)^4 - \Big(\frac{T_2}{100} \Big)^4 \Big] F \qquad (3\text{-}43\text{a})$$

若 $\varepsilon_1 = \varepsilon_2 = \varepsilon_P$，则

$$Q_{1P2} = \frac{1}{2} \frac{C_0}{\dfrac{1}{\varepsilon_1} + \dfrac{1}{\varepsilon_2} - 1}\Big[\Big(\frac{T_1}{100} \Big)^4 - \Big(\frac{T_2}{100} \Big)^4 \Big] F \qquad (3\text{-}43\text{b})$$

与没有放置隔热板时的传热量计算式（3-40a）和式（3-40b）比较，当两体系 T_1 和 T_2 相同时，可得：

$$\frac{Q_{1P2}}{Q} = \frac{1}{2} \qquad (3\text{-}43\text{c})$$

即加一块隔热板后，辐射传热量减少为原来的一半。

若放置 n 块隔热板，条件与上面相同，则同样可推导出：

$$Q_{1P2} = \frac{1}{n+1} \frac{C_0}{\dfrac{1}{\varepsilon_1} + \dfrac{1}{\varepsilon_2} - 1}\Big[\Big(\frac{T_1}{100} \Big)^4 - \Big(\frac{T_2}{100} \Big)^4 \Big] F \qquad (3\text{-}44\text{a})$$

即

$$Q_{1nP2} = \frac{1}{n+1} Q \qquad (3\text{-}44\text{b})$$

以上充分说明，添加隔热板能够很好地阻断辐射能的传递，而且添加层数越多，阻隔辐射能效果越好。

实际上，如果选用反射率较高的材料（如铝箔）在隔热板，ε_P 远小于 ε_1 和 ε_2，同时隔热板本身总是存在导热热阻，即隔板两侧温度不会相同，因此，实际的 Q_{1nP2} 将比上述公式计算值更小。

冶金厂内利用隔热板减少热交换的例子很多。例如在炉前，用块钢板即可阻挡火焰的辐射，改善劳动条件。为了防止炉前机电设备受烤过热，也可用隔热板保护起来。真空电阻炉的炉体不用耐火材料砌筑，否则不可能抽到高真空，这种炉子的炉体就是由 n 层金属板组成的（图3-28）。炉膛内温度尽管很高，但炉壳外表面仍接近常温，通过炉壳的热损失很小，这些金属板起着隔热的作用。

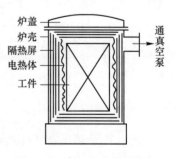

图 3-28　真空退火炉示意图

3.4.4 气体的辐射

在冶金生产中常见的温度范围内，空气、氢、氧、氮等分子结构对称的双原子气体，实际上并无发射和吸收辐射能的能力，可认为是热辐射的透明体。但是，二氧化碳、水蒸气、二氧化硫、甲烷等三原子、多原子以及结构不对称的双原子气体（一氧化碳）却具有相当强的辐射和吸收能力。当这类气体出现在换热场合中时，就要涉及气体和固体间的辐射换热计算。由于燃烧产物中通常由一定浓度的二氧化碳、水蒸气及氮气组成，所以这两种气体的辐射在工程计算上是特别重要的。本节着重介绍二氧化碳和水蒸气的辐射和吸收特性，以及气体辐射换热的计算。

3.4.4.1 气体辐射的特点

气体辐射不同于固体和液体辐射，它们具有如下两个特点。

（1）气体辐射对波长有强烈的选择性。气体辐射只在某些波长区段内具有辐射能力，相应地也只在同样的波长区段内才具有吸收能力。通常把这种有辐射能力的波长区段称为光带。在光带以外，气体既不辐射亦不吸收，对热辐射呈现透明体的性质。

二氧化碳的主要光带有三段：$2.65 \sim 2.80\mu m$、$4.15 \sim 4.45\mu m$、$13.0 \sim 17.0\mu m$。

水蒸气的主要光带也有三段：$2.55 \sim 2.84\mu m$、$5.6 \sim 7.6\mu m$、$12 \sim 30\mu m$。

图 3-29 示意性地表示出了二氧化碳和水蒸气的主要光带。可以看出，这些光带均位于红外线的波长范围，而且二氧化碳和水蒸气的光带有两处是重叠的。由于气体辐射对波长具有强烈的选择性，因而不能将其视为灰体。

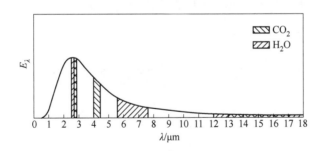

图 3-29　CO_2 和 H_2O 的主要光带示意图

（2）气体的辐射和吸收是在整个容积中进行。我们知道固体和液体的辐射和吸收都是在其表面上完成的，因而可视为表面辐射。而气体的辐射和吸收则与之不同，就吸收而言，投射到气层界面上的辐射能在其通过气层的行程中逐步被吸收而减弱；就辐射而言，在气体层界面上所感受到的辐射是到达界面上的整个容积的气体辐射的总和。这就说明，气体的辐射和吸收是在整个容积中进行的，因而与气体的形状和容积有关。在论及气体的黑度和吸收率时，除其他条件外，还必须说明气体的形状和容积的大小。

3.4.4.2 气体吸收定律

当气体光带中某波长的热射线穿过吸收性气体层时，沿途将被气体分子所吸收，如图 3-30 所示。随着距离 x 的增加，射线能量不断减弱，当 $x \to \infty$ 时，热射线将全部被吸收。设 $x = 0$ 处单色辐射强度为 $E_{\lambda, x=0}$。若在距壁面为 x 处经过 $\mathrm{d}x$ 厚度的气体层，辐射能力由 E_λ 减弱到 $E_\lambda - \mathrm{d}E_\lambda$，即减弱了 $\mathrm{d}E_\lambda$，则

$$\frac{\dfrac{\mathrm{d}E_\lambda}{E_\lambda}}{\mathrm{d}x} = -K_\lambda \tag{3-45}$$

式中 K_λ——减弱系数，$1/\mathrm{m}$。表示单位距离内辐射能力减弱的百分数。它与气体的性质、压力、温度以及射线的波长 λ 有关。

式中负号表明单色辐射能力随气体层厚度的增加而减弱。

变换式（3-45）得：

$$\frac{\mathrm{d}E_\lambda}{E_\lambda} = -K_\lambda \mathrm{d}x$$

将上式积分，得

$$\int_{E_{\lambda,x=0}}^{E_{\lambda x}} \frac{\mathrm{d}E_\lambda}{E_\lambda} = \int_0^x K_\lambda \mathrm{d}x$$

$$\ln \frac{E_{\lambda x}}{E_{\lambda, x=0}} = -K_\lambda x$$

$$E_{\lambda x} = E_{\lambda, x=0}\, \mathrm{e}^{-K_\lambda x} \tag{3-46}$$

上式即为气体吸收定律的表达式，也称比尔定律。该定律表明，波长为 λ 的单色辐射能力在穿过气体层时是按指数规律减弱的。式中 $\mathrm{e}^{-K_\lambda x}$ 小于 1。

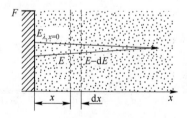

图 3-30 热射线穿过气体层时的减弱

应当指出，以上仅是从气体的吸收过程来看气体光带中某波长能量射线投射时其单色辐射强度的变化规律，并没有计及气体本身对该波长能量的辐射能力。这是由于当气体温度不高时，气体自身的辐射能力非常微弱。因此，以上是不予考虑这部分能量的前提下所做的近似处理。

3.4.4.3 气体的黑度和吸收率

按照吸收率的定义，气体的单色吸收率 A 等于气体吸收的单色辐射能量与投射到该气体的单色辐射总能量的比值，即

$$A_\lambda = \frac{E_{\lambda,x=0} - E_{\lambda x}}{E_{\lambda,x=0}}$$

将式（3-46）代入上式得

$$A_\lambda = \frac{E_{\lambda,x=0}(1 - e^{-K_\lambda x})}{E_{\lambda,x=0}} = 1 - e^{-K_\lambda x} \qquad (3\text{-}47a)$$

当气体和壁面温度相同时，则

$$\varepsilon_\lambda = A_\lambda = 1 - e^{-K_\lambda x} \qquad (3\text{-}47b)$$

由于 K_λ，与气体的分子数有关，故将上式改写为

$$\varepsilon_\lambda = A_\lambda = 1 - e^{-K_\lambda px} \qquad (3\text{-}47c)$$

式中　p——气体的分压，at；

　　K_λ——在 1 大气压下单色辐射线减弱系数，$1/(m \cdot at)$，它与气体的性质和温度
　　　　有关。

在整个气体容积中，气体的辐射和吸收是沿着各个方向同时进行的。因此，对整个容积内气体热辐射和吸收的行程长度，应该是各个方向行程长度的平均值。设平均行程长度为 S，于是式（3-47c）可改写为

$$\varepsilon_\lambda = A_\lambda = 1 - e^{-K_\lambda PS} \qquad (3\text{-}47d)$$

由上式可知，对于光带中某一单色辐射而言，当 $S \to \infty$ 时，$\varepsilon_\lambda = A_\lambda = 1$，即当气体层无限厚时，光带内的辐射线可被气体全部吸收。公式（3-47d）适用于单色辐射，将这一公式推广到厚度为 S 的气体层所有的辐射，可用以计算它的黑度 ε 和吸收率 A，即

$$\varepsilon = A = 1 - e^{-K_\lambda PS} \qquad (3\text{-}47e)$$

3.4.4.4　气体的辐射能力

实验结果表明，二氧化碳的辐射能力 E_{CO_2} 与绝对温度的 3.5 次幂成正比，水蒸气的辐射能力 E_{H_2O} 与绝对温度的 3 次幂成正比，即

$$E_{CO_2} = 3.5(PS)^{\frac{1}{3}}\left(\frac{T}{100}\right)^{3.5} \qquad (3\text{-}48a)$$

$$E_{H_2O} = 3.5 P^{0.8} S^{0.6}\left(\frac{T}{100}\right)^{3} \qquad (3\text{-}48b)$$

为了计算方便，将上面两个式子改写成绝对温度的四次幂的形式，即

$$E_{CO_2} = \varepsilon_{CO_2} C_0\left(\frac{T}{100}\right)^{4} \; (W/m^2) \qquad (3\text{-}49a)$$

$$E_{H_2O} = \varepsilon_{H_2O} C_0\left(\frac{T}{100}\right)^{4} \; (W/m^2) \qquad (3\text{-}49b)$$

我们把由此而产生的偏差都考虑在黑度 E_{CO_2} 和 ε_{H_2O} 中。

ε_{CO_2} 和 ε_{H_2O} 的数值可由实验得出的线图 3-31 和图 3-32 中查得。

对于水蒸气来说，由于分压力 P 对黑度的影响比平均行程 S 对黑度的影响要大些，所以用 PS 的乘积从图 3-32 中查得的 ε_{H_2O} 的数值必须进行修正，修正系数可从图 3-33 中查得。

在燃烧过程产生的烟气中，主要的吸收性气体是二氧化碳和水蒸气，而其他多原子

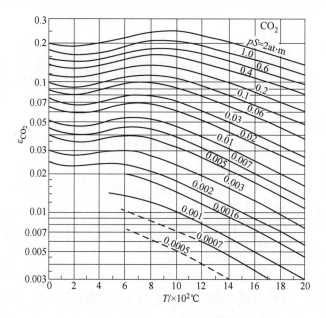

图 3-31 CO_2 的黑度曲线图

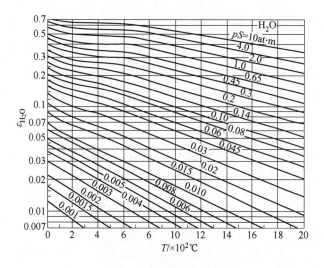

图 3-32 H_2O 的黑度曲线图

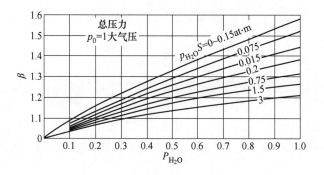

图 3-33 水蒸气的校正系数 β

气体的含量极少，可不予考虑。于是烟气的黑度可按下式计算：

$$\varepsilon = \varepsilon_{CO_2} + \beta\varepsilon_{H_2O} - \Delta\varepsilon \tag{3-50}$$

式中，$\Delta\varepsilon$ 是对 CO_2 和 H_2O 的吸收光带有一部分是重复的而进行的修正，即当这两种气体并存时，二氧化碳所辐射的能量有一部分被水蒸气所吸收，而水蒸气辐射的能量也有一部分被二氧化碳所吸收，这就使得烟气的总辐射能量比单一种气体分别辐射的能量总和少些，因此，上式中要减去 $\Delta\varepsilon$，但因 $\Delta\varepsilon$ 的值通常是较小的，可忽略不计。这时

$$\varepsilon = \varepsilon_{CO_2} + \beta\varepsilon_{H_2O} \tag{3-51}$$

在计算气体的黑度时，总要涉及气体容积的辐射线平均行程 S（或称辐射层有效厚度）。对各种不同形状的气体容积，其射线平均行程可查表 3-18，或用下式计算：

$$S = 0.9\frac{4V}{F} = 3.6\frac{V}{F} \tag{3-52}$$

式中　V——气体所占容积，m^3；

　　　F——包围气体的固体壁面面积，m^2。

表 3-18　一些简单形状容器的射线平均行程

气体体积的形状	射线平均行程
直径为 d 的球体	$0.6d$
边长为 a 的正方体	$0.6a$
直径为 d 的长圆柱对底面中心的辐射	$0.9d$
直径为 d 的长圆柱对侧表面的辐射	$0.95d$
高度与直径均为 d 的圆柱对侧表面的辐射	$0.6d$
高度与直径均为 d 的圆柱对底面中心的辐射	$0.77d$
在两平行平面之间厚度为 h 的气层	$1.8h$

对于长形的容器（如连续加热炉炉膛），射线平均行程 S 近似地等于其横截面的当量直径，即

$$S = \frac{4 \times \text{横截面积}}{\text{截面周长}}$$

3.4.4.5　火焰掺碳

火焰的黑度对于炉内辐射传热有重要的意义。单从燃料燃烧生成的二氧化碳和水蒸气计算，炉气的黑度是不大的（$\varepsilon_{\text{炉气}} = 0.2 \sim 0.3$），但燃料中部分碳氢化合物高温热分解生成极细的碳黑，这种固体碳黑微粒的辐射能力比气体大得多（$\varepsilon = 0.95$），而且可以辐射可见光波。由于这种发光火焰的存在，使火焰的辐射能力提高，因而加速金属的加热和熔化，使炉子的生产率得到显著增加。这种增加火焰黑度的方法（通常在气体火焰中喷入少量重油或焦油）叫作"火焰掺碳"。此法已广泛应用于某些炉子。

必须指出，产生固体碳黑微粒的同时，将使燃料不完全燃烧，降低了火焰的温度。这样虽然黑度增加了，但是由于温度的降低，却有可能使辐射下降，反而对传热不利。所以，只有当火焰黑度很低时，采用"火焰掺碳"才有较大效果。

气体与固体间的辐射热交换(录课)

3.4.4.6　气体与固体之间的辐射热交换

如炉子或通道，内部充满辐射气体，计算气体与其周围壁间的辐射传热时，应用有效辐射的概念，并列出壁面的热平衡，可得辐射净热量为

$$Q = E_\text{气} F_\text{气} + Q_\text{壁效}(1 - A_\text{气}) - Q_\text{壁效} \tag{a}$$

稳定热态时，$Q_\text{壁效}$具有如下内容

$$Q_\text{壁效} = E_\text{壁} F_\text{壁} + E_\text{气} F_\text{壁}(1 - \varepsilon_\text{壁}) + Q_\text{壁效}(1 - A_\text{气})(1 - \varepsilon_\text{壁})$$

整理得

$$Q_\text{壁效} = \frac{E_\text{壁} F_\text{壁} + E_\text{气} F_\text{壁}(1 - \varepsilon_\text{壁})}{1 - (1 - A_\text{气})(1 - \varepsilon_\text{壁})} \tag{b}$$

以式（b）式代入式（a）整理得气体对壁辐射的净热量为

$$Q = \frac{5.67}{\dfrac{1}{\varepsilon_\text{壁}} + \dfrac{1}{\varepsilon_\text{气}} - 1} \left[\frac{\varepsilon_\text{气}}{A_\text{气}} \left(\frac{T_\text{气}}{100} \right)^4 - \left(\frac{T_\text{壁}}{100} \right)^4 \right] F_\text{壁} \tag{3-53}$$

若忽略气体黑度与吸收率之间的差别，令$A_\text{气} = \varepsilon_\text{气}$，则

$$Q = \frac{5.67}{\dfrac{1}{\varepsilon_\text{壁}} + \dfrac{1}{\varepsilon_\text{气}} - 1} \left[\left(\frac{T_\text{气}}{100} \right)^4 - \left(\frac{T_\text{壁}}{100} \right)^4 \right] F_\text{壁} \tag{3-54}$$

计算表明，式（3-54）与式（3-53）的结果误差不大于5%，一般工程上多采用式（3-54）。如将气体看作与其周围壁平行而且很接近的假想壁，其黑度为$\varepsilon_\text{气壁}$，将$\varphi_\text{气壁} = \varphi_\text{壁气} = 1$，代入式（3-40），亦可直接得到式（3-54）的形式，不仅简化计算，也便于记忆。

自 测 题

一、判断题（判断下列命题是否正确，正确的在（　）中记"√"，错误的在（　）中记"×"）

（　）1. 在气体火焰中喷入少量重油或焦油就叫作"火焰掺碳"。

（　）2. 颜色深的物体就是黑体。

（　）3. 可见光是热射线，热射线并不全是可见光。

（　）4. 某物体的辐射能力越强，其吸收能力也必然越强。

（　）5. 黑度可以说明不同物体的辐射能力，它是分析和计算热辐射的一个重要的数值。

（　）6. 常见的气体多属于$A + D = 1$，$R = 0$，即气体不能反射，而未被吸收的就被透过。

（　）7. 物体的辐射能力与其吸收能力是一致的，能辐射的波，也能被该物体吸收。

（　）8. 在整个气体容积中，气体的辐射和吸收是沿着各个方向同时进行的。

二、单选题（选择下列各题中正确的一项）

1. 当物体接受热射线时，物体对热射线全部吸收，该物体称为_____。

　　A. 白体　　　　　　　B. 黑体　　　　　　　C. 透热体　　　　　　　D. 灰体

2. 绝对白体的吸收率等于_____。

　　A. 0　　　　　　　　B. 1　　　　　　　　C. 负无穷大　　　　　　D. 正无穷大

3. 绝对透热体的透过率等于_____。

    A. 0　　　　　　　B. 1　　　　　　　C. 负无穷大　　　　　D. 正无穷大

4. 物体表面越光滑，物体对辐射能的_____能力越大。

    A. 吸收　　　　　　B. 反射　　　　　　C. 透过　　　　　　D. 传播

5. 物体的吸收能力越大，_____能力也越大。

    A. 辐射　　　　　　B. 反射　　　　　　C. 透过　　　　　　D. 穿透

6. 一个大曲面面积为 F_2 和一个小曲面面积为 F_1 组成的封闭体系，角度系数 φ_{12} 等于_____。

    A. 1　　　　　　　B. F_1/F_2　　　　　C. $1-F_1/F_2$　　　　D. F_2/F_1

7. 不具有辐射和吸收能力的气体是_____。

    A. H_2　　　　　　B. CO　　　　　　C. CO_2　　　　　D. H_2O

8. 辐射和吸收能力最差的气体是_____。

    A. 高炉煤气　　　　B. 焦炉煤气　　　　C. 天然气　　　　　D. 空气

9. 燃料燃烧产生的火焰中伴有固体灰尘会使火焰的_____增大。

    A. 穿透能力　　　　B. 反射能力　　　　C. 辐射能力　　　　D. 透过能力

10. 气体的辐射是由原子中自由电子的振动引起的，而单原子气体和双原子气体没有自由电子，因此他们的辐射能力_____。

    A. 非常强　　　　　B. 较强　　　　　　C. 较弱　　　　　　D. 非常弱

三、填空题（将适当的词语填入空格内，使句子正确、完整）

1. 当辐射能投射到某物体上时，该物体对辐射能可能会产生_____、_____和_____三种作用。

2. 普朗克定律说明绝对黑体的_____与_____和_____的关系。

3. 对任意两个表面而言_____，此关系称为角系数的互变性。

4. 若在两平行表面间平行放置 n 块黑度、面积均相同的隔热板，则辐射传热量将减少为原来的_____。

5. 物体的黑度或称辐射率表示_____。

6. 绝对黑体的辐射能力与其绝对温度的_____成正比。

四、计算题

1. 计算直径 $d=1m$ 的热风管每米长度内的辐射热损失。设热风管为裸露钢壳表面，外表温度 $t_1=227℃$，$\varepsilon_1=0.8$，此管置于断面为 $1.8\times1.8m^2$ 的红砖槽内，设砖槽内表面温度 $t_2=27℃$，红砖黑度 $\varepsilon_2=0.93$。

2. 已知某加热炉炉膛尺寸：长700mm，宽500mm，高400mm，炉衬黑度 $\varepsilon_1=0.7$，被加热物为钢板，其尺寸为：长500mm，宽400mm，表面温度500℃，黑度 $\varepsilon_2=0.8$，炉衬表面温度为1350℃，试求炉膛内衬辐射给钢的热量。

3. 已知盛钢桶口面积为 $2m^2$，钢液温度1600℃，钢液表面黑度 $\varepsilon_{钢}=0.35$，问钢液通过盛钢桶口辐射散热多少（车间温度为30℃）？

知 识 拓 展

1. 辐射换热的特点是什么，它与传导传热、对流传热有何区别？

2. 什么叫黑度，什么叫吸收率，黑度与吸收率有什么关系？黑色的物体是黑体、白色的物体是白体，这种说法对吗，为什么？

3. 为什么粗糙表面的黑度比光滑表面的黑度大？

4. 保温瓶的夹层玻璃面，为什么要镀上一层反射率很高的金属？

5. 冷藏车或轻油罐多涂银白色油漆，有何作用？

6. 角度系数的意义是什么，求角度系数的基本定理有哪些？

7. 为什么能根据火焰的颜色判断炉温高低，如何判断？

8. 气体辐射有何特点？平均射线行程是一个什么样的概念？

9. 固体表面的吸收率仅取决于该表面自身而与投射来的辐射无关吗？在热辐射的计算中引入灰体的概念有何好处？

10. 举出本专业常用炉子中哪些地方是辐射传热，哪些地方需要增强辐射传热，哪些地方需要减少辐射传热，应采用哪些措施来增强或减弱这些辐射传热过程？

11. 物体的导温系数与导热系数的概念有何区别与联系，如何理解导温系数？

3.5 综合传热

综合传热
（录课）

综合传热
（动画）

在实际生产中，很多传热现象往往是几种传热方式同时共存。两种或两种以上传热方式同时存在的传热过程，称为综合传热。

3.5.1 对流和辐射同时存在的综合传热

如果物体表面同时以辐射和对流两种传热方式得到热量，则所得总热量应是辐射传热量和对流给热量之和。如果以 Q 表示所得总热量，则根据式（3-16）和式（3-40a）的可得

$$Q = \alpha_{对}(t_1 - t_2)F + C\left[\left(\frac{T_1}{100}\right)^4 - \left(\frac{T_2}{100}\right)^4\right]F \text{ (W)} \tag{a}$$

为了方便起见，可将两个传热量都用对流给热形式表示，令

$$\alpha_{辐} = \frac{C\left[\left(\frac{T_1}{100}\right)^4 - \left(\frac{T_2}{100}\right)^4\right]}{t_1 - t_2} \text{ (W/(m}^2 \cdot ℃)) \tag{3-55a}$$

则

$$\alpha_{辐}(t_1 - t_2) = C\left[\left(\frac{T_1}{100}\right)^4 - \left(\frac{T_2}{100}\right)^4\right] \tag{b}$$

将式（b）代入式（a）得

$$Q = \alpha_{对}(t_1 - t_2)F + \alpha_{辐}(t_1 - t_2)F = (\alpha_{对} + \alpha_{辐})(t_1 - t_2)F$$

令

$$\alpha_{\Sigma} = \alpha_{对} + \alpha_{辐} \tag{3-55b}$$

$$Q = \alpha_{\Sigma}(t_1 - t_2)F \tag{3-55c}$$

式（3-55c）是对流和辐射同时存在的综合传热的基本公式。

显然，正确选用 t_1、t_2、F、$\alpha_{对}$ 和 C 是准确计算物体综合传热的关键。由式（3-55）

中看出，物体间的温度差、给热表面积和综合给热系数是影响辐射和对流同时存在的综合传热的三个基本因素。

3.5.2 高温流体通过固体对低温流体的传热

生产中存在许多这种综合传热现象。结晶器内高温钢液通过内壁向低温冷却水的传热、炉内气体通过炉衬向大气空间或水冷设备的传热、换热器内高温流体通过管壁向低温流体的传热等都属于这种综合传热。

由图 3-34 中看出，壁的一侧为高温流体，另一侧为低温流体。因此，这种综合传热包括三个传热过程：（1）高温流体对壁的高温表面辐射和对流的综合给热过程；（2）壁的高温表面对壁的低温表面的传导传热过程；（3）壁的低温表面对低温流体的综合给热过程。

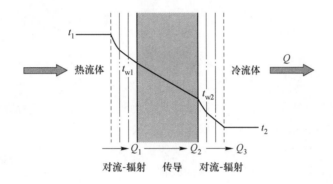

图 3-34　综合传热机构的示意图

如果传热是稳定热态，而且固体壁为单层平壁，则这三个过程的关系式分别为

$$Q_1 = \alpha_\Sigma (t_1 - t_{w1}) F \tag{a}$$

$$Q_2 = \frac{\lambda}{S}(t_{w1} - t_{w2}) F \tag{b}$$

$$Q_3 = \alpha'_\Sigma (t_{w2} - t_2) F \tag{c}$$

将（a）（b）（c）三式联立可得

$$Q = \frac{1}{\dfrac{1}{\alpha_\Sigma} + \dfrac{S}{\lambda} + \dfrac{1}{\alpha'_\Sigma}}(t_1 - t_2) F \tag{3-56a}$$

这是高温流体通过单层平壁向低温流体的综合传热的基本公式。这个公式也可用另一种形式表示，令

$$K = \frac{1}{\dfrac{1}{\alpha_\Sigma} + \dfrac{S}{\lambda} + \dfrac{1}{\alpha'_\Sigma}} \tag{3-56b}$$

$$Q = K(t_高 - t_低) F \,(\mathrm{W}) \tag{3-56c}$$

K 称为传热系数，它代表由外部给热和内部导热组成的综合传热的传热本质。K 值大时则说明此综合传热的传热能力强，反之则弱。

传热系数 K 的倒数称为热阻，而且通常称 $\dfrac{1}{\alpha_\Sigma}$ 和 $\dfrac{1}{\alpha'_\Sigma}$ 为外热阻。热阻常用符号 R 表示，单位是 $\mathrm{m^2 \cdot {}^\circ\!C/W}$。

如果平壁为多层，其综合传热量仍用式（3-51）计算，这时其传热系数为

$$K = \dfrac{1}{\dfrac{1}{\alpha_\Sigma} + \sum\limits_{i=1}^{n} \dfrac{S_i}{\lambda_i} + \dfrac{1}{\alpha'_\Sigma}} \quad (\mathrm{W/(m^2 \cdot {}^\circ\!C)}) \tag{3-57}$$

当固体壁为圆筒壁时，高温流体通过单层圆筒壁向低温流体的综合传热公式为

$$Q = \dfrac{t_{高} - t_{低}}{\dfrac{1}{\alpha_\Sigma F_{内}} + \dfrac{S}{\lambda F_{均}} + \dfrac{1}{\alpha'_\Sigma F_{外}}} \tag{3-58}$$

圆筒壁为多层时

$$Q = \dfrac{t_{高} - t_{低}}{\dfrac{1}{\alpha_\Sigma F_{内}} + \sum\limits_{i=1}^{n} \dfrac{S_i}{\lambda_i F_{均}} + \dfrac{1}{\alpha'_\Sigma F_{外}}} \tag{3-59}$$

3.5.3 火焰炉内传热

火焰炉内火焰在物料表面掠过，以对流及辐射的方式一方面传热给物料，另一方面传热给炉壁（包括炉墙及炉顶），炉壁除向外散失少量热以外，其余全都又辐射或反射给物料，因炉壁本身不发热，所以最终还是火焰与物料之间的传热。同时炉气还以对流给热的方式向炉壁、物料传热。故火焰炉的热交换机理相当复杂（图 3-35）。为使问题简化，先作如下假设：

（1）炉膛是一个封闭体系；

（2）高温炉气、炉壁、被加热的物料的温度均匀，分别为 $T_气$、T、$T_料$；

（3）辐射射线密度均匀，炉气对射线的吸收在任何方向一致；

（4）炉壁、金属黑度不变，炉气黑度等于吸收率；

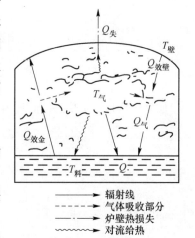

图 3-35　火焰炉内传热示意图

（5）金属布满炉底，其表面非"自见"；

（6）炉壁内表面不吸收辐射热，即投射到该表面的辐射全部返回炉膛（通过炉壁传导的对外热损失近似认为由对流传给炉壁表面的热量来补给）。

应用有效辐射的概念，列出物料表面热平衡方程，物料得到的净热为

$$Q_{气壁料} = E_气 F_料 + Q_{效壁} \varphi (1 - \varepsilon_气) - Q_{效料} \tag{a}$$

式中　φ ——炉壁对物料的角度系数。

按炉壁不保留辐射热的假定，$Q_{效壁}$ 等于投射到炉壁的全部辐射热，即

$$Q_{效壁} = E_气 F_壁 + Q_{效料} (1 - \varepsilon_气) + Q_{效壁} (1 - \varepsilon_气)(1 - \varphi)$$

整理后得

$$Q_{效壁} = \frac{E_{气} F_{壁} + Q_{效料}(1 - \varepsilon_{气})}{1 - (1 - \varepsilon_{气})(1 - \varphi)} \qquad (b)$$

物料表面的有效辐射包括：物料自身辐射，物料对炉气辐射的反射以及对炉壁有效辐射的反射，即

$$Q_{效料} = E_{料} F_{料} + E_{气} F_{气}(1 - \varepsilon_{料}) + Q_{效壁}(1 - \varepsilon_{气})(1 - \varepsilon_{料})\varphi \qquad (c)$$

将式（b）、式（c）代入式（a），整理得

$$Q_{气壁料} = C_{气壁料} \left[\left(\frac{T_{气}}{100} \right)^4 - \left(\frac{T_{料}}{100} \right)^4 \right] F_{料} \qquad (3\text{-}60)$$

式中

$$C_{气壁料} = \frac{5.67\varepsilon_{料}\varepsilon_{气}\left[1 + \varphi(1 - \varepsilon_{气})\right]}{\varepsilon_{气} + \varphi(1 - \varepsilon_{气})\left[\varepsilon_{料} + \varepsilon_{气}(1 - \varepsilon_{料})\right]} \qquad (3\text{-}61a)$$

$C_{气壁料}$ 称为火焰炉内综合辐射系数。

将式（3-61a）中分子分母同除以 φ，$\varepsilon_{气}$ 亦可写成下列形式

$$C_{气壁料} = \frac{5.67\varepsilon_{料}(\omega + 1 - \varepsilon_{气})}{w + \dfrac{1 - \varepsilon_{气}}{\varepsilon_{气}}\left[\varepsilon_{料} + \varepsilon_{气}(1 - \varepsilon_{料})\right]} \qquad (3\text{-}61b)$$

式中 $\omega = \dfrac{1}{\varphi}$，称为炉围开展度。

为便于运算，式（3-60）可写成

$$Q_{气壁料} = \alpha_{辐}(t_{气} - t_{料}) F_{料} \qquad (3\text{-}62)$$

式中

$$\alpha_{辐} = \frac{C_{气壁料}\left[\left(\dfrac{T_{气}}{100} \right)^4 - \left(\dfrac{T_{料}}{100} \right)^4 \right]}{t_{气} - t_{料}} \; (\mathrm{W/(m^2 \cdot \text{℃})}) \qquad (3\text{-}63)$$

炉内火焰对物料的总给热量，可写成

$$Q = \alpha_{对}(t_{气} - t_{料}) F_{料} + \alpha_{辐}(t_{气} - t_{料}) F_{料} = \alpha_{\Sigma}(t_{气} - t_{料}) F_{料} \qquad (3\text{-}64)$$

式中 $\alpha_{\Sigma} = \alpha_{对} + \alpha_{辐}$，称为总给热系数，单位为 $\mathrm{W/(m^2 \cdot \text{℃})}$。这个系数在实际计算中应用很广。高温火焰炉内，辐射占主要比例，一般对流给热只占10%以下。

为了计算方便，取 $\varepsilon_{料} = 0.8$，代入式（3-61b），并将计算结果制成图，如图 3-36 所示，使用时根据 ε 和 ω 即可查出 $C_{气壁料}$。

由图 3-36 可以看出：

（1）随着气体黑度的增加，$C_{气壁料}$ 也增加，但当大于 $0.3 \sim 0.4$ 之后再增加 $\varepsilon_{气}$，则 $C_{气壁料}$ 增加的不大。所以当气体黑度小于 $0.3 \sim 0.4$ 时，增加气体黑度是强化辐射传热的有效途径。但是当 $\varepsilon_{气}$ 大于 $0.3 \sim 0.4$ 后，再增加 $\varepsilon_{气}$，则意义不大。如果这时增加黑度是采用碳氢化合物分解的办法，反而会因温度低而使辐射能力降低。

（2）炉围开展度越大，则 $C_{气壁料}$ 也越大，辐射传热越强，但此结论只适合于炉气充满炉膛的情况下，如果炉气不充满炉膛，则增大炉墙面积，不仅不会使辐射传热加强，反而因通过炉墙的传导，使热损失增大。

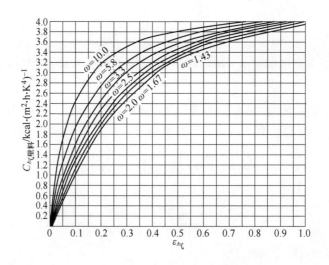

图 3-36　$C_{气壁料}$ 与 $\varepsilon_气$ 及 ω 之间的关系（1kal/h × 1. 163 = 1W）

（3）式中不包括炉墙黑度，所以炉墙黑度不影响辐射传热。因为炉墙黑度大，则通过炉墙反射出去的热量少，而被炉墙吸收后辐射出去的热量多；如果炉墙黑度小，则被炉墙吸收后辐射出去的射线少，而反射出去的多。

（4）气体黑度越大，炉墙对热交换起的作用越小，当气体黑度等于 1.0 时，$C_{气壁料}$ 为常数，则炉墙对热交换就不再发生作用，因为炉墙反射和辐射出来的能量全部被气体吸收，不可能达到炉料表面；反之，当气体黑度小时，炉墙的作用就显著。

在设计中有时要知道炉壁表面温度，根据炉壁有效辐射公式，同时考虑到炉壁之差额热流（即获得之净热）为零，可得

$$T_壁^4 = T_料^4 + \frac{\varepsilon_气\left[1 + \varphi(1 - \varepsilon_气)(1 - \varepsilon_料)\right]}{\varepsilon_气 + \varphi(1 - \varepsilon_气)\left[\varepsilon_料 + \varepsilon_气(1 - \varepsilon_料)\right]}(T_气^4 - T_料^4) \tag{3-65}$$

由于在冶金炉内炉料表面温度和炉子温度是沿着长度方向和随时间而变化的，故计算时必须知道金属表面的平均温度和炉气的平均温度。

实际上炉气的温度除了沿着炉子长度方向变化外，在同一垂直截面上也往往分布不均匀。因此，在炉膛中的辐射热交换情况更复杂。定性地说来，与炉气（火焰）高温部分靠近的表面，所得到的净辐射热流相对地较多，因此，在工程上即出现定向传热的做法。若将火焰高温部分靠近炉内物料，使物料得到的辐射热流较炉顶或炉墙为多，这就称为"直接定向传热"；若将火焰高温部分靠近炉顶或炉墙，再借后者的辐射与反射作用均匀加热物料，这就是"间接定向传热"。

直接定向传热可以强化对被加热物料的传热，而又不过分提高周围环境（如炉衬）的温度。如在熔炼炉内，常将火焰指向或贴近熔池表面流动，这样不仅可以增加对熔池表面的辐射和对流传热，而且可以适当降低炉顶的温度，从而延长炉衬使用寿命。这点对高温熔炼炉更有实际意义。

3.5.4 竖炉内传热

竖炉的整个炉膛为炉料所充满。一般说来炉料在炉内是自上而下的移动，而气体在炉内是自下而上流动，如高炉。炉膛内的热交换过程是由气体通过炉料而在块状炉料层中完成的。

竖炉中温度变化范围很大，因此，炉子不同高度上的辐射、对流、传导等传热方式在热交换中所占的比重也各不相同。这里将讨论炉子在不同高度上的传热规律，在热交换过程中炉膛各部分的作用以及温度分布情况等问题。为使问题简化，先作如下假设：

（1）炉料与炉气沿整个容器横截面均匀流动。

（2）料块尺寸在热交换过程中不发生变化。

（3）料层内换热系数为常数。

对竖炉内温度分布有决定性影响的是炉料和炉气水当量之对比关系。炉料和炉气的水当量系指单位时间内通过同一断面的炉料与炉气温度变化1℃所吸收或放出之热量，并用热含量与这些热量相等的水数量（kg）表示。而每千克水变化1℃所吸收或放出的热量为4.187kJ，即

$$4.187 w_{料} = G_{料} C_{料} ; \quad 4.187 w_{气} = G_{气} C_{气} \tag{3-66}$$

式中　$G_{料}$——单位时间内通过炉子同一断面的炉料量，kg；

　　　$G_{气}$——单位时间内通过炉子同一断面的炉气量，m^3；

　　　$C_{料}$——炉料在该温度下的比热，$kJ/(kg \cdot ℃)$；

　　　$C_{气}$——炉气在该温度下的比热，$kJ/(m^3 \cdot ℃)$。

根据炉气和炉料水当量大小的不同，竖炉内温度的分布有下列两种典型情况。

3.5.4.1 $w_{气} > w_{料}$ 时炉内温度的分布

这种情况下炉内温度的分布如图3-37所示。这时炉气通过某一断面温度每降低1℃所放出的热量大于炉料通过同一断面温度上升1℃所需用的热量，所以炉料很容易被加热。结果在炉子上端炉气温度下降的比较小，而炉料温度却上升得比较多。炉料下降不多距离后即已被加热到与炉气最初温度相近的程度，炉料再继续下降时，因温度差甚小，几乎不再进行热交换。炉内热交换主要在炉子上部的 H_1 高度内进行，而下部高度 H_2 称为无载高度。煤气发生炉，铜、铝鼓风炉，化铁炉和高炉的上部都是按这种方式进行工作的。

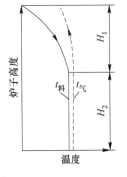

图 3-37　$w_{气} > w_{料}$ 时
炉内温度的分布

如设散料入口温度为0℃，则可就炉顶与任一断面之间写出热平衡方程式：

令 $t'_{气}$，$t''_{气}$ 分别代表炉气开始和出口温度，则

$$G_{料} C_{料} (t_{料} - 0) = G_{气} C_{气} (t'_{气} - t''_{气}) \tag{3-67a}$$

整理得

$$t'_{气} = t''_{气} + \frac{w_{料}}{w_{气}} t_{料} \tag{3-67b}$$

当时间趋向无限大时，即在极限条件下：$t_气 = t_料 = t'_气$（气体开始温度），代入式（3-67b），则

$$t''_气 = t'_气 \left(1 - \frac{w_料}{w_气} \right) \tag{3-67c}$$

从式（3-67c）可见，$\frac{w_料}{w_气}$ 比值越小，即 $w_料$ 与 $w_气$ 相差越大，$t''_气$ 越接近 $t'_气$，炉气冷却得越差。在这种条件下，炉气出口温度总是较高的，而且与料层高度无关，即当料层超过一定高度以后（图3-37中 H_1），再增加高度，也不能使炉气温度降低，而只能延长无载高度的范围。

3.5.4.2　$w_料 > w_气$ 时炉内温度的分布

在这种情况下炉内温度的分布如图3-38所示。这时炉气较容易冷却，而炉料在下降过程中温度上升较慢，在热交换相当充分时，即在极限条件下，炉气出口温度能冷却到炉料入口温度。

当炉子燃料消耗较少或煤气量很少（如富氧鼓风），以及炉料很湿或炉料吸热反应极为发展（如碳酸盐的分解）时，都属于这种情况，整个炉子的热交换主要是在炉子下部进行。

根据与第一种情况类似的推导，可得炉料在加热过程的温度：

$$t_料 = t''_料 - (t'_气 - t_气) \frac{w_气}{w_料} \tag{3-68}$$

炉料的最终温度为

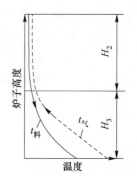

图 3-38　$w_料 > w_气$ 时
炉内温度的分布

$$t''_料 = (t'_气 - t'_料) \frac{w_气}{w_料} + t'_料 \tag{3-69}$$

如物料入炉温度为0℃，则

$$t''_料 = t'_气 \frac{w_气}{w_料} \tag{3-70}$$

可见，当 $w_料$ 之值相对于 $w_气$ 越大，则炉料加热的最终温度就越低。不论怎样增加炉子的高度，也不能使炉料得到更好的加热，但炉气的出口温度总是较低的，因而能最大限度地利用炉内放出的热量。

3.5.4.3　竖炉内的热交换

实际的竖炉内，热交换多系按上述两种情况进行。即上部按 $w_气 > w_料$ 进行工作，而下部则按 $w_料 > w_气$ 的情况进行工作（图3-39）。在一般条件下，炉气水当量变化不大，而炉料水当量之所以逐渐变大，是因为炉子下部有吸热反应（如碳酸盐的分解，CO_2 被还原等）。在这种情况下热交换集中在上下两段内完成，而中间一段属于无载高度，因为其中还进行着各种物理化学反应。

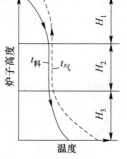

图 3-39　某些竖炉内
实际温度分布

根据以上分析，可得如下关于竖炉热交换的一般规律。

（1）炉气出炉温度及炉料被加热的最终温度皆与炉气及炉料水当量之相对比值有重要关系，在高度不特别低（即大于 $H_1 + H_2$）时，出炉气体及物料最终温度与炉子高度无关。凡引起炉料或炉气水当量变化的因素，才能改变炉内的温度分布。

（2）增大燃料消耗量时，$w_气$ 变大，故出炉气体温度将提高。

（3）预热鼓风时，因没有改变 $w_气$ 之值，故不能提高炉顶气体之温度，热风所带进的热量，只是提高了风口区的温度，而强化了炉子下部的热交换。当采用预热鼓风后，由于降低了炉内的直接燃料消耗而 $w_气$ 变小，故炉顶气体温度反而会有所降低。

（4）采用富氧鼓风后，提高了燃烧温度，减少了炉气数量使 $w_气$ 变小，高炉废气温度将会降低。富氧鼓风和预热鼓风有相同的意义，不仅加大了气体与炉料之温度差，强化了传热，而且由于减少了炉气量及废气温度，因而大大提高了炉内热量的利用率。

（5）既然竖炉内热交换多集中在某一段（如炉子下部的风口附近）完成，因此，在同一区域创造出集中的高温带，将大大强化热交换过程，与此同时，也将节约燃料消耗。

应该说明，前面对竖炉内热交换问题的分析是假定炉内气流在横断面上的分布均匀为前提的。而实际上炉内气流的分布并不均匀，因此，所介绍的公式和图形只能供理解竖炉热工作方面的参考。

自 测 题

一、判断题（判断下列命题是否正确，正确的在（ ）中记"√"，错误的在（ ）中记"×"）

（ ）1. 传热系数与传热过程中壁面的导热系数有关，而与壁面两侧的表面传热系数无关。

（ ）2. 热流体将热量传给冷流体的过程称为综合传热过程。

二、计算题

1. 某高炉炉身上部用 920mm 厚的黏土砖砌成，并已知黏土砖的内表面温度 t_1 为 870℃，炉外大气温度为 50℃。设黏土砖外表面到大气的外部热阻 $\frac{1}{\alpha'_\Sigma} = 0.06$。试求通过每平方米黏土砖炉衬所损失的热量 Q（注：一般炉衬外表面温度高于大气温度 50 ~ 100℃）。

2. 在一钢管内流过温度为 180℃ 的蒸汽，蒸汽对管壁的给热系数 $\alpha_1 = 1163W/(m^2 \cdot ℃)$ 钢管的导热系数 $\lambda_1 = 48.85W/(m^2 \cdot ℃)$，管子内径为 100mm，外径为 110mm，管子长度为 20m，周围空气温度为 20℃，当管子外表面敷以厚度为 50mm 的硅藻土保温层，其导热系数 $\lambda_2 = 0.2$ $W/(m^2 \cdot ℃)$，保温层表面对空气的散热系数 $\alpha_2 = 11W/(m^2 \cdot ℃)$ 时，试求管内蒸汽每小时传给周围空气的热量为多少？

知 识 拓 展

1. 试分析室内暖气片的散热过程，各环节有哪些热量传递方式，以暖气片管内走热水为例。

2. 影响火焰炉内辐射热交换的因素有哪些，它们之间有何关系？

3. 分析冶金生产中常用炉子炉内热交换过程，并提出强化炉内热交换的措施。

4. 竖炉内热交换的特点是什么，具有哪些一般规律？

3.6　余热利用

　　余热是指在生产过程中各种用能设备及产品排放或携带出的有回收价值的热量或高压气体，大部分以热能形式存在。余热回收利用是提高经济性、节约燃料的一条重要途径。

　　钢铁工业是资源、能源密集型产业，从选矿、烧结、炼焦、炼铁、炼钢到轧钢，每个生产工序都要消耗大量的能源和辅助原材料，且产生大量的废热和固体显热，约占总能耗的 30%。这些余热资源如果能加以利用，不仅减少了污染物的排放，改善了钢铁企业周边的环境状况，更能深入挖掘各生产工艺的节能潜力，真正达到冶金工业节能降耗的要求。

3.6.1.1　余热回收原则

　　（1）对于排出高温烟气的各种热设备，其余热应优先由本设备或本系统加以利用，如预热助燃空气、预热燃料等，以提高本设备热效率，降低燃料消耗。

　　（2）在余热余能无法回收用于加热设备本身，或用后仍有部分可回收时，应利用来生产蒸汽或热水，以及生产动力等。

　　（3）要根据余热的种类、排出情况、介质温度、数量及利用的可能性，进行企业综合热效率及经济可行性分析，决定设置余热回收利用设备的类型及规模。

　　（4）应对必须回收余热的冷凝水，高低温液体，固态高温物体，可燃物和具有余压的气体、液体等的温度、数量和范围，制定利用具体管理标准。

3.6.1.2　余热资源的分类

　　（1）按其来源不同可划分为六类：

　　1）高温烟气的余热；

　　2）高温产品和炉渣的余热；

　　3）冷却介质的余热；

　　4）可燃废气、废液和废料的余热；

　　5）废气、废水余热；

　　6）化学反应余热。

　　（2）按其温度可划分为三类：

　　1）高温余热（温度高于 500℃ 的余热资源）；

　　2）中温余热（温度在 200~500℃ 的余热资源）；

　　3）低温余热（温度低于 200℃ 的烟气及低于 100℃ 的液体）。

余热回收方式各种各样，但总体分为热回收（直接利用热能）和动力回收（转变为动力或电力再用）两大类。

高温烟气余热：可直接回收利用，如用于预热助燃空气、预热煤气、预热或干燥原料或工件（电炉烟气可预热废钢）、以及生产蒸汽；也可以采用动力回收余热发电系统，更符合能级匹配的原则。常见余热发电方式：1）利用余热锅炉产生蒸汽，再通过汽轮机组发电；2）高温余热作为燃气轮机工质的热源，经加压加热的工质推动气轮机做功，带动发电机发电。

中温烟气余热：通过空气预热器后200~500℃的中温烟气可以通过余热锅炉产生蒸汽方式回收热量。余热锅炉产生的蒸汽可并入蒸汽管网，代替供热锅炉，节约锅炉燃料消耗。蒸汽回收的热量虽然不能直接返回到炉内，但是，就提高整个企业的能源利用率、节约燃料和促进企业内部的动力平衡来说，仍起着十分重要的作用。

低温烟气：对于低于200℃的烟气（如烧结烟气，高炉热风炉烟气）可以利用换热器来预热空气和煤气，也可以直接用于冬季供暖或夏季制冷。对于温度更低的烟气余热可以作为热泵的低温热源，经热泵提高其温度水平，就可扩大使用范围然后加以利用。

总之，在能级概念的基础上，根据烟气温度的不同，实现热–电–冷联产。

3.6.2 余热回收设备

冶金生产常用的余热回收设备有：（1）换热器或蓄热室，用废气将燃烧所需要的空气或煤气预热；（2）汽化冷却，高温部位采用水作为冷却介质产生大量蒸汽；（3）余热锅炉，用废气作为热源制造蒸汽。

3.6.2.1 换热器

换热器是使用最普遍的一种余热利用设备。利用炉子中排出的废气通过换热器来预热空气或煤气。两侧气体的温度可视为不随时间而变，所以换热器中的传热，可以看作是通过器壁的稳定态综合传热。

根据换热器内气体流动的特点，换热器可分为三种形式：顺流、逆流、复杂流（交叉流）（图3-40）。

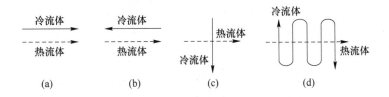

图3-40 流体在换热器内的流动分布

(a) 顺流；(b) 逆流；(c) 一次交叉流；(d) 多次交叉流

顺流式是指换热器内废气与空气平行地向同一方向流动；逆流式是指废气与空气流动的方向相反；除顺流、逆流外的其他流动方式，统称为复杂流。

生产中较多的是采取逆流方式，这样可以更充分地利用废气余热。在器壁较薄的金属换热器内，有时采用顺流式。在很多情况下，是把几种流动方式结合起来。

换热器的传热方式是传导、对流和辐射的综合。在废气一侧，废气以对流和辐射两种方式把热量传给换热器壁；在空气一侧，空气流过壁面时，以对流方式把热量带走。由于对于辐射能基本不吸收，所以在空气一侧要强化热交换，只有提高空气流速。

换热器根据其材质的不同，分为金属换热器和陶土（耐火材料）换热器两大类。金属换热器的导热系数大，在换热量相同的条件下，它所占的体积小，只有陶土换热器的十分之一或更小。金属换热器一般都是焊接的，气密性好，当使用较大压力提高空气流速时，不会漏气。金属换热器可以利用温度较低的废气（500~700℃），与陶土换热器和蓄热室相比，使用范围较大。但是，金属换热器所能承受的温度有限，一般钢质金属换热器只能把空气预热到400~500℃，耐热合金换热器也只能预热到600~700℃。而陶土换热器可以承受1000℃以上的废气，能把空气预热到600~700℃以上。陶土换热器比较笨重，气密性差，不能用来预热煤气。

A　金属换热器

金属换热器根据其结构有如下分类。

a　管状换热器

管状换热器的形式很多，图3-41是其中一种，称为直管形管状换热器。

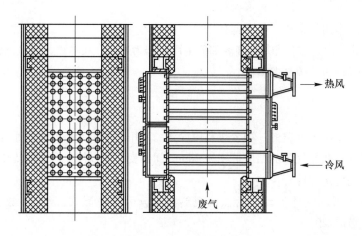

图3-41　直管形管状换热器

换热器由若干根管子组成，管径变化范围很大，由10~15mm至120~150mm。安装在炉顶上或者烟道内，可以垂直安放，也可以水平安放。一般空气（或煤气）在管内流动，废气在管外流动，但也有相反的情况。空气经过冷风箱进入换热器管子，经过四次往复的行程被加热，最后经热风箱排出。

由于避免管子受热弯曲，每根管子长度不超过1m。废气温度不超过750℃，可将空气预热到300℃以下，如超过上述温度，管子可能弯曲变形，焊缝开裂，破坏换热器的气密性。

这种换热器的优点是构造简单，气密性较好，可用来预热煤气，缺点是预热温度较低，尺寸受到限制，使用普通钢管时容易变形，产生漏气现象，寿命较短。设计时通常取空气流速为 5 ~ 10m/s，废气流速为 2 ~ 4m/s，相应的综合传热系数 K 值为 11.6 ~ 23.3W/(m^2 · ℃)。

考虑到换热器钢管受热时的热膨胀变形，事先将管子弯成一定形状，它们的焊接结构允许每根管子可以进行不同的热膨胀。如 S 形和 U 形管状换热器即属此类，它们的具体结构如图 3-42 和图 3-43 所示。

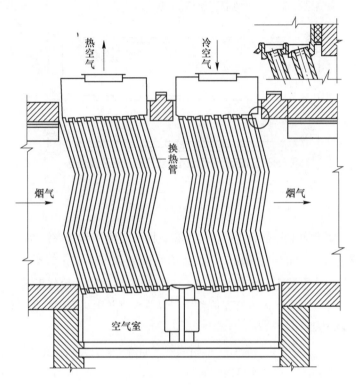

图 3-42　S 形管状换热器

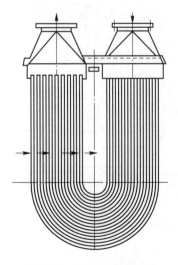

图 3-43　U 形管状换热器

b   针状换热器

这是管状换热器的一种发展，在管子的里外两侧都有片状的凸起。管外走废气，所以管子外侧的片状凸起是顺着废气方向的；管内走空气，所以管子内侧的片状凸起是与空气方向一致的（图3-44）。如果废气含尘量很大，则管外没有针，只有空气一侧有针。这些管子是用一般铸铁或合金铸铁浇铸成的。针状换热器的型号是按各排针之间的距离来称呼的（如相距17.5mm，则称为17.5型）。

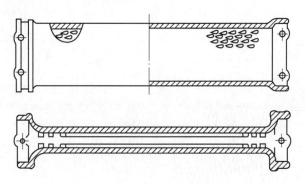

图3-44   针状换热器

表面带针，就增加了管子的实际传热面积，因而提高了传效率。在空气流速为4 ~ 8m/s，废气流速为1 ~2m/s的情况下，其综合传热系数可达93 ~ 116W/（m² · ℃）。因此，这种换热器的体积较小，结构较紧凑。针状换热器适用于废气温度为700 ~ 800℃的中小型炉子。可以用来装备热处理炉和某些锻造炉以及中小型连续加热炉。

c   套管式换热器

套管式换热器是由若干组套管在一起组成的，而每个套管是由两根不同直径的钢管套在一起组成的，图3-45为这种换热器的简图。内套管的下端是开口的，如图3-46所示。

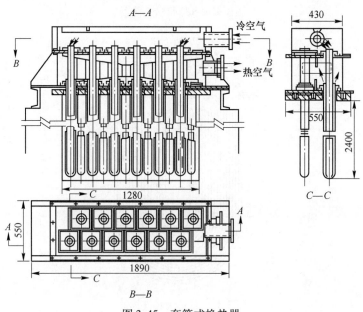

图3-45   套管式换热器

冷空气由上面风箱进入内套管，沿管子流下，然后返上来转入内外套管之间的间隙，向上流入热风箱，废气则在外套管外面垂直流过。

　　这种换热器的内外套管都是悬挂着的，受热以后可以自由膨胀，避免了因胀缩不均匀而变形的问题，每根管子都可以单独取出和更换。当空气压力不超过 1962Pa 时，悬挂处可以用砂封；当压力更高或预热煤气时，需要用石棉加水玻璃的填料密封。采用法兰连接或焊接，使换热器结构变得复杂，维修困难。

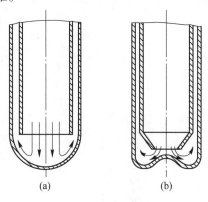

　　这种换热器还有一个特点，一般管状换热器内，因空气不吸收辐射能，管壁对空气只有对流传热，而这种换热器内，外管可以向内管辐射热量，内管温度升高后，增加了对流换热面积，外管也可以降低温度，延长管子的寿命。为了减少气体从内管进入外管时的阻力，外管的端头过去都做成半球形，如图 3-46 （a）所示。但这种结构其最下端不能被很好地冷却，空气从内管出来后，就直接返上去了。管底的最下端在高温废气和烟道砖墙的辐射下，很容易烧坏。为了消除这种缺陷，我国某厂设计了图 3-46 （b）的结构，

图 3-46　套管式换热器管头

既可减少管底中心所受的辐射，又可加强空气对管底的冷却，使用效果良好。通常外套管多采用耐热钢管，内套管可以用碳素钢管。这种换热器现在用于我国一些均热炉和加热炉上，预热温度可达 400℃。

　　d　辐射换热器

　　当废气温度超过 900℃ 时，换热器中的传热（废气向器壁）将转为以辐射为主。因为辐射给热量和气层的厚度有关，所以辐射换热器的废气通道直径很大，当废气有较高温度时，就能充分发挥辐射传热的作用。而管壁向空气传热，几乎全靠对流方式，这时空气流速起决定性作用，所以辐射换热器的空气通道比较窄，保持空气有较大流速（20~30m/s）。而废气速度只有 0.5~2m/s。

　　图 3-47 是一座单面加热的辐射换热器。在结构方面具有下列特点：（1）内管的上端是固定的，所以下端采用了波形膨胀器，使其有可能膨胀和收缩；而外管是在下部固定的，它可以向上自由膨胀；（2）在环缝中安设了螺旋形导向片（焊在内管上），它一方面是空气的导向片，另一方面是为了防止环缝发生局部窄狭的现象（由于不均匀的热膨胀）；（3）烟道砌砖，一直伸到换热器的里面，目的是保护换热器的最下部。

　　辐射换热器的构造比较简单，装在垂直或水平的烟道内。因为废气的通道大，阻力小，所以它适用于含尘最大的高温烟气，也不需要另加排烟机。废气温度 1300℃ 时，可以把空气预热到 600~800℃。这种换热器在国内外的大型、高温炉子上应用较普遍。

　　辐射换热器适用于高温废气，从这种换热器出来的废气温度还很高，因此还可以再进行对流式换热器，组成辐射—对流换热器的联合，如图 3-48 所示，可以更好地利用余热，提高预热温度。

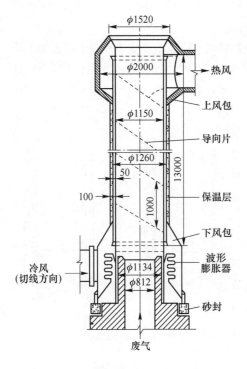

图 3-47　辐射换热器　　　　　　　　图 3-48　分列式辐射对流换热器

　　为了保证金属换热器不致因温度过高或停风而烧坏，一般安装换热器时都设有支烟道，以便调节废气量。废气温度过高时，还可以采取吸入冷风、降低废气温度的办法，或放散换热器热风的措施，以免换热器温度过高。

　　B　陶土换热器

　　金属换热器受到材料的限制，很难把空气预热到较高的温度。陶土换热器可以把空气预热到 800 ~ 1100℃。

　　一般的陶土换热器是耐火黏土质的，少数是碳化硅质的。碳化硅质元件导热性好（比黏土砖大 6 ~ 10 倍），耐火度、抗渣性、耐急冷急热性都很好，是很理想的换热器材料，但价格比黏土砖贵二十多倍，限制了它的广泛应用。

　　陶土换热器的优点是耐高温，可以承受 1300℃ 的废气温度（如均热炉炉膛出来的废气），把空气预热到 1000℃ 左右，寿命一般比金属换热器要长。缺点是气密性差，漏风严重，新砌的漏风量 10% ~ 12%，操作过程中增至 30% ~ 40%，最高可达 60% ~ 70%。由于漏风，换热器内废气与空气的流速不能太大，废气 0.3 ~ 1m/s，空气 1 ~ 2m/s。因为陶土换热器的热阻比金属换热器大得多，所以综合传热系数不大，只有 2.3 ~ 11.6W/(m² · ℃)。为了降低热阻和更好地利用废气余热，换热器元件的壁厚应尽量减薄，但必须保证有足够的强度，黏土质换热器器壁的厚度变动在 12 ~ 25mm。

　　常用的陶土换热器有管式和方孔式两种。

a 管式陶土换热器

这种换热器由若干八角形或圆形的管子砌成，砌筑形式如图3-49所示。在大多数情况下，高温的废气由上而下在管内流过；空气则经过管砖与管砖之间的通道流过，它和管砖成垂直方向，由下而上折回几次（各种炉型不等，一般折回2~5次）。废气由下层管转出来后即进入烟道，空气则由上面进入热风道，然后到达燃烧器。

管式陶土换热器的主要砖型如图3-50所示。这种换热器的砌筑必须严格、坚固。

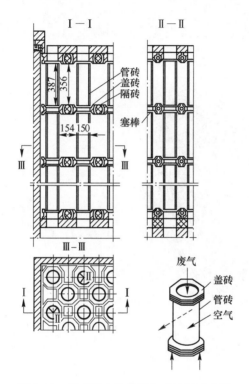

图3-49 管式陶土换热器砌砖结构示意图

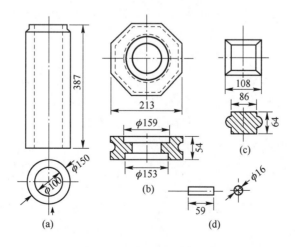

图3-50 管式陶土换热器主要砖型

（a）管砖；（b）环形盖砖；（c）方形隔板砖；（d）塞子砖

管砖接头的地方是用八角环形的盖砖相连接，并由它固定管砖的位置。为了使环形盖砖之间能严密咬合，其砖槽间放入一个塞子砖。环形盖砖之间还砌有一个方形的隔板砖，它是为了使空气保持横向流动，而不上下串通。整个换热器要求用质量好的黏土硬化泥浆砌筑，施工时要认真负责，切实保证砌筑质量，以免在砌缝处漏气。

这种换热器上部两排管子处废气温度很高，最下面两排管子处因为冷空气由此进入，管壁温度降落很大，这些地方最好采用碳化硅管砖。

　　b　方孔式陶土换热器

方孔式陶土换热器是由方孔的异型砖元件砌成（图3-51），每个方孔异型砖元件如图3-52所示。

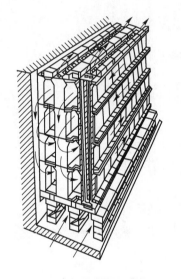

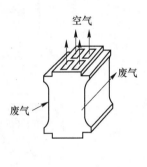

图3-51　方孔式陶土换热器　　　　　图3-52　方孔异型砖元件

每层方孔砖的方孔上下对准，形成由上到下的垂直通道。空气自下而上由方孔通道内流过，废气则水平通过两块方孔砖之间的通道。废气由上而下经过一次折回（两个行程），由于废气是水平流动，所以容易积灰堵塞。

废气通道内是负压，空气通道采用鼓风机时是正压，两者压力差可达一百多帕，漏气比较严重。为了克服这一现象，一些换热器不用鼓入冷空气的办法，而是用高压空气喷射的抽力把热空气抽出，这样空气通道也呈负压，可以减小空气与废气之间的压力差，减少空气的漏损量。这一方法同样适用于管式陶土换热器。

方孔式陶土换热器多用于大型连续加热炉。

3.6.2.2　蓄热室

图3-53为一座蓄热室的纵剖面示意图。它的主要部分是用耐火砖堆砌成的砖格子。在工作过程中，废气由上而下先通过砖格子把砖加热，经过一段时间后，利用换向设备关闭废气通路，使空气由相反的方向通过蓄热室，这时

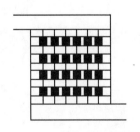

图3-53　蓄热室示意图

空气从砖格子吸取热量而被加热。

由蓄热室工作过程可知：一个炉子至少应有两个蓄热室同时工作，一个被加热（通废气），而另一个被冷却（通空气）。如果空气和煤气都要预热则应该有两对蓄热室。

蓄热室的外壳和内部的砖格子都是耐火材料砌成的，所以它能承受较高的温度。而且，废气和空气又不是同时通入，不是像换热器那样管内走一种气体、管外走另一种气体，所以，不存在相互渗透的漏气问题。因此蓄热室是将空气（或煤气）进行高温预热的可靠设备，可以实现1000℃以上的预热。

高炉冶炼过程中的热风，就是依靠加热炉的蓄热室实现空气预热。蓄热室内的气体流动，为满足气流的均匀分布，应遵循分流定则。

3.6.2.3 汽化冷却

汽化冷却的基本过程是：水进入冷却水管中被加热到沸点，呈汽水混合物进入汽包，在汽包中使蒸汽和水分离；分离出的水又重新回到冷却系统中循环使用，而蒸汽从汽包上部引出可供使用。

每千克水汽化冷却时吸收的总热量大大超过水冷却时所吸收的热量。因此，汽化冷却时水的消耗量降低到水冷却时 $1/25 \sim 1/30$，节约了软水和供水用电。一般连续加热炉水冷却造成的热损失为 $13\% \sim 20\%$，而同样炉子改为汽化冷却时热损失可降到 10% 以下。其低压蒸汽可用于加热或雾化重油，可供生活设施使用。

汽化冷却系统包括软化水装置、供水设施（水箱、水泵）、冷却构件、上升管、下降管、汽包等。

汽化冷却循环制度分为自然循环和强制循环两种。

强制循环需要额外的电源作动力（图3-54），增加能量消耗和经常运行费用，故一般采用自然循环。有的现场因汽包及管路布置受到限制，要采用强制循环。

自然循环的工作原理如图3-55所示。水从汽包进入下降管流入冷却水管中，被加热到沸点，呈汽水混合物再经上升管进入汽包。因汽水混合物的密度比水的密度小，故下降管内水的重力大于上升管内汽水混合物的重力，两者的重力差即为汽化冷却自然循环的动力。汽包位置越高（H 越大），或汽水混合物的密度越小（即其中含汽量越大），

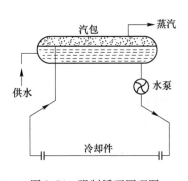

图 3-54　强制循环原理图

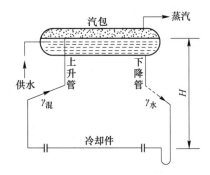

图 3-55　自然循环原理图

则自然循环的动力越大。因此在管路布置上，首先要考虑有利于产生较大的自然循环动力，并尽量减小管路阻力。但汽包位置太高，上升管阻力增加很多，同时循环流速增大，会使汽水混合物中含汽量减小，反过来又影响上升动力。此外，汽包高度太大，还会增加建设投资。

　　对于自然循环系统，应采取从低温区进水，高温区出水。这样进入高温段时已生成汽水混合物，它的对流给热系数大，冷却效果好，水在管内流动也稳定。若高温区进水，水汽化较早，流动阻力增大，对稳定流动也不利。

　　采用自然循环汽化冷却系统冷却时，一开始上升管和下降管内都是冷水，没有流动动力，因此需要启动。启动方式有两种：一种是利用低压水泵、蒸汽（或压缩空气）喷射器等辅助设备进行强制启动；另一种是自然启动。即设计时上升管阻力做得比下降管小，如图3-56所示，在下降管与受热构件连接处做成U形管，开炉后管内产生的蒸汽被迫进入上升管而不会侧流进下降管，这种启动方式在实践中使用是成功的。为了实现自然启动，U形管的高度必须大于上升管最高点与汽包水面间的距离。即使不采用自然启动，将下降管与受热构件连接处做成U形管也是必要的，这样可防止倒流现象出现。

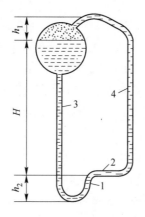

图 3-56　自然启动示意图

1—U形水封管；2—受热管件；3—下降管；4—上升管；H—汽包水面距受热管件间高度；
h_1—上升管最高点到水面高度；h_2—U形管高度

3.6.2.4　余热锅炉

　　余热锅炉是利用炉子排出的废气生产蒸汽的设备，例在氧气顶吹转炉烟气系统中安装余热锅炉。

　　余热锅炉也分为火管式和水管式两大类。

　　图3-57为火管式余热锅炉的示意图。烟气通过管内，水在管外吸热和蒸发。主要热交换面是火管，所以要求烟气通过管内有较高的流速（20m/s左右），为此余热锅炉后面都安装抽风机。火管式锅炉热效率较低，工作压力也低。但对水质的要求不高。

　　水管式锅炉是水在管内流动，烟气在外面加热水管。根据汽水循环系统的特点，又分为自然循环式和强制循环式两种。

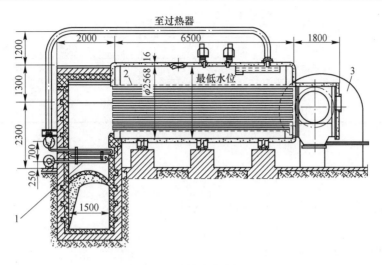

图 3-57　火管式余热锅炉

1—过热器；2—火管；3—抽风机

余热锅炉的合理构造应满足下列要求：（1）轻便，占地面积小；（2）制造简单，金属材料用量少；（3）能抵抗温度的激烈变化；（4）一个锅机组的蒸发量不能太小，应达 12～15t/h；（5）蒸汽温度和压力变化时，不应影响用户；（6）气密性好，流动阻力小，可用含尘量大的烟气。

3.6.3　钢铁企业余热回收现状

钢铁工业余热资源丰富，存在于各工序中，温度范围较大且存在形式多样（表3-19）。充分利用余热资源，不仅能满足国家绿色环保、节能减排的要求，还能大幅提高企业的经济效益。现阶段，仍需不断创新技术和设备，提高冶金企业余热利用率，使冶金企业走上健康、可持续发展的道路。

表 3-19　钢铁企业余热回收

工　序	二次能源的种类	品　质	国内钢铁工业利用现状
焦化工序	焦炉煤气	高热值、显热较高	仅回收潜热
	焦炭显热	高温余热	多数钢厂已回收，CDQ 技术
	废烟气显热	低温余热	未回收
烧结工序	烧结矿显热	高温余热	一些钢厂回收，余热蒸汽或发电
	烧结烟气显热	中低温余热	一些钢厂有回收，热风烧结
球团工序	球团矿显热	高温余热	未回收
	竖炉烟气	低温余热	未回收
高炉工序	高炉烟气	热值高、显热较低	仅回收潜热
	高炉炉渣显热	高温余热	冲渣水采暖
	高炉炉顶余压	高品质	全部 1000m³ 以上高炉及部分小高炉
	热风炉烟气显热	中低温余热	烟气、空气双预热

续表 3-19

工　序	二次能源的种类	品　质	国内钢铁工业利用现状
转炉工序	转炉煤气	高热值、显热较高	回收潜热、显热
	炉渣显热	高温余热	未回收
轧钢工序	加热炉烟气显热	高温余热	回收显热

自　测　题

一、填空题（将适当的词语填入空格内，使句子正确、完整）

1. 换热器根据其材质的不同，分为_____和_____两大类。

2. 余热按其温度可划分为三类：_____、_____、_____。

3. 根据换热器内气体流动的特点，换热器可分为三种：_____、_____、_____。

4. 汽化冷却系统包括_____、_____、_____、_____、_____等。

5. 汽化冷却循环制度分为_____和_____。

知 识 拓 展

1. 换热器与蓄热室有何不同？

2. 对蓄热室砖格子和格子砖的要求有哪些？

3. 如何保证蓄热室内气流分布均匀？

4 耐 火 材 料

耐火材料一般是指耐火度在1580℃以上的无机非金属材料。它包括天然矿石及按照一定的目的要求经过一定的工艺制成的各种产品，其具有一定的高温力学性能、良好的体积稳定性，是各种高温设备必需的材料。

耐火材料是高温技术的基础材料，它与高温技术，尤其是钢铁工业的发展关系密切。它们相互依存，互为促进，共同发展。正确地选择和使用耐火制品，不但可以提高冶金炉的寿命；而且可以在更高的温度下进行熔炼或快速加热，从而提高产品产量和质量，降低成本。所以，冶金工作者应当具备有关耐火材料的基本知识。

4.1 耐火材料的种类和性能

耐火材料的
种类和性能
（录课）

4.1.1 耐火材料的种类

耐火材料品种繁多、用途各异，有必要对耐火材料进行科学分类，以便于科学研究、合理选用和管理。耐火材料的分类方法很多，主要有化学属性分类法、化学矿物组成分类法、生产工艺和使用部位分类法、材料形态分类法等多种方法。

4.1.1.1 根据化学属性分类

耐火材料在使用过程中除承受高温作用外，往往伴随着熔渣（液态）及气体等化学侵蚀。为了保证耐火材料在使用中有足够的抗侵蚀能力，选用的耐火材料的化学属性应与侵蚀介质的化学属性相同或接近。

（1）酸性耐火材料：以氧化硅为主要成分，常用的有硅砖和黏土砖。

（2）碱性耐火材料：以氧化镁、氧化钙为主要成分，常用的有镁砖和白云石砖。

（3）中性耐火材料：以氧化铝、氧化铬或碳为主要成分，常用的有刚玉制品、铬砖、碳砖。

4.1.1.2 根据化学矿物组成分类

（1）氧化硅质耐火材料。

（2）硅酸铝质耐火材料，该类耐火材料又分为：

1）半硅质耐火材料；

2）黏土质耐火材料；

3）高铝质耐火材料。

（3）氧化镁质耐火材料，该类耐火材料又分为：

1）镁石质耐火材料；

2）白云石质耐火材料；

3）镁橄榄石质耐火材料；

4）镁铝质耐火材料；

5）镁铬质耐火材料。

（4）铬铁质耐火材料。

（5）碳质耐火材料：包括碳砖和石墨制品。

（6）特殊耐火材料制品。

1）高纯氧化物制品（Al_2O_3、ZrO_2）；

2）非氧化物制品（氮化物、硼化物、碳化物、硅化物）。

4.1.1.3　根据耐火度高低分类

（1）普通耐火材料（1580～1770℃）。

（2）高级耐火材料（1770～2000℃）。

（3）特级耐火材料（2000℃以上）。

（4）超级耐火材料（3000℃以上）。

4.1.1.4　根据制品形状分类

（1）块状耐火材料：标准型砖、异型砖、特殊型砖。

（2）散状耐火材料：耐火混凝土、耐火可塑料。

4.1.1.5　根据加工制造工艺分类

（1）烧成制品。

（2）熔铸制品。

（3）不烧制品。

4.1.2　耐火材料的主要性能

　　耐火材料的主要性能包括物理性能和高温使用性能两大类。根据耐火材料的主要性能可以预测耐火材料在高温环境下的使用情况。同样地，通常也要根据热工设备的工作性质与操作环境，来研制、设计、生产或选择能适应操作环境、满足使用要求的耐火材料。

4.1.2.1　耐火材料的物理性能

耐火材料的物理性能包括结构性能、热学性能、力学性能等。

A　结构性能

包括气孔率、体积密度、吸水率、透气度、气孔孔径分布等。

a　气孔率

在耐火制品内，有许多大小不同，形状不一的气孔（图4-1），可分为三类：

1）开口气孔：一段封闭，一段与外界相通，能与流体相通；

2）连通气孔：贯穿制品的两面，能为流体通过；

3）闭口气孔：封闭在制品中，不和大气相通的气孔。

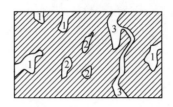

图 4-1　耐火制品的气孔类型

1—开口气孔；2—闭口气孔；3—连通气孔

如砖块的总体积（包括其中全部气孔）为 V、质量为 M，开口气孔的体积为 V_1，闭口气孔的体积为 V_2，连通气孔的体积为 V_3，则：

$$真气孔率 = \frac{V_1 + V_2 + V_3}{V} \times 100\% \tag{4-1}$$

即砖块中全部气孔体积（包括开口、闭口和连通的气孔）占整块体积的百分率。

$$显气孔率 = \frac{V_1 + V_3}{V} \times 100\% \tag{4-2}$$

即砖块中外通气孔（包括开口和连通气孔）体积占整块体积的百分率。

$$闭口气孔率 = \frac{V_2}{V} \times 100\% \tag{4-3}$$

即砖块中闭口气孔体积占整块体积的百分率。

b　体积密度（容重）

制品的干燥质量与其总体积之比，即单位体积的质量（g/cm^3）。

$$体积密度 = \frac{M}{V} \tag{4-4}$$

体积密度也是反映制品致密程度的一个主要指标。它实际上是制品中的气孔体积量和矿物组成的综合反映。当制品的化学矿物组成一定时，体积密度越大，则意味着制品的烧结程度越高。

c　吸水率

砖块中开口气孔和连通气孔中吸满水后，水的质量 M_w 占干燥砖块质量 M 的百分率。

$$吸水率 = \frac{M_w}{M} \times 100\% \tag{4-5}$$

测定吸水率的意义：判断原料或制品质量的好坏、烧结与否、是否致密。同时可以预测耐火材料的抗渣性、透气性和热震稳定性。

气孔率和吸水率指标都只能反映制品中的气孔体积的大小，而不能反映气孔的大小、形状和分布状态。

d　透气性

耐火制品透气性大小可用透气系数（透气率）来表示。即在 9.8Pa 的压力下，1h 内通过厚度 1cm、面积为 $1m^2$ 的耐火制品的空气量（以 L 计）。

$$透气系数 = \frac{V\delta}{FTP} \tag{4-6}$$

式中　V——通过试样的空气体积，L（dm^3）；

　　　δ——试样的厚度，cm；

　　　F——试样的断面积，cm；

　　　T——空气通过的时间，h；

　　　P——试验时两面的压力差，Pa。

显然，耐火材料透气性的大小与制品中的气孔数量、大小、形状及分布状态（开放态或封闭态）有关。此外，透气性还随着气体温度的升高而降低。

B　热学性能和导电性

a　热容量

常压条件下，加热单位质量的物质使之温度升高 1℃ 所需要的热量。耐火材料的热容量以 kJ/（kg·℃）来表示，由材料的化学组成决定，随温度的升高而增大。数值大小直接影响着冶金炉窑的蓄热量，在烘炉或冷窑时，耐火材料的热容量会影响炉窑体的升（降）温速度。

b　导热性

耐火材料的导热性是指在单位温度梯度下，单位时间内通过单位垂直面积的热量，用 λ 表示，国际单位为 W/（m·℃）。其代表制品导热能力的大小，工程单位是 kcal/（m·h·℃）。

影响耐火材料导热性的主要因素有：

（1）气孔率。气孔率越大、导热性越小。气孔的大小、分布与形状等均对导热性有一定影响。

（2）材料的化学组成。对同一物料来说，组织致密，粗颗粒同结合剂结合紧密，其导热性好，晶体的导热率大于玻璃质的导热率。

（3）温度。大部分耐火制品的导热系数随温度升高而加大；但镁砖和碳化硅砖则相反，温度升高时其导热系数反而减小。

c　热膨胀性

耐火制品受热膨胀，冷后收缩，这种膨胀是属于可逆变化的。耐火制品的热膨胀性能，主要取决于其化学矿物组成和所受的温度。

耐火制品的热膨胀性可用线膨胀系数或体膨胀系数来表示，也可用线膨胀百分率或体膨胀百分率来表示。

如果线膨胀系数很小，则体积膨胀系数约等于线膨胀系数的 3 倍。

影响热膨胀性的因素如下。

（1）物质的内部结构：通常结构越紧密，热膨胀越较大。

（2）物质的化学矿物组成：通常碱性耐火材料的热膨胀性最强，中性耐火材料次之，酸性耐火材料的热膨胀性最差。

（3）环境温度：耐火材料的热膨胀性与温度成正比。

d 导电性

耐火材料在常温下是电的绝缘体，当温度升高时则开始导电。在1000℃以上其导电性提高得特别显著，因为在高温下耐火材料内部有液相生成，由于电离的关系，能大大提高其导电性。当耐火材料用作电炉的衬砖和电的绝缘材料时，这种性质具有很重要的意义。

C 力学性能

耐火材料的力学性能是指制品在不同条件下的强度、弹性模量、断裂韧性等物理指标，表征了耐火材料抵抗外力造成的形变和应力而不破坏的能力。

耐火材料的力学性质通常包括耐压强度、抗折强度、扭转强度、耐磨性、弹性模量及高温蠕变性等。

a 耐压强度

耐火材料的耐压强度包括常温耐压强度和高温耐压强度，分别是指常温和高温条件下，耐火材料单位面积上所能承受的最大压力，以 N/mm^2（或 MPa）表示。

常温耐压强度指标通常可以反映生产中工艺制度的变动。高的常温耐压强度表明制品的坯料加工质量、成型坯体结构的均一性及砖体烧结情况良好。因此，常温耐压强度也是检验现行工艺状况和制品均一性的可靠指标。

高温耐压强度则反映了耐火材料在高温下结合状态的变化。特别是加入一定数量结合剂的耐火可塑料和浇注料，由于温度升高，结合状态发生变化时，高温耐压强度的测定更为有用。

b 抗折强度

耐火材料的抗折强度包括常温抗折强度和高温抗折强度，分别是指常温和高温条件下，耐火材料单位截面积上所能承受的极限弯曲应力，以 N/mm^2（或 MPa）表示。它表征的是材料在常温或高温条件下抵抗弯矩的能力。一般而言，抗折强度是耐压强度的 $1/3 \sim 1/2$。

c 耐磨性

耐火材料抵抗坚硬物料或气体（如含有固体颗粒）磨损作用（研磨、摩擦、冲击力作用）的能力。通常，在常温下以一定研磨条件和研磨时间下制品的质量损失或体积损失来表示耐磨性。

d 扭转强度

扭转强度表征耐火材料抵抗剪应力的能力。测定时将试样一端固定，另一端施以力矩作用，试样发生扭转变形。当试样被扭转时，试样内各横截面上产生剪切应力，当应力超过一定限度时，试样发生断裂。在高温下试样被扭断时的极限剪切应力，称为高温扭转强度。

e　弹性模量

耐火材料受外力作用产生变形，在弹性极限内应力与应变成比例，此比值称为弹性模量。它表示材料发生单位应变时所产生的应力，也可认为是材料抵抗变形的能力。

f　高温蠕变性

材料在恒定的高温、恒定的外力作用下所发生的缓慢变形，称高温蠕变。高温蠕变的表示方法一般为变形量（%）与时间（h）的关系曲线（图4-2），通常称为蠕变曲线。

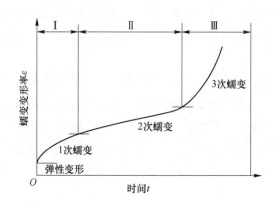

图4-2　蠕变曲线

4.1.2.2　耐火材料的高温使用性能

冶金生产中，耐火材料长期处于高温状态，故应考虑其高温使用性能是否满足冶金炉窑工作条件的要求。耐火材料的高温使用性能主要包括耐火度、荷重软化温度、热震稳定性、高温体积稳定性、抗渣性等。

A　耐火度

耐火度是指耐火材料在无荷重时抵抗高温作用而不熔化的性质，用于表征耐火材料抵抗高温作用的性能。耐火度与熔点不同，熔点是纯物质的结晶相与其液体处于平衡状态下的温度；耐火度是多相固体混合物在开始熔融温度与熔融终了温度范围内液相和固相同时共存。

测定耐火度时，将耐火材料试样制成一个上底每边为 2mm，下底每边为 8mm，高 30mm，截面呈等边三角形的三角锥体。把 2 只三角锥体试样和 4 只比较用的标准锥体放在一起加热。6 只锥锥棱向外成六角形布置，锥棱与垂线夹角为 8°。台座转速为 2r/min，快速升温至比估计的耐火度低 100~200℃时，升温速度变为 2.5℃/min。三角锥体在高温作用下则软化而弯倒，当锥的顶点弯倒并触及底板（放置试锥用）时，此时的温度（与标准锥比较）称为该材料的耐火度，三角锥体软倒情况如图4-3所示。

耐火材料达到耐火度时实际上已不具有机械强度了，因此耐火度的高低与材料的允许使用温度并不等同，也就是说耐火度不是材料的使用温度上限，只有综合考虑材料的其他性能和使用条件，才能作为合理选用耐火材料的参考依据。以镁砖为例，其耐火度高达 2000℃，但允许使用温度大大低于耐火度。常用耐火材料耐火度见表4-1。

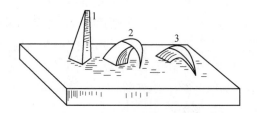

图 4-3 耐火锥软倒情况

1—软倒角；2—在耐火度温度下软倒情况；3—超过其耐火度时软倒情况

表 4-1 常用耐火材料的耐火度 （℃）

品种	结晶硅石	硅砖	硬质黏土	黏土砖	高铝砖	镁砖
耐火度	1730 ~ 1770	1690 ~ 1730	1750 ~ 1770	1610 ~ 1750	1770 ~ 2000	> 2000

B 荷重软化温度

荷重软化温度是耐火材料在一定的重负荷和热负荷共同作用下达到某一特定压缩变形时的温度，是耐火材料高温力学性质的一项重要指标，它表征耐火材料抵抗重负荷和高温热负荷共同作用下保持稳定的能力。

测定荷重软化温度的方法是：被测试样是在制品上选取直径 $d = 50mm$，$h = 50mm$，中心孔径 $d_{孔} = 12 ~ 13mm$ 的带孔圆柱体。将试样置于实验电炉内，在 200kPa 的静压力下，按规定的升温速度分阶段地连续均匀加热（≤1000℃，5 ~ 10℃/min；>1000℃，4 ~ 5℃/min），测定试样压缩变形率 0.5%（即试样高度压缩 0.25mm）时的温度，即为被测试样的"荷重软化开始温度 $T_{0.5}$"，亦称"荷重软化点"。高温荷重变形温度还需要测出压缩变形率 1.0%、2.0%、5.0% 等相对应的变形温度 $T_{1.0}$、$T_{2.0}$、$T_{5.0}$ 等。

影响荷重软化温度的因素：材料的化学矿物组成；材料的显微组织结构：致密程度、晶相含量、晶界数量、玻璃相的组成及含量等；实验条件：升温速度、气氛、炉内温度的均匀性等。

根据耐火材料的高温荷重变形温度指标，可以判断耐火材料使用过程中在何种条件下失去承载能力以及制品内部的结构的变化情况，可以作为评价和选用材料的依据。但是，高温荷重变形温度的测定条件与耐火制品的使用情况还存在着较大差异：制品的使用条件下的荷重比实验时小得多，因此制品使用时的荷重软化开始温度比测定值要高；测定时材料整体处于同等的受热条件，而使用时大多数情况是沿受热面的垂直方向存在着较大的温度梯度，材料的承载主要是材料的冷端部分；耐火材料的承受高温荷重的使用时间要比实验测定时多得多；在实际使用过程中，耐火材料还可能受到弯曲、拉伸、扭转、冲击化学介质和工作气氛的作用影响。

C 热震稳定性

耐火材料抵抗温度的急剧变化而不破坏的性能称为热震稳定性，也称为抗热震性或温度急变抵抗性。材料的热稳定性是一个非常重要的性质，因为在很多情况下耐火材料处于温度急剧变化的工作条件下。

　　热稳定性的测定方法是将试样在850℃的温度下加热40min后，再置于流动的冷水（10~20℃）中冷却，并反复进行之，直到其脱落部分的重量达最初总重量的20%时为止，此时其经受的急冷急热次数就作为该材料的温度急变抵抗性指标。对于某些怕水的材料，可以用吹风冷却，但需注明空气冷却次数。

　　材料的热震破坏可分为两大类：

　　（1）热冲击断裂，是瞬时断裂；

　　（2）热震损伤，是在热冲击循环作用下，先出现开裂、剥落，然后碎裂和变质，终至整体损坏。

　　耐火材料的抵抗温度急变性能，除和它本身的物理性质如膨胀性、导热性、孔隙度等有关外，还与制品的尺寸、形状有关，一般薄的、尺寸不大和形状简单的制品，比厚的、尺寸较大和形状复杂的制品有较好的耐急冷急热性能。

　　D　高温体积稳定性

　　耐火材料的高温体积稳定性是指耐火材料在高温下长期使用时体积发生不可逆变化。

　　耐火材料在烧成过程中，其间的物理化学变化一般都未达到烧成温度下的平衡状态。当制品长期使用时，一些物理化学反应在高温下会继续进行；此外，耐火材料烧成中因种种原因会有烧结不充分的制品，在制品使用中会产生进一步的烧结。在此方面的过程中，也导致制品会发生不可逆的体积尺寸的变化，即残余膨胀或收缩，也称为重烧膨胀或收缩。重烧体积变化的大小，即表明制品的高温体积稳定性。制品的高温体积稳定性通常是测定制品的重烧线变化率 L_c 和重烧体积变化率 V_c。

　　测定方法：试样尺寸为50mm×50mm×60mm或 $d=50$mm、$h=60$mm，升温速率为：室温~800℃，≤10℃/min；800~1200℃，3~5℃/min；>1200℃，1~3℃/min。最高试验温度按材料的使用技术条件确定，一般较使用温度高一些，保温时间为5h。

$$重烧线变化率 L_c=\left[(L_1-L_0)/L_0\right]\times100\% \tag{4-7}$$

$$重烧体积变化率 V_c=\left[(V_1-V_0)/V_0\right]\times100\% \tag{4-8}$$

式中　　L_0,L_1——重烧前后试样的长度，mm；

　　　　V_0,V_1——重烧前后试样的体积，cm^3。

　　测定结果正值为膨胀，负值为收缩。多数耐火材料重烧时收缩，如黏土砖；少数膨胀，如硅砖等。

　　耐火材料的高温体积稳定性这一指标对于其使用具有指导意义。重烧膨胀或收缩较大的制品，高温使用时的体积尺寸变化会造成制品的脱落或应力破坏，甚至可能使耐火材料的砌筑体松散，工作介质侵入到砌筑体内部，最后导致砌筑体的损毁。不定形耐火材料和不烧砖因其使用前无需烧成，该指标的测定尤为重要。提高定形制品的高温体积稳定性，可以适当提高烧成温度与保温时间，以使物化反应及烧结充分进行。

　　黏土砖和镁砖在使用过程中常产生残存收缩，硅砖常产生膨胀现象。只有碳质制品的高温体积稳定性良好。各种耐火材料的残存膨胀和残存收缩的允许值一般为0.5%~1.0%。

E 抗渣性

耐火材料在高温下抵抗炉渣侵蚀的能力称为抗渣性。熔渣侵蚀过程主要是耐火材料在熔渣中的溶解过程和熔渣向耐火材料内部的侵入（渗透）过程。

耐火材料向熔渣中溶解的过程可分为：

（1）单纯溶解。耐火材料与熔渣不发生化学反应的物理溶解作用。

（2）反应溶解。耐火材料与熔渣在其界面处发生化学反应，使耐火材料的工作面部分转变为低熔物（反应产物）而溶于渣中，同时改变了熔渣和制品的化学组成。

（3）侵入变质溶解。高温溶液或熔渣通过气孔侵入耐火材料内部深处，或通过耐火材料的液相扩散和向耐火材料的固相中扩散，使制品的组织结构发生质变而溶解。

耐火材料抗渣性测定方法有熔锥法、坩埚法、浸渍法、撒渣法等为静态测试法；转动浸渍法（旋棒法）、回转坩埚法、回转渣蚀法等为动态测试法。静态法适合比较不同物料的抗渣性，或比较不同熔渣的侵蚀性；动态法较接近耐火材料的实际使用条件，较真实反映材料的抗侵蚀性。

影响材料抗渣性的主要因素有：

（1）炉渣化学性质。炉渣主要分酸性渣和碱性渣。含酸性较多的耐火材料，对酸性炉渣的抵抗能力强，对碱性炉渣的抵抗能力差；反之，碱性耐火材料如氧化镁质和白云石质耐火材料对碱性渣的抵抗能力强，对酸性渣的抵抗能力差。

（2）工作温度。温度在 $800 \sim 900℃$ 时，炉渣对材料的侵蚀作用不大显著，但温度达到 $1200℃$ 以上时，材料的抗渣性就大大降低。

（3）耐火材料的致密程度。提高耐火材料的致密度，降低它的气孔率是提高耐火材料抗渣性的主要措施，可以在制砖过程中选择合适的颗粒配比和较高的成型压力。

提高耐火材料抗侵蚀性的途径：

（1）保证和提高原料的纯度，改善制品的化学矿物组成。

（2）选择适宜的生产方法，获得具有致密而均匀的组织结构的制品。

4.2 常用块状耐火制品

常用块状耐火制品（录课）

4.2.1 硅质耐火材料

硅质耐火材料以二氧化硅为主要成分，属于酸性耐火材料，包括硅砖、石英玻璃及其制品，其中应用最广泛的是硅砖。

4.2.1.1 硅砖

硅砖系指 SiO_2 含量在93%以上、用以 SiO_2 为主要成分的硅石作原料、加少量矿化剂、经高温烧成的一种耐火材料。

A 硅砖的性能

（1）硅砖属于酸性耐火材料，故对酸性渣侵蚀的抵抗能力强，对 CaO、FeO、

Fe_2O_3 等氧化物有良好的抵抗性，但对碱性渣侵蚀的抵抗能力弱，易被 Al_2O_3、K_2O、Na_2O 等氧化物作用而破坏。

（2）耐火度为 1690~1730℃，随 SiO_2 含量、晶型、杂质种类及数量的不同略有变化，但波动范围较小。

（3）荷重软化温度高，几乎接近其耐火度，一般在 1620~1680℃，这是硅砖的最大优点。硅砖的荷重软化温度所以高，是因为硅砖中的鳞石英、白硅石和石英之间形成一个紧密的结晶网做骨架，杂质形成的玻璃体（硅酸盐）充填在骨架之间，温度升高后，虽有液相出现，但砖的形状和荷重由骨架保持和承受，故受压并不变形，直到温度达到骨架的熔化温度为止。

（4）热震稳定性差，在 850℃ 水冷次数只有 1~2 次，这主要是因为有高低型晶体转变的缘故，所以硅砖不宜用于温度有急变之处。

（5）体积稳定性差，加热时产生体积膨胀，故砌砖时必须注意留出适当的膨胀缝。此外，硅砖在低温下体积变化更大，所以烘烤炉子时，低温下（600℃ 以下）升温应缓慢。

（6）硅砖的真比重一般情况下其变化范围为 2.33~2.42，以小为好，真比重小，说明石英晶型转变完全，使用过程的残余膨胀就小。

B　硅砖的用途

以鳞石英为主晶相的硅砖是酸性冶炼设备的主要砌筑材料，在冶金生产中，硅砖可用于砌筑焦炉的蓄热室墙、斜道、燃烧室、炭化室和炉顶，亦用作热风炉的拱顶、炉墙和格子砖；由于硅砖的荷重软化温度高，因而也可用在碱性电炉炉顶上，甚至蓄热室上层格子砖也可用它来砌筑。

使用硅砖时应注意下列事项：

（1）硅砖在 200~300℃ 和 573℃ 时由于高低型晶型转变，体积骤然膨胀，故在烘炉时在 600℃ 以下升温不宜太快，否则有破裂的危险。在冷却至 600℃ 以下时应避免剧烈的温度变化。

（2）尽量避免和碱性炉渣接触。

硅砖的理化指标见表 4-2~表 4-4。

表 4-2　一般硅砖的理化指标 （GB/T 2608—2012）

项　　目		指标
		GZ-94
$w(SiO_2)/\%$	μ_0	≥94
	σ	1.0
$w(Al_2O_3)/\%$	μ_0	≤1.4
	σ	0.3
显气孔率/%	μ_0	≤24
	σ	1.5

续表 4-2

项　　目		指标
		GZ-94
真密度/g·cm^{-3}	μ_0	≤2.35
	σ	0.1
常温耐压强度/MPa	μ_0	≥30
	σ	10
	X_{min}	20
0.2MPa 荷重软化开始温度/℃	μ_0	≥1650
	σ	13

表 4-3　焦炉用硅砖的理化指标（GB/T 2608—2012）

项　　目		指标		
		JG-94		
		炉底（LD）	炉壁（LB）	其他部位（QT）
$w(SiO_2)$/%	μ_0	≥94.5		≥94.0
	σ	1.0		1.0
$w(Al_2O_3)$/%	μ_0	≤1.2		≤1.5
	σ	0.3		0.3
$w(Fe_2O_3)$/%	μ_0	≤1.2		≤1.5
	σ	0.2		0.2
$w(CaO)$/%	μ_0	≤3.0		≤3.0
	σ	0.35		0.35
$w(Na_2O + K_2O)$/%	μ_0	≤0.35		≤0.35
	σ	0.04		0.04
显气孔率/%	μ_0	≤22		≤24（26）
	σ	1.5		1.5
常温耐压强度/MPa	μ_0	≥40	≥35	≥28
	σ	10	10	10
	X_{min}	30	25	20
0.2MPa 的荷重软化开始温度/℃	μ_0	≥1650		
	σ	13		
真密度/g·cm^{-3}	μ_0	≤2.33		≤2.34
	σ	0.1		0.1
残余石英/%	μ_0	≤1.5		
	σ	0.5		
加热永久线变化（1450℃×2h）/%	$X_{min} \sim X_{max}$	0~0.2		
热膨胀率（1000℃）/%	μ_0	≤1.28		≤1.30
	σ	0.05		0.05

表 4-4　热风炉用硅砖的理化指标（GB/T 2608—2012）

项　目		指标	
		RG-95	
		拱顶、炉墙砖	格子砖
$w(SiO_2)/\%$	μ_0	≥95	
	σ	1.0	
$w(Al_2O_3)/\%$	μ_0	≤1.0	
	σ	0.3	
$w(Fe_2O_3)/\%$	μ_0	≤1.2	
	σ	0.2	
显气孔率/%	μ_0	≤22（24）	≤24
	σ	1.5	1.5
真密度/g·cm^{-3}	μ_0	≤2.33	≤2.34
	σ	0.1	0.1
常温耐压强度/MPa	μ_0	≥40（30）	≥30
	σ	10	10
	X_{min}	25（20）	25
0.2MPa 荷重软化开始温度/℃	μ_0	≥1650	
	σ	13	
残余石英/%	μ_0	≤1.5	
	σ	0.5	
0.2MPa 蠕变率（1550℃）/%	0~50h	μ_0	≤0.8	
		σ	0.1	
热膨胀率（1000℃）/%	μ_0	≤1.26	
	σ	0.05	

4.2.1.2　石英玻璃及其制品

用天然纯净的石英或水晶，在其熔点以上的温度下熔化成黏稠的透明或不透明的熔融石英，控制熔体的冷却速度，使其来不及析晶而成为石英玻璃。它具有极好的抗热震性和化学稳定性。

熔融石英制品是以石英玻璃为原料而制得的再结合制品。这类制品的热膨胀系数小，抗热震性好，耐化学侵蚀（特别是酸和氯），耐冲刷，高温时黏度大，强度高，热导率低，电导率低。由于烧成时收缩小，可以制得尺寸精确的制品。缺点是在 1100℃以上长期使用时，会向方石英转变（即高温析晶），促使制品产生裂纹和剥落。

由于石英制品良好的性能，其广泛应用于冶金、化工和轻工业中。在冶金工业中主要用作连铸中的浸入式长水口。熔融石英砖因热导率和热膨胀率均较小，抗热震性高，耐压强度高，容易制成大块，表面光滑不积炭，在美国和加拿大等国家的焦炉炉门和煤气上升管等部位上得到了较多的应用，服役寿命比黏土砖提高近 14 倍。

4.2.2　硅酸铝质耐火制品

硅酸铝质耐火材料是由 Al_2O_3 和 SiO_2 及少量杂质所组成，根据其 Al_2O_3 含量不同又分为三类：

(1) 半硅质耐火材料（含 Al_2O_3 15% ~ 30%）；

(2) 黏土质耐火材料（含 Al_2O_3 30% ~ 46%）；

(3) 高铝质耐火材料（含 Al_2O_3 > 46%），根据我国原料组成特点，一般大于 48%。对 Al_2O_3 含量大于 90% 的高铝质制品又称为刚玉质耐火材料。

硅酸铝质耐火材料在各温度下的相成分如图 4-4 所示。

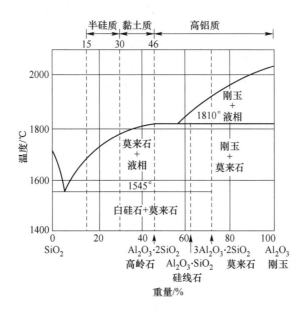

图 4-4　Al_2O_3-SiO_2 系相图

硅酸铝质耐火材料资源丰富，成本低，用途广泛，钢铁冶金工业的高炉、热风炉、混铁炉、加热炉等热工设备，均大量使用黏土砖、高铝砖、莫来石制品及刚玉质制品作为筑炉材料。

4.2.2.1　黏土砖

黏土砖是指 Al_2O_3 含量为 30% ~ 40% 硅酸铝材料的黏土质制品，制备时用 50% 的软质黏土和 50% 硬质黏土熟料，按一定的粒度要求进行配料，经成型、干燥后，在 1300 ~ 1400℃ 的高温下烧成。黏土砖的矿物组成主要是高岭石和 6% ~ 7% 的杂质（钾、钠、钙、铁、铁的氧化物）。黏土砖的烧成过程，主要是高岭石不断失水分解生成莫来石结晶的过程。黏土砖中的 SiO_2 和 Al_2O_3 在烧成过程中与杂质形成共晶低熔点的硅酸盐，包围在莫来石结晶的周围。

　　黏土加热时产生体积收缩，所以天然产出的耐火黏土必须预先进行煅烧成熟料，以免砖坯在烧成时因体积收缩而产生裂纹。但熟料没有可塑性和黏结性，制砖时必须加入一部分软质黏土做结合剂，这种未经煅烧的黏土叫生料。熟料和生料按一定比例配合。

　　A　黏土砖的性质

　　(1) 耐火度。黏土砖的耐火度决定于它的化学成分及杂质含量，由图 4-3 看出：成分中 Al_2O_3 含量越多，对应的液相线温度愈高。一般黏土砖的耐火度在 1580 ~ 1730℃。当温度升高到 1545℃ 时就产生液相，砖开始变软，达到 1800℃ 时全部成液相。当含有少量碱性化合物时则其耐火度将显著降低。

　　按耐火度的高低，黏土砖可划分为四个等级：

　　特等：耐火度不小于 1750℃；

　　一等：耐火度不小于 1730℃；

　　二等：耐火度不小于 1670℃；

　　三等：耐火度不小于 1580℃。

　　(2) 荷重软化温度。因为黏土砖在较低的温度下出现液相而开始软化，如果受外力就会变形，所以黏土砖的荷重软化温度比耐火度低很多，只有 1350℃ 左右。

　　(3) 抗渣性。黏土砖是弱酸性的耐火材料，它能抵抗酸性渣的侵蚀，对碱性渣侵蚀作用的抵抗能力则稍差。

　　(4) 热震稳定性。黏土砖的热膨胀系数小，所以它的热稳定性好。在 850℃ 时的水冷次数一般为 10 ~ 15 次。

　　(5) 体积稳定性。黏土砖在高温下出现再结晶现象，使砖的体积缩小。同时产生液相。由于液相表面张力的作用，使固体颗粒相互靠近，气孔率低，使砖的体积缩小，因此黏土砖在高温下有残存收缩的性质。

　　B　黏土砖用途

　　黏土砖用途广泛，凡无特殊要求的砌体均可用黏土砖砌筑。高炉、热风炉、化铁炉和电炉等温度较低部分使用黏土砖。盛钢桶、浇铸系统用砖、加热炉、热处理炉、燃烧室、烟道、烟囱等均使用黏土砖。黏土砖尤其适用于温度变化较大的部位。黏土砖的理化指标见表 4-5。

表 4-5　黏土砖的理化指标

项　　目		规定值		
		ZN-45	ZN-40	ZN-36
$w(Al_2O_3)$/%	≥	45	40	36
0.2MPa 荷重软化开始温度/℃	≥	1430	1380	1350
加热永久线变化 (1400℃ ×2h)/%		- 0.2 ~ +0.1	- 0.3 ~ +0.1	- 0.4 ~ +0.1
体积密度/g·cm^{-3}		2.00 ~ 2.40		
显气孔率/%	≤	16	19 (22)	22 (24)
常温耐压强度/MPa	≥	60	40 (35)	35 (30)

4.2.2.2 高铝质耐火材料

用铝硅系原料生产的耐火材料中，以 Al_2O_3 为主要成分划分的砖有高铝砖、莫来石砖及刚玉砖。

A 高铝砖

高铝砖是三氧化二铝（Al_2O_3）含量高于48%的硅酸铝质耐火材料制品，属于中性耐火材料。高铝砖和多熟料黏土砖的生产工艺类似，不同之处在于配料中熟料比例较高，可高达90%~95%，熟料在破碎前需分级拣选和筛分除铁，烧成温度较高，如Ⅰ、Ⅱ等高铝砖用隧道窑烧成时一般为1500~1600℃。生产实践证明，高铝熟料在破碎前严格拣选分级并分级贮存，采用矾土熟料和结合黏土共同细磨方法，可提高产品质量。

a 高铝砖的性质

（1）耐火度。高铝砖的耐火度比黏土砖和半硅砖的耐火度都要高，达1750~1790℃，属于高级耐火材料。

（2）荷重软化温度。因为高铝制品中 Al_2O_3 高，杂质量少，形成易熔的玻璃体少，所以荷重软化温度比黏土砖高，但因莫来石结晶未形成网状组织，故荷重软化温度仍没有硅砖高。

（3）抗渣性。高铝砖中 Al_2O_3 较多，接近于中性耐火材料，能抵抗酸性渣和碱性渣的侵蚀，由于其中尚含有 SiO_2，所以抗碱性渣的能力比抗酸性渣的能力弱些。

（4）热震稳定性。高铝砖的热膨胀系数小，温度急变抵抗性很好，和黏土砖一样，在高温下也会发生残存收缩。

b 高铝砖的用途

由于高铝砖具有上述各项良好的性能，故常用它来代替高质量的黏土砖和硅砖，以提高炉子寿命。目前主要用于砌筑高炉、热风炉、电炉炉顶、鼓风炉、回转窑内衬。此外，高铝砖还广泛地用作浇注系统用的塞头、水口砖等。但高铝砖价格要比黏土砖高，故用黏土砖能够满足要求的地方就不必使用高铝砖。

高铝砖的理化指标见表4-6~表4-10。

表4-6 高铝砖的理化指标

指 标		一级高铝砖	二级高铝砖	三级高铝砖	特级高铝砖
		LZ-75	LZ-65	LZ-55	LZ-80
$w(Al_2O_3)$/%	≥	75	65	55	82
$w(Fe_2O_3)$/%	≤	2.5	2.5	2.6	2
体积密度/g·cm^{-3}		2.5	2.4	2.3	2.6
常温耐压强度/MPa	>	70	60	50	80
荷重软化温度/℃		1510	1460	1420	1550
耐火度/℃	≥	1790	1770	1770	1790
显气孔率/%	≤	22	23	24	21
线变化率/%		-0.3	-0.4	-0.4	-0.2

表 4-7   高炉用高铝砖理化指标

指　　标		GL-65	GL-55	GL-48
$w(Al_2O_3)/\%$	≥	65	55	48
$w(Fe_2O_3)/\%$	≤	2.0	2.0	2.0
耐火度/℃	≥	1800	1780	1760
0.2MPa 荷重软化开始温度/℃	≥	1500	1480	1450
重烧线变化/%	1500℃ ×2h	0 ~ -0.2	0 ~ -0.2	—
	1450℃ ×2h	—	—	0 ~ -0.2
显气孔率/%	≤	19	19	18
常温耐压强度/MPa		58.8	49.0	49.0

表 4-8   炼钢电炉顶用高铝砖理化指标

指　　标		DL-80	DL-75	BDL-80	BDL-75
$w(Al_2O_3)/\%$	≥	80	75	80	75
耐火度/℃	≥	1790	1790	1790	1790
显气孔率/%	≤	19 (21)	19 (21)	18 (20)	18 (20)
常温耐压强度/MPa	≥	75	65	60	55
重烧线变化（1500℃ ×2h)/%		0 ~ -0.3	0 ~ -0.3	±0.2	±0.2
0.2MPa 荷重软化开始温度/℃	≥	1530	1520	1530	1520

表 4-9   盛钢桶用高铝砖理化指标

指　　标		CL-55	CL-65	CL-75	CL-80	PZCL-78
$w(Al_2O_3)/\%$	≥	55	65	75	80	78
$w(Fe_2O_3)/\%$	≤				1.8	2.8
显气孔率/%	≤	22	28	28	24	21
常温耐压强度/MPa	≥	45	35	40	50	70
重烧线变化/%		0.1 ~ 0.5	0.1 ~ 0.5	0.1 ~ 0.5	0.1 ~ 0.5	0.4 ~ 0.3
		(1450℃ ×2h)	(1500℃ ×2h)	(1500℃ ×2h)	(1550℃ ×2h)	(1550℃ ×2h)
0.2MPa 荷重软化温度/℃	≥	1470	1490	1510	1530	1550

产品特点：盛钢桶用高铝砖以精选的阳泉矾土为主要原料，经高压成型，高温烧结而成，主要矿物组成为刚玉石、莫来石相，具有良好的高温力学性能和抗化学侵蚀性能。

表 4-10   热风炉用低蠕变系列高铝砖理化指标

指　　标		DRL-155	DRL-150	DRL-145	DRL-140	DRL-135	DRL-130	DRL-127
$w(Al_2O_3)/\%$	≥	75	75	65	65	65	60	50
显气孔率/%	≤	20	21	21	22	22	22	23
体积密度/g·cm^{-3}		2.65	2.65	2.50	2.40	2.35	2.30	2.30

指　　标		DRL-155	DRL-150	DRL-145	DRL-140	DRL-135	DRL-130	DRL-127
常温耐压强度/MPa	≥	60	60	60	55	55	55	50
蠕变率/%		0.8	0.8	0.8	0.8	0.8	0.8	0.8
重烧线变化（1550℃×2h）/%		0.1～ -0.2	0.1～ -0.2	0.1～ -0.2	0.1～ -0.2	0.1～ -0.2	0.1～ -0.2	0.1～ -0.4
热震稳定性（1100℃水冷）		（炉顶、炉壁砖）提供数据						

B　莫来石砖

原料及工艺：高炉用莫来石砖采用人工电熔或烧结莫来石为主要原料，经高压成型、高温烧结而成，主要矿物组成为莫来石。

特性：产品具有显气孔率低、荷重软化点高、抗蠕变性能好和抗化学侵蚀性能优良等特点。

用途：是大型高炉用高级"陶瓷杯"材料之一，也是热风炉等工业窑炉用的中高档耐火材料。

高炉用莫来石砖的理化指标见表4-11。

表4-11　高炉用莫来石砖理化指标

指　　标		莫来石砖	硅线石砖	复合棕刚玉砖
$w(Al_2O_3)$/%	≥	70	55	75
$w(Fe_2O_3)$/%	≤	0.8	1.5	SiC，10
耐火度/℃	≥	1800	1800	1800
0.2MPa荷重软化开始温度/℃	≥	1650	1550	1700
重烧线变化（1500℃×2h）/%		0～0.4	0～0.4	±0.2
显气孔率/%	≤	18	17	18
常温耐压强度/MPa	≥	100	80	80

C　刚玉砖

氧化铝的含量大于90%、以刚玉为主晶相的耐火材料制品。很高的常温耐压强度（可达340MPa），高的荷重软化开始温度（大于1700℃），很好的化学稳定性，对酸性或碱性渣、金属以及玻璃液等均有较强的抵抗能力。热震稳定性与其组织结构有关，致密制品的耐侵蚀性能良好，但热震稳定性较差。分为烧结刚玉砖和电熔刚玉砖两种。可分别用烧结氧化铝和电熔刚玉作原料或 Al_2O_3/SiO_2 比高的矾土熟料与烧结氧化铝配合，采用烧结法制成。也可用磷酸或其他黏结剂制成不烧刚玉。主要用于炼铁高炉和高炉热风炉、炼钢炉外精炼炉、玻璃熔窑以及石油化工工业炉等。

4.2.2.3　半硅砖

SiO_2 含量大于65%，Al_2O_3 含量为15%～30%的耐火材料，属半酸性耐火材料或叫半硅砖，其耐火度不应低于1610℃。

制造半硅砖可用 $Al_2O_3 + SiO_2 < 30\%$ 的黏土，这样可充分利用含有大量石英杂质的黏土和高岭土资源。在我国用来制造半硅砖的原料极多，如砂质石英岩、酸性黏土等。四川的饱沙石（又称白饱石）就是很有价值的原料。也有在黏土中不用或少用熟料黏土，而用石英或砂粒做瘠化剂来制造半硅砖。半硅砖的生产工艺与黏土砖没有多大区别。

半硅砖的各种性能介于黏土砖和硅砖之间，其特点是：

（1）耐火度为 $1650 \sim 1710℃$。

（2）热震稳定性比黏土砖差，因石英膨胀系数大。

（3）荷重软化开始温度为 $1350 \sim 1450℃$，因含有较多的石英，故比一般黏土砖稍高。

（4）体积稳定性好，因为原料中黏土的收缩被 SiO_2 的膨胀所抵消，若含 SiO_2 多则会有残余膨胀产生。

（5）抗酸性渣的侵蚀性好。

半硅砖所用原料广泛，价格低，加上具有上述特性，所以使用范围较广，广泛用于焦炉、酸性化铁炉、冶金炉烟道、钢包内衬和铁水罐等。理化指标见表4-12。

表 4-12　半硅砖（叶蜡石）的理化指标

耐火度/℃	体积密度 /g·cm⁻³	显气孔率 /%	常温耐压 强度/MPa	荷重软化 开始温度/℃	Al_2O_3 含量 /%	SiO_2 含量 /%	Fe_2O_3 含量/%
1630 ~ 1650	2.10	18	29	1490	21.59	76.58	0.83

4.2.3　碱性耐火材料

以氧化镁或氧化钙或者以两者为主要成分的耐火材料统称为碱性耐火材，主要有镁质耐火材料、白云石质耐火材料和石灰质耐火材料。近20年来，由于冶炼技术的进步，要求耐火材料必须具备优良的高温性能，尤其是抗熔渣侵蚀性和渗透性能，因此出现了在 MgO-CaO 系材料中引入碳系材料的 MgO-CaO-C 系列产品，诸如：MgO-C 砖、MgO-CaO-C 砖、MgO-Al₂O₃-C 砖等，而且发展之快，应用之广，效果之优是其他材料难与之相比拟的。

以 MgO、CaO 或者 MgO-CaO 基组成的碱性耐火材料，其显著特点是耐火度高，高温力学性能好，抗渣蚀能力强，已广泛应用于转炉（尤其复吹转炉）、电炉、炉外精炼、钢包、有色金属冶炼、水泥等工业领域。CaO 除了具有上述性能外，还具有除磷、除硫，净化钢水的作用。

4.2.3.1　镁质耐火材料

MgO 含量在 80% 以上，以方镁石为主晶相的耐火材料为镁质耐火材料。常用镁质块状耐火制品有普通镁砖、镁钙砖、镁铬砖、镁碳砖。

A　镁砖

普通镁砖是用煅烧镁砂做原料，加入亚硫酸盐纸浆废液，加压成型，在 1600 ~

1700℃温度下烧成的，含 MgO 91% 左右，以硅酸盐结合的镁质耐火制品，其外表呈暗棕色，是一种生产与使用最广泛的镁质制品。还有在原料中加入部分矿化剂和低温结合剂，不经烧成而直接使用的不烧镁砖。后者性能较差，但成本较低。

a 镁砖的主要性能

（1）耐火度。因方镁石结晶的熔点很高，可达 2800℃，故镁砖的耐火度在一般耐火砖中是最高的，通常在 2000℃ 以上。这是镁砖的优点之一，常用作高温燃烧室或熔炼炉的砌筑材料。

（2）荷重软化温度。荷重开始软化温度在 1500～1550℃ 之间，比耐火度低 500℃ 以上，所以，不用镁砖砌筑高温炉的炉拱，以免在高温下受压变形，因炉拱砖承受的挤压力较大。

（3）抗渣性。镁砖属于碱性耐火材料，对于 CaO、FeO 等碱性熔渣的抵抗能力很强，故通常用作碱性熔炼炉的砌筑材料。但对于酸渣的抵抗力则很差，镁砖不能与酸性耐火材料相接触，它们在 1500℃ 以上就相互起化学反应而被侵蚀。因此，镁砖不能和硅砖等混砌。

（4）热震稳定性。镁砖的热震稳定性很差，只能承受水冷 2～3 次，这是它的缺点。

镁砖与硅砖存在类似的缺点，不能用于温度波动激烈的地方。用镁砖砌的炉子，在操作过程中应保持炉温的稳定，防止因温度变化过急而造成炉体的破坏。

（5）体积稳定性。镁砖的热膨胀系数大，在 20～150℃ 之间的线膨胀系数为 14.3×10^{-6}，故砌砖过程中，应留足够的膨胀缝。

（6）导热性。镁砖的导热能力约为黏土砖的几倍，故镁砖砌筑的炉体外层，一般应有足够的隔热层，以减少散热损失。不过镁砖的导热性随温度升高而下降。

（7）水化性。煅烧不够的氧化镁与水作用，产生以下反应：

$$MgO + H_2O \longrightarrow MgO(OH)_2$$

这称为水化反应，由于此反应，体积膨胀达 77.7%，使镁砖遭受严重破坏，产生裂纹或崩落。

镁砖虽经高温煅烧，氧化镁的水化性已大大降低，正常情况下不再进行水化反应。但若镁砖在潮湿状态下放置过久，则不可避免会进行水化，而严重降低砖的质量。因此，镁砖在储存过程中必须注意防潮。理化指标见表 4-13。

表 4-13　镁质耐火砖的理化指标（GB 2275—2017）

指　标		牌号及数值		
		MZ-91	MZ-89	MZ-87
$w(MgO)/\%$	≥	91	89	87
$w(SiO_2)/\%$				5～10
$w(CaO)/\%$	≤	3	3	3
0.2MPa 荷重软化开始温度/℃	≥	1550	1540	1520
显气孔率/%	≤	18	20	20
常温耐压强度/MPa	≥	58.8	49	39.2
重烧线变化（1650℃×2h）/%	≤	0.5	0.6	

　　b　镁砖的应用

　　镁砖在冶金工业中应用很广，可用来砌筑顶吹转炉的永久衬，电弧炉炉底和炉墙，加热炉的炉底、炉墙和混铁炉内衬。

　　除普通镁砖、不烧镁砖外，还有直接结合镁砖。直接结合镁砖是以高纯烧结镁砂为原料、经烧结制成、含 MgO 95% 以上的由方镁石晶粒间直接结合的镁质耐火制品。直接结合镁砖具有较高的高温强度和优良的抗渣性，用于遭受高温、重荷和渣蚀严重之处，使用效果一般都优于普通镁质耐火制品。

　　B　镁钙砖

　　镁钙砖又称高钙镁砖，是以高钙的烧结镁石为原料，经烧结制成，含 MgO 80% ~ 87%，CaO 6% ~9%，CaO/SiO_2 比在 2.2 ~ 3.0 之间。其显结构特征为方镁石与硅酸二钙及硅酸三钙直接接触，低共熔物（$4CaO \cdot Al_2O_3 \cdot Fe_2O_3$）成细脉状填充于硅酸二钙和硅酸三钙的晶隙间。气孔率低，荷重软化开始温度一般高于 1700℃，抗碱性渣性能良好，但抗热震性较差。以钙镁砂为原料，经粉碎、配料、混炼、成型后，在 1550 ~ 1600℃ 高温下烧成。

　　由于 C_2S 的形成及同方镁石的直接结合，使液相润湿方镁石晶粒的能力大为下降，既可使制品内（因杂质带入）可能形成的少量液相从方镁石晶粒表面排挤到晶粒的间隙中（呈孤立状），又可使外来液相不易渗入制品内部，从而大大提高这种制品的抗渣能力。实践证明，CaO/SiO_2 比很高的镁砖，对炼钢初期渣的抗御能力是很高的。

　　C　镁铬砖

　　镁铬砖是加铬铁矿于烧结镁砂中作为原料制成的含 $Cr_2O_3 \geqslant 8\%$ 的耐火制品，其主要矿相组成为方镁石和含铬尖晶石（$MgO \cdot Cr_2O_3$）。理化指标见表 4-14。

表 4-14　普通镁铬砖的理化指标

指　　标			DYMGe-6	DYMGe-8	DYMGe-9	DYMGe-12	DYMGe-16	DYMGe-18
化学成分/%	$w(MgO)$	≥	80	75	75	65	60	60
	$w(Cr_2O_3)$	≥	6	8	9	12	16	20
	$w(SiO_2)$	≤	1.8	1.8	1.8	2.5	2.8	2.8
体积密度/g·cm^{-3}		≥	2.90	2.95	3.0	3.0	3.05	3.10
显气孔率/%		≤	18	17	17	17	17	17
常温耐压强度/MPa		≥	50	50	50	50	45	45
荷重软化开始温度/℃		≥	1600	1650	1700	1700	1700	1700
热震稳定性（1100℃, 水冷）/次		≥	4	5	7	7	7	7

　　镁铬砖对碱性熔渣的侵蚀有一定的抵抗能力，高温下的体积稳定性好，在 1500℃ 时重烧线收缩很小。镁铬砖的主要缺点是铬尖晶石吸收氧化铁后，使砖的组织改变，引起"暴胀"，加速砖的损坏。

　　镁铬砖常用来砌筑电炉及回转窑等。此外，还有一种 Cr_2O_3 含量较高（30% 以上），而 MgO 量较少（10% ~30%）的铬质耐火砖。它的主要特性是属于中性耐火材料，因

为 Cr_2O_3 属于中性氧化物，故对碱性熔渣和酸性熔渣都有良好的抵抗能力。铬砖有时用来砌筑在酸性耐火砖和碱性耐火砖交界的地方，以免酸性耐火砖与碱性耐火砖之间在高温下起反应。

D 镁碳砖

镁碳砖是 20 世纪 70 年代初出现的，先是在超高功率电炉，接着在转炉、炉外精炼炉上使用，获得了非常好的效果。由此，人们才认识到石墨、碳素材料和高温耐火氧化物之间结合所产生的作用。断裂韧性差、高温剥落、抗渣渗透性差，这是高温烧成耐火制品的致命缺点，含碳耐火制品的出现突破了这些弱点。在镁碳砖中氧化镁和石墨之间彼此相互包裹，不存在传统概念中的所谓烧结；石墨具有热传导系数高，弹性模量低，热膨胀系数小，不容易被熔渣浸润等优点，因此，由于石墨的引入，使炉衬耐火制品的断裂韧性和抗渣渗透性有本质的改善。镁碳砖的主要特征是在微观结构上形成碳的结合物，这种结合是由有机结合剂在高温下结焦碳化形成的。

镁碳砖是采用高纯度镁砂、电熔镁砂、石墨粉为原料，以中温沥青为结合剂，高压成型而制成。该制品具有热稳定性好，荷重软化温度与高温抗折强度高，抗碱性渣侵蚀能力强的特点。其主要性能指标见表 4-15。

表 4-15 镁碳砖的理化指标（YB/T 4074—2001）

指 标		牌号及数值								
		MT1OA	MT1OB	MT1OC	MT14A	MT14B	MT14C	MT18A	MT18B	MT18C
$w(MgO)/\%$	≥	80	78	76	76	74	74	72	70	70
$w(C)/\%$	≥	10	10	10	14	14	14	18	18	18
显气孔率/%	≤	4	5	6	4	5	6	3	4	5
体积密度/$g \cdot cm^{-3}$	≥	2.90	2.85	2.80	2.90	2.82	2.77	2.90	2.82	2.77
常温耐压强度/MPa	≥	40	35	30	40	35	25	40	35	25
高温抗折强度/MPa （1400℃ ×30min）	≥	6	5	4	14	8	5	12	7	4
抗氧化性		提供实测数据								

镁碳砖是当前炼钢炉采用的主要耐火材料之一，它主要用于转炉、电炉的渣线部位其炉衬及炉外精炼的钢包等。由于其性能比镁砖和焦油白云石砖好，故用在炼钢炉上炉龄寿命可大大提高。采用全镁碳砖砌筑炉衬后，也根据转炉炉体部位损毁的特点使用不同品级的镁碳砖配合砌筑，形成均衡损毁的综合炉衬，取得较好的经济效益。300t 转炉各部位用镁碳砖的性能（举例）见表 4-16。

表 4-16 300t 转炉各部位用镁碳砖的性能及特征

使用部位	化学成分（质量分数）/%					气孔率 /%	体积 密度 /$g \cdot cm^{-3}$	耐压 强度 /MPa	高温抗折 强度 （1400℃ ×0.5h） /MPa	砖的特征
	MgO	SiO_2	CaO	Fe_2O_3	固定碳					
炉口	78.1	1.21	1.40	0.40	14.1	2.4	2.96	42.5	12	低碳镁碳砖
炉帽	73.1	1.02	1.41		18.4	1.89	2.95	41.8	12~13	中碳镁碳砖

使用部位	化学成分（质量分数）/%					气孔率/%	体积密度/g·cm⁻³	耐压强度/MPa	高温抗折强度（1400℃×0.5h）/MPa	砖的特征
	MgO	SiO₂	CaO	Fe₂O₃	固定碳					
炉帽	71.2	1.06	2.13	0.44	19.86	2.46	2.95	39.8	14	高碳镁碳砖，用优质镁砂和石墨
装料侧	76.12	0.74	0.36	0.67	18.06	1.78	2.96	42	14	以优质镁砂、石墨为原料
炉身	71.6	0.87	1.41	0.83	18.90	1.80	2.96	40.1	12	
耳轴	75.23	0.75	0.40	0.83	19.78	1.80	2.96	41.6	14~16	添加新型抗氧化剂
风口周围	75.37	0.82	0.48	0.87	19.6	2.24	2.95	41.8	17.10	大结晶镁砂并添加新型抗氧化剂
炉底	74.6	0.92	0.86	0.91	17.6	1.86	2.95	41.3	12	

4.2.3.2　白云石质耐火材料

白云石质耐火材料是以白云石为主要材料制成的，含 CaO 在 40% 以上，MgO 大于 30% 的耐火制品。

我国白云石的蕴藏量丰富，为发展白云石质耐火材料提供了有利条件。白云石的化学组成为 $MgCO_3 \cdot CaCO_3$，必须经过高温（1500~1600℃）煅烧才能使用，煅烧反应如下：

$$MgCO_3 \cdot CaCO_3 \longrightarrow MgO + CaO + 2CO_2 \uparrow$$

煅烧后的白云石熟料主要矿相组成为方镁石 MgO 以及 a-CaO 晶型。熟料破碎至一定粒度，通常称为冶金白云石砂，可作制砖原料。

A　焦油白云石砖

它是炼钢转炉的主要炉衬材料，在延长炉子寿命方面取得了成效。

焦油白云石砖是以烧结白云石作原料，或再加入适量镁砂并加入焦油或沥青（约 7%~10%）作结合剂，经过捣打而成的。一般不经过烧成工序，直接使用。

这种砖在高温使用过程中，作为黏结剂的焦油和沥青进行分解，放出挥发分，残留固定碳。后者不仅存在于白云石颗粒之间，而且渗入颗粒的毛细孔中，组成完整的固定碳网，将白云石颗粒联结成高强度的整体。此外，固定碳的化学稳定性好，不被熔渣润湿，有助于整个耐火制品抗渣能力的提高。

焦油白云石的主要特性如下。

（1）水化性。白云石砖中的 CaO 与 H_2O 起作用，化合成 $Ca(OH)_2$，体积膨胀一倍，使砖遭到破坏。白云石原料经高温煅烧，水化性有所降低，但由于砖中有大量游离的 CaO，若在空气中放置太久，则不可避免会吸收空气中水分，而逐渐被水化。因此，焦油白云石砖制成后，应尽快使用。

（2）其他性能。焦油白云石砖也是碱性耐火材料，对碱性渣的抵抗能力强，而对酸性渣的抵抗能力差，荷重软化开始温度同样比较低，只有 1500 ~ 1570℃。

焦油白云石砖的耐急冷急热性比普通镁砖好得多，可达风冷 20 次。这与结合剂（固定碳）具有好的热稳定性有关。

使用不烧结的焦油白云石砖时，由于焦油或沥青在低温下加热即软化，故烘炉时在 5000℃以下不能停留时间过长，以防止砖软化变形。

B 稳定性白云石砖

为克服 CaO 水化这一缺点，可在制砖配料中加入含 SiO_2 的硅石粉、硅藻土等物料，砖坯经煅烧后，CaO 与 SiO_2 结合成稳定性化合物：$3CaO \cdot SiO_2$ 和 $2CaO \cdot SiO_2$。CaO 不处于游离状态，故不再与水起反应。这样的砖称为稳定性白云石砖。

稳定性白云石砖的其他性能（表 4-17）与普通镁砖基本上相同，故可代替镁砖使用。

表 4-17 白云石制品的主要性能

指 标	含游离氧化钙制品	不含游离氧化钙制品
显气孔率/%	18.9 ~ 22.8	16 ~ 25
体积密度/g·cm⁻³	2.58 ~ 2.68	2.6 ~ 3.2
常温耐压强度/kPa	25301	39226 ~ 98066
在 1500℃时，保温 2 小时的残存收缩/%	1.2	1.4
吸水率/%	7.1 ~ 8.2	2 ~ 5
196kPa 的荷重软化开始温度/℃	1500 ~ 1570	1400 ~ 1550
热稳定性/次	23	3 ~ 5
耐火度/℃	>1920	1770 ~ 2000

C 烧成和烧成油浸白云石砖

属于半稳定性质的白云石耐火材料，含有一定数量的游离 CO，以钙的硅酸盐为主要结合成分，具有较强的抗渣性、高的荷重软化温度和较高的高温机械强度。

原料采用由二步煅烧法（或一步煅烧法）得到的合成镁质白云石熟料，外加经加热脱水并保温在 80 ~ 100℃的石蜡作为结合剂，泥料用摩擦压砖机成型，在单独的高温油窑内烧成，烧成温度为 1600℃，保温 4 ~ 5h。

近年来，发展生产了烧成油浸镁质白云石砖，其工艺大致与焦油白云石砖相似。区别在于前者采用了石蜡或无规聚丙烯作结合剂，以便在结合剂烧尽后形成陶瓷结合或直接结合；后者将烧成砖在沥青中进行真空 - 压力浸渍，使沥青填满颗粒间隙中。烧成油浸镁质白云石砖是优质的转炉炉衬材料。其理化指标见表 4-18。

表 4-18　烧成油浸合成镁白云石砖理化指标

指　　标		牌号及数值	
		M-75	M-70
$w(MgO)/\%$	≥	75	70
杂质总含量/%	≤	3.0	4.0
0.2MPa 荷重软化开始温度/℃	≥	1700	1700
显气孔率/%	≤	3.0	3.0
体积密度/g·cm^{-3}	≤	3.05	3.05
常温耐压强度/MPa	≤	70	70

4.2.4　碳质耐火材料

碳质耐火材料是用碳及其化合物制成的，以含不同形态的碳为主要组分的耐火材料。包括碳质制品、石墨黏土质制品、碳化硅质制品等。

含碳耐火材料具有下列特性：

（1）耐火度高，因为碳实际上是不熔化的物质，在 3500℃ 时升华，实际上在 3000℃ 时即开始升华，碳化硅在 2200℃ 以上分解。

（2）碳质制品是中性耐火材料，具有很好的抗渣性。

（3）较好的导热性和导电性。

（4）热膨胀系数小，热震稳定性好。

（5）荷重软化温度高，高温强度良好，耐磨性好。

（6）碳和石墨在氧化气氛中会燃烧，碳化硅在高温下也慢慢发生氧化作用，这是含碳耐火材料的主要缺点。

4.2.4.1　碳砖

冶金工业所使用的碳质制品主要是碳砖。目前碳砖用以砌筑高炉风口以下的炉缸和炉底部位，也用来做铝电解槽的内衬。中小型高炉常在现场采用碳质材料直接捣固的技术。

生产碳质制品所需要的原料有无烟煤、焦炭（有煤焦、煤沥青焦和石油沥青焦）及石墨等。无烟煤和焦炭是制砖坯料中的瘠性材料，无烟煤结构致密，而焦炭气孔率高，一般将无烟煤作为颗粒，而将焦炭破碎成细粉，焦炭使用前不经过煅烧，只经过干燥除水，而无烟煤使用前必须进行煅烧。加入焦油结合物质使坯料具有可塑性和结合性，经煅烧后结焦，将碳粒黏结在一起。当坯料可塑性不足时，可加入部分增塑剂石墨。

质量好的碳砖为暗灰色，具有光泽，不沾污手，敲击发出清脆的声音。如有沙音，则表示制品有裂纹或多孔。

高炉用碳砖的理化指标如下：

（1）含碳量不低于92%，灰分不高于8%；

（2）强度不低于 24517kPa；

（3）显气孔率不高于 24%。

碳砖具有耐火度和荷重软化温度高，抗热震性好，不被熔渣铁水等润湿，几乎不受所有酸碱盐和有机药品的腐蚀，抗渣性很好，高温体积稳定，机械强度高，耐磨性好并具有良好的导电性等性质，故广泛应用于冶金工业。其中以高炉碳砖用量最大，许多高炉的炉底、炉缸和炉腹是用碳砖砌筑的。若使用黏土砖时，由于黏土砖在高温下体积不断收缩，强度降低和铁水渗入砖中，造成炉缸被铁水蚀穿和漏铁水，甚至发生爆炸事故。用碳砖时，则可避免这类事故，从而延长了炉子的寿命。

4.2.4.2 石墨质制品

石墨是碳的一种结晶形态，常见的石墨质耐火制品，有熔炼金属的石墨坩埚及铸钢用的石墨塞头砖等，此外还可做成电极使用。

石墨制品是以石墨为原料，用软质黏土作结合剂，成型后在还原气氛中烧成的。石墨制品的特性基本上与碳砖相同，石墨质制品的导热能力比碳砖更高，同时由于石墨晶型的抗氧化能力较强，加之石墨颗粒周围有黏土构成的保护膜，故石墨制品的抗氧化能力比碳砖强得多，可做成坩埚直接在高温火焰中使用。不过石墨质制品的耐火度较碳砖低，一般在 2000℃ 上下，这是结合剂（耐火黏土）的耐火度低的缘故。采用沥青、焦油代替结合黏土，碳化硅代替熟料，制得碳结合的石墨坩埚，在国外也逐渐得到大量应用。

4.2.4.3 碳化硅质制品

碳化硅是纯石英砂和焦炭，在 2000～2200℃ 的高温下，于特殊电炉内烧成的，总的反应式为：

$$SiO_2 + 3C \longrightarrow SiC + 2CO$$

碳化硅耐火制品是以碳化硅为原料，加入耐火黏土、石英等作结合剂，或不加结合剂（靠本身再结晶而结合）所制成的。

碳化硅质制品是以碳化硅为主要原料烧成的高级耐火材料。其主要特征是共价结合，具耐磨性和耐蚀性好、高温强度大、热导率高、线膨胀系数小、抗热震性好等特点。但是碳化硅质制品加入了黏土等结合剂，因结合剂的耐火度较低，导致整个制品的耐火度及高温强度的下降。以黏土结合的碳化硅制品，其耐火度约 1800℃，荷重软化开始温度界于 1620～1640℃ 之间。此外，碳化硅制品在较高温度下才易被氧化，抗氧化能力比碳砖强得多。

碳化硅制品的导热能力也较好，导热系数为 29.3～37.7W/(m·℃)（低于碳砖的），故可用来制作炼锌蒸馏水罐、换热器元件等。碳化硅同样有一定导电能力，常制成电阻发热元件。此外，碳化硅耐火制品价格昂贵，因而限制了它的使用范围。

冶金生产中，碳化硅可用于钢包内衬、水口、塞头、高炉炉底和炉腹、出铁槽、转炉和电炉出钢口、加热炉无水冷滑轨等部位。

不定形耐火
材料(录课)

4.3　不定形耐火材料

　　不定形耐火材料是由一定级配的骨料、粉料、结合剂和外加剂组成不定形状的不经烧成可供直接使用的耐火材料。耐火度应不低于1500℃，有些隔热不定形耐火材料的耐火度允许低于1500℃。这类材料无固定的外形，呈松散状、浆状或泥膏状，因而也称为散状耐火材料，也可以制成预制块使用或构成无接缝的整体构筑物，也称为整体耐火材料。同耐火砖比较，具有工艺简单、节约能源、成本低廉、便于机械化施工等特点。在冶金工业方面，从铁矿烧结、炼焦、炼铁、炼钢、炉外精炼、连铸直到轧钢生产等，几乎每一生产环节的冶金炉和热工设备都使用不定形耐火材料。

　　不定形耐火材料的种类很多，主要按其气孔率和使用分类，也可按其采用的结合剂种类和耐火骨料材质分类。

　　(1) 按气孔率分。有致密不定形耐火材料与隔热不定形耐火材料两类。致密不定形耐火材料也称为普通或重质不定形耐火材料，隔热不定形耐火材料也称为轻质不定形耐火材料。

　　(2) 按使用类型分。主要有耐火浇注料、耐火喷涂料、耐火喷补料、耐火可塑料、耐火捣打料、耐火压注料、耐火投射料、耐火涂抹料、耐火泥浆和干式振动料等。

　　1) 耐火浇注料。也称耐火浇灌料，以耐火骨料和粉料与适当的结合剂、外加剂配制而成，具有良好的触变性能，一般以浇注或浇注振实的方法施工。

　　2) 耐火可塑料。以耐火骨料和粉料与适当的结合剂、外加剂配制而成，呈泥坯状或不规则料团状，在一定时间内保持较好的可塑状态，一般采用风动捣打工具施工。

　　3) 耐火喷涂料与喷补料。材料组成接近耐火浇注料，颗粒级配需适应喷涂或喷补施工的特殊要求，利用风动机具进行施工，施工方法有湿法、干法或半干法。

　　4) 耐火捣打料。以耐火骨料和粉料与适当的结合剂等配制而成，呈松散状，以强力捣打方法施工。

　　5) 耐火泥。也称砌筑和接缝材料，以耐火粉料与适当结合剂、外加剂配制而成的不定形耐火材料。

　　(3) 按结合剂种类分。根据其化学性质可分为无机结合剂不定形耐火材料和有机结合剂不定形耐火材料两类。根据其硬化方式可分为气硬性结合剂、水硬性结合剂、热硬性结合剂类型。

　　(4) 按骨料材质分。有致密骨料和隔热骨料。致密骨料主要有黏土质、高铝质、硅质、镁质、白云石质、尖晶石质、铬质、含锆质、含碳质、含碳化硅质等品种，此外还有各种材质的隔热骨料，主要有浮石、漂珠、蛭石、陶粒、膨胀珍珠岩、多孔熟料和氧化铝空心球等，也可利用隔热耐火制品或碎块制成的颗粒骨料。

4.3.1　耐火浇注料

　　浇注料是一种由耐火物质制成的粒状和粉状材料，并加入一定量结合剂和水分共同组成。它具有较高的流动性，适宜用浇注方法施工，是无须加热即可硬化的不定形耐火材料。由耐火骨料、粉料、结合剂、外加剂、水或其他液体材料组成。一般在使用现场以浇注、震动或捣固的方法浇筑成型，也可以制成预制件使用。

有时为提高其流动性或减少其加水量，还可另加塑化剂或减水剂。有时为促进其凝结和硬化，还可再加促硬剂。由于其基本组成和成形、硬化过程与土建工程中常用的混凝土相同，因而耐火浇注料也可称为耐火混凝土。

根据所用结合剂的不同，耐火浇注料可分为硅酸盐水泥耐火浇注料、铝酸盐水泥耐火浇注料、水玻璃耐火浇注料、磷酸盐耐火浇注料、镁质耐火浇注料等，此外还有轻质耐火浇注料。

耐火浇注料中的粒状料，普遍采用的有各种废耐火砖或煅烧熟料，如黏土熟料、焦宝石熟料、烧结镁石等。对耐火度更高的浇注料，也可采用锆英石、铬渣等材料。粒状料需要破碎到一定粒度，在耐火浇注料中占65%~80%。

常采用与粒状料的材质相同，但等级更高的散状耐火材料作为粉状料。粒度小于0.088mm的应不少于70%，其中应含一定数量粒度为微米甚至小于1μm的超细粉料。

作为掺合料的材料一般是与骨料相同材质的细粉，加入掺合料的目的是使泥料更容易混合，有助于提高制品的致密度、荷重软化温度和减少重烧收缩。掺合料在耐火混凝土中占10%~30%。

结合剂占耐火浇注料重量的7%~20%。根据其化学组成，可分为无机结合剂和有机结合剂。根据其硬化特点，可分为气硬性结合剂、水硬性结合剂、热硬性结合剂和陶瓷结合剂。耐火浇注料用的结合剂多为无机结合剂，最广泛使用的为铝酸钙水泥（高铝水泥）、水玻璃和磷酸盐。另外，制造含碳浇注料或由易水化的碱性原料制造浇注料，也常用含残碳较高的有机结合剂。

由于结合剂在不定形耐火材料中的重要作用，通常，也常按所用结合剂的品种，将浇注料中分类并命名，如铝酸盐水泥浇注料、水玻璃浇注料、磷酸盐浇注料等。

4.3.1.1　几种常用耐火浇注料

铝酸盐耐火浇注料是以矾土水泥为结合剂，以矾土熟料为骨料及掺合料制成的水硬性浇注料。矾土水泥的主要矿物是铝酸钙，水化速度很快，因此这种浇注料的特点是硬化快，早期强度高。但到350℃开始排除结晶水，体积收缩，强度下降，因此烘炉时必须严格按预定曲线进行。到1100℃以上，矾土水泥耐火浇注料的强度有所提高，因为内部产生了陶瓷结合。

水玻璃耐火浇注料是以水玻璃为结合剂，并加入适量的氟硅酸钠（Na_2SiF_4）作促凝剂而制成的气硬性浇注料。依靠水玻瑞水解产生的硅胶，把骨料及掺合料颗粒联结在一起。在各种耐火混凝土中，它的相对强度是较高的，但耐火度及荷重软化温度较低。这种浇注料适用于1000℃以下要求有较高强度、耐磨性好、能抗酸腐蚀的地方，但不能用于经常有水或水蒸气作用的部位。

磷酸盐耐火浇注料是以磷酸（与耐火原料反应生成磷酸盐）为结合剂，有时加适量矾土水泥作促凝剂而制成的热硬性浇注料。这种浇注料的特点是在常温下不硬化固结，为了使其凝固并具有一定强度，在生产预制块时要加促凝剂。经加热到500℃才硬化固结，强度也随温度上升而提高，但到800℃附近，中温强度低是其缺点，以后强度又随温度继续上升。这种浇注料具有优良的耐火性、耐磨性、抗渣性和热稳定性，能长期应用在1400～1600℃的条件下。作为结合剂，可以直接用工业磷酸加水稀释，也可以用浓度40%的工业磷酸加氢氧化铝，按重量比7:1配成磷酸铝溶液。这两种结合剂都要用价格高的磷酸，因此限制了这种耐火混凝土的发展。为此国内试验成功用硫酸铝[$Al_2(SO_4) \cdot 18H_2O$]溶液作代用品，价格仅为磷酸的十分之一，制成的耐火混凝土主要性能与高铝砖相近。

几种常用耐火混凝土的性能见表4-19。

表4-19　几种耐火混凝土的性能

材　料	耐火度/℃	荷重软化开始温度/℃	显气孔率/%	体积密度/$g \cdot cm^{-3}$	常温耐压强度/$N \cdot cm^{-3}$	1250℃烧后强度/$N \cdot cm^{-3}$	热稳定性/次
铝酸盐耐火混凝土	1690～1710	1250～1280	18～21	2.16	1962～3434	1373～1570	>50
水玻璃耐火混凝土	1610～1690	1030～1090	17	2.19	2943～3924	3924～4905	>50
磷酸盐耐火混凝土	1710～1750	1200～1280	17～19	2.26～2.30	1766～2453	2060～2551	>50

4.3.1.2　性能

与耐火砖的性能对比如下：

(1) 耐火度与同材质的耐火砖差不多，但由于耐火混凝土（浇注料）未经烧结，初次加热时收缩较大，故荷重软化点比耐火砖略低。尽管如此，从总体上衡量，性能优于耐火砖。

(2) 耐火混凝土优于低温胶结剂料的作用，常温耐压强度较高。同时因为砌体的整体性好，炉子的气密性好，不易变形，外面的炉壳钢板可以取消，炉子抗机械震动和冲击的性能比砖的砌体好。例如用于均热炉的侧墙上部，该处机械磨损和碰撞都比较厉害，寿命比砖砌提高了数倍。

(3) 热稳定性好，骨料大部分或全部是熟料，膨胀与胶结料的收缩相抵消，故砌体的热膨胀相对来说比砖小，温度应力也小，而且结构中有各种网状、针状、链状的结晶相。抗低温度应力能力强，例如用来浇注均热炉炉口及炉盖，寿命延长到一年半。

(4) 生产工艺简单，取消了复杂的制砖工序。可以制成各种预制块，并能机械化施工，大大加快了筑炉速度，比砌砖效率提高十多倍。还可以利用废砖等作骨料，变废为利。

4.3.1.3　应用

耐火浇注料是目前使用最广泛的一种不定形耐火材料，主要用于各种加热炉内衬等整体构筑物，某些优质品种也可用于冶炼炉，如铝酸盐水泥耐火浇注料可广泛用于各种加热炉和其他无渣、无酸碱侵蚀的热工设备中。在受铁水、钢水和熔渣侵蚀而工作温度又较高的部位，如出钢槽、盛钢桶和高炉炉身、出铁沟等，可使用由低钙和纯净的高铝水泥结合的含氧化铝较高而烧结良好的优质粒状和粉状料制成的耐火浇注料。再如磷酸盐耐火浇注料既可广泛用于加热炉和加热金属的均热炉中，也可用于炼焦炉，水泥窑中直接同物料接触的部位。在同熔渣和熔融金属直接接触的冶金炉和其他容器中的一些部位，使用优质磷酸盐耐火浇注料进行修补也有良好效果。在一些工作温度不甚高而需要耐磨性较高的部位，使用磷酸盐耐火浇注料更为适宜。若选用刚玉质耐火物料制成耐火浇注料，在还原气氛下使用一般皆有较好的效果。

作为热工设备的内衬和炉体时，一般应在第一次使用前进行烘烤，以使其中的物理水和结晶水逐步排除，达到某种程度的烧结，使其体积和某些性能达到使用时的稳定状态。烘烤制度对使用寿命有很大影响。烘烤制度的基本原则应是升温速度与可能产生的脱水及其他物相变化和变形相应，在急剧产生上述变化的某些温度阶段内，应缓慢升温甚至保温相当时间。若烘烤不当或不经烘烤立即快速升温投入使用，极易产生严重裂纹，甚至松散倒塌，在特厚部位甚至可能发生爆炸。

4.3.2　耐火可塑料

耐火可塑料是由粒状和粉状物料与可塑黏土等结合剂和增塑剂配合，加入少量水分，经充分混练，所组成的一种呈硬泥膏状并在较长时间内保持较高可塑性的不定形耐火材料。

耐火可塑料与耐火浇注料相比，在原料组成方面有类似之处，都包括粒状料、粉状料和胶结剂，不同的是可塑料要加入生黏土一类的塑化剂，使材料具有可塑性。

耐火可塑料的主要组分是粒状和粉状料，占总量的 70%～85%。它可由各种材质的耐火原料制成，并常依材质对其进行分类与命名。由于耐火可塑料主要用于不直接与熔融物接触的各种加热炉中，一般多采用黏土熟料和高铝质熟料，制备轻质可塑料通常采用轻质粒状料。

可塑性黏土是可塑料的重要组分，它只占可塑料总重的 10%～25%，但对可塑料和其硬化体的结合强度、可塑料的可塑性、可塑料和其硬化体的体积稳定性和耐火性都有很大的影响。在一定意义上，可认为黏土的性质和数量控制着可塑料的性质。

4.3.2.1　耐火可塑料的性质

A　可塑料的工作性质

一般要求可塑料应具有较高的可塑性，而且经长时间储存后，仍具有一定的可塑性。

耐火材料的可塑性与黏土特性、黏土用量以及水分的数量有关，主要取决于水分的数量，随水量的增多而提高。但水量过高会带来不利的影响，一般以 5%～10% 为宜。

为了尽量控制可塑料中的黏土用量和减少用水量，可外加增塑剂，其增塑作用主要有：使黏土颗粒的吸湿性提高；使黏土微粒分散并被水膜包裹；使黏土中腐殖物分散并使黏土颗粒溶胶化；使黏土－水系统中的黏土微粒间的静电斥力增高；稳定溶胶；将阻碍溶胶化的离子作为不溶性的盐排除于系统之外等。可作为增塑剂的材料很多，如纸浆废液、环烷酸、木素磺酸盐、木素磷酸盐、木素铬酸盐以及其他无机和有机的胶体保护剂等。

欲使可塑料的可塑性在其保存期内无显著降低，不能采用水硬性结合剂。

B　可塑料的硬化与强度

为了改进以软质黏土作结合剂的可塑料在施工后硬化缓慢和常温强度很低等缺点，往往另外加入适量的气硬性和热硬性结合剂。

可塑料中无化学结合剂者称为普通可塑料。此种可塑料在未烧结前强度很低，但随温度升高，水分逸出，强度提高。经高温烧结后，冷态强度增大。但高温下热态强度随温度上升而降低。

加有硅酸钠的可塑料在施工后的强度随温度升高而增长较快，在施工后可较快地拆模。但是，在干燥过程中，这种结合剂可能向构筑物或制品的表面迁移，阻止水分的顺利排除，引起表皮产生应力和变形。另外，施工后的可塑料碎屑也不宜再用，含有此种结合剂的可塑料宜用于建造工期较长的大型窑炉和用于炉顶等处。

磷酸铝是可塑料中使用最广泛的一种热硬性结合剂，施工后经干燥和烘烤可获得很高的强度。

C　可塑料的抗热震性

与相同材质的烧结耐火制品和其他不定形耐火材料相比，可塑性耐火材料的抗热震性较好，主要原因有以下几方面：由硅酸铝质耐火原料作为粒状和粉状料的可塑料，在加热过程中或在高温下使用时不会产生由于晶型转化而引起的严重变形；在加热面附近的矿物组成为莫来石和方石英的微细的结晶，玻璃体较少，沿加热面向低温侧过渡，可塑料的结构和物相是递变而非激变；可塑料具有均匀的多孔结构，膨胀系数和弹性模量一般都较低等。

4.3.2.2　耐火可塑料的优点

(1) 耐火度高。硅酸铝质耐火可塑料的耐火度可达到 1750~1850℃，超过了黏土砖，达到了高铝砖的水平。可以用在直接与火焰接触的部位。

(2) 热稳定性好。使用于温度变化剧烈的部位不会崩裂剥落。例如均热炉炉口部位的炉墙，使用耐火砖寿命只有半年至一年，使用耐火可塑料后可延续到一年半以上，国外甚至有长达 4~5 年的。

(3) 绝热性能好。可塑料比砖的导热系数小，因此降低了燃耗，提高了炉温。

(4) 抗渣性好。能抵抗氧化铁皮熔渣的侵蚀，而且落上的渣不易黏结，容易清除。

(5) 抗震性能及耐磨性能好。用于包扎炉底水冷管和步进式炉的步进梁，不容易脱落和损坏。

(6) 整体性好。整个砌体严密无缝。

和耐火砖相比，耐火可塑料生产流程简单，容易施工，筑炉速度比砌砖快四倍以上，修补方便。硅酸铝质可塑料主要性能达到高铝砖水平，但费用比高铝砖低。和耐火混凝土相比，施工不用模板，不需养护时间，由于高温下生成的玻璃相少，性能上也超过相同材质的耐火混凝土。耐火可塑料的缺点是体积收缩大，常温强度低，储存期短。可塑料的损坏多半因为施工质量不好或烘炉方法不对，而不是材料本身问题。

4.3.2.3 耐火可塑料的配制和应用

原料配比国内尚无一定标准。可用焦宝石熟料（骨料）65%，矾土熟料细粉（掺合料）25%，生黏土（塑化剂）10%，硫酸铝溶液（外加结合剂）9%，草酸（储存剂）2%，先将骨料、掺合料、生黏土进行搅拌，然后加入结合剂及添加剂再进一步搅拌，出来的混合料必须经过 24 小时以上的困料时间，再进挤泥机进行揉搓，挤出泥条状的可塑料成品。成品用塑料袋包装送往用户，质量好的可塑料可保存 3~6 个月，最长可达一年。

耐火可塑料的施工可以用模板捣打（气锤或手锤），也可以不用模板，但内部都有锚固件。加热炉炉底水管包扎时，内部用金属钉钩或钢丝弹簧圈。

耐火可塑料的用途很广，除用于加热炉炉底水管包扎外，还应用于烟道拱顶，加热炉炉顶，烧嘴砖，以及炼钢厂的盛钢桶、保温帽等部位。

4.3.3 耐火喷补料与喷涂料

4.3.3.1 喷补料

用喷射施工方法修补热工设备内衬用的不定形耐火材料。它是由一定颗粒级配的耐火骨料、结合剂和外加剂（包括促凝剂、增塑剂、助烧结剂及矿化剂等）组成的，一般均属热硬性或气硬性材料。喷补维修通常是炉衬局部发生过早损坏而大部分还较完好的情况下采用的一种维修方法，它能使炉衬达到或接近均衡损毁。

（1）特点。施工简便、工期短，施工不需模板和支架，并能有效地延长炉衬寿命、降低耐火材料消耗。

（2）分类。

1）按喷补料主材质可分为氧化镁质、镁钙质、镁铬质、镁碳质、硅酸铝质和氧化铝 - 碳化硅 - 碳质喷补料等；

2）按施工方法可分为湿法（泥浆法）喷补料、半干法（喷嘴混合式）喷补料和火焰法（熔射法）喷补料；

3）按使用条件又可分为转炉用喷补料、电炉用喷补料、盛钢桶用喷补料、真空脱气装置（RH、DH）用喷补料、出铁沟用喷补料和高炉内衬用喷补料等。

不同冶金炉和装备用喷补料材质与结合剂的情况见表 4-20。

表 4-20 不同冶金炉和装备用喷补料材质与结合剂的情况

应用设备	结合剂	主材质	使用部位
转炉	磷酸盐	MgO 质	炉帽、耳轴
	磷酸盐 + 碳	MgO-CaO 质	转料侧、出钢口

应用设备	结合剂	主材质	使用部位
盛钢桶	磷酸盐	MgO 质、MgO-CaO 质	渣线
	硅酸盐	镁铬质、高硅质	侧壁
	硅酸盐	高铝质	水口砖周围
真空脱气装置	磷酸盐	MgO 质	浸入管
	磷酸盐	MgO-CaO 质	上升、下降环流管
	硅酸盐	MgO-Cr_2O_3 质	
出铁沟	硅酸盐	Al_2O_3-SiC-C 质	渣线、金属液线
高炉内衬	氧化铝水泥	黏土熟料质、氧化铝质	炉身
	氧化铝水泥	氧化铝 – SiC 质	炉身下部
电炉	硅酸盐	MgO 质	侧壁
	磷酸盐	MgO-CaO 质	渣线
	磷酸盐	MgO-Cr_2O_3 质	熔池

4.3.3.2　耐火喷涂料

耐火喷涂料是利用气动工具以机械喷射方法施工的不定形耐火材料，由耐火骨料、粉料、结合剂（或加外加剂）组成。喷涂料的材质有硅铝质、镁质、刚玉质与磷酸盐质等。由于在喷涂过程中水泥与骨料等组成材料反复连续冲击促使喷射出的物料压实，因而喷涂层具有较好的致密度和力学强度。喷涂施工实际上是把运输、浇注或捣固合为一个工序，不需或只需单面模板，工序简单、效率高、有广泛的适应性。一般可作为高炉、热风炉壳体内表面的保护层及高炉炉头、煤气导出管、除尘器的工作内衬。

4.3.4　耐火捣打料

由骨料、细粉、结合剂和必要的液体组成，使用前无黏附性，用捣打方法施工的不定形耐火材料。

4.3.4.1　捣打料的组成

可作耐火骨料的物料很多，常用的有镁砂、石英砂、冶金焦粉等。配料以后，用人工或气锤捣实打紧，再经高温烧结而成。

捣打料中粒状和粉状料所占的比例很高，而结合剂和其他组分所占的比例很低，甚至全部由粒、粉料组成。故粒状和粉状料的合理级配是重要的一环。

捣打料的临界粒度一般为 8mm，有时也可以为 10mm，颗粒料的用量为 60%～70%，耐火粉料的用量为 30%～40%，结合剂或水的用量为 6%～10%，当采用黏土结合剂时，其用量为 5%～10%，一般根据使用部位和施工要求酌情变化。

粒、粉料可由各种材质制成，常用的有镁砂、石英砂、冶金焦粉等。但要求粒、粉料必须具有高的体积稳定性、致密性和耐侵蚀性。通常，都采用经高温烧结或熔融的材料。用于感应电炉的还应具有绝缘性。

捣打料与耐火浇注料不同，不采用水硬性的水泥等胶结料。用作捣打料结合剂很多用水玻璃、耐火黏土等无机物，也可用焦油、沥青等有机物。捣打料中一般不加增塑剂和缓凝剂之类的外加剂，所含水分较低。当采用非水溶性有机结合剂时，混合料中无水。

4.3.4.2 捣打料的性质

捣打料呈干的或半干的松散状，多数在成型前无黏结性，因而只有以强力捣打才可获得密实的结构。用暂时性结合剂制成的多数捣打料未烧结前的常温强度较低，只有在加热达到烧结时，强度才可显著提高。用化学结合剂制成的和由含碳结合剂制成的，经适当热处理后，使结合剂产生强力结合作用或是其中的含碳化合物焦化后才获得高的强度。高温下具有较高的稳定性和耐侵蚀性。耐火捣打料的缺点是施工速度慢，劳动强度高。

4.3.4.3 捣打料的施工和使用

捣打料可在常温下施工，用风镐或机械捣打，其风压不低于 0.5MPa、料量较少或使用不重要的部位，也可用手工打结。但当采用热塑性有机材料作结合剂时，要热拌和热导施工。

成型后，针对混合料的硬化特点，采取不同加热方式促其硬化或烧结。对含无机质化学结合剂者，应根据结合剂硬化特性，采用相应的热处理方法，促其硬化，硬化达相当强度后可拆磨烘烤；对含热塑性碳素结合剂者，待冷却使捣打料具有相当强度后再脱模。脱模后在使用前应迅速加热使其焦化。对不含常温和中温下硬化的结合剂，常在捣实后带模进行烧结。

捣打料主要用于与熔融物料直接接触的各种冶炼炉中，作为炉衬材料。除用以构成整体炉衬外，也用以制造大型制品。捣打料可代替耐火砖用来捣筑冶金炉的某些部位，也可捣筑整个炉子。目前，高炉部分炉衬、电炉炉底、冰铜熔炼反射炉炉底以及感应电炉整个炉体，皆广泛使用捣打料捣筑而成。

4.3.5 耐火泥

耐火泥又称火泥或接缝料（粉状物），是用作耐火制品砌体的砌缝材料。按材质可分为黏土质、高铝质、硅质和镁质耐火泥等。

黏土质火泥是由 60%～70% 耐火黏土熟料粉和 30%～40% 生黏土细料混合而成，加入适量水调成泥浆后，可用来砌筑黏土砖。

硅质火泥由 85%～90% 的石英细粉和 10%～15% 高质且黏合黏土粉组成，加水调制泥浆，用来砌筑硅砖。

镁质火泥是用冶金镁砂磨细后制成，用于镁砖的砌筑，可干砌，也可湿砌。干砌即镁质火泥直接用来填充砖缝；湿砌法是镁质火泥中加入卤水，调制成泥浆后再使用。镁质火泥不加水调制，是为了防止水化。

耐火泥由耐火粉料、结合剂组成。几乎所有的耐火原料都可以制成用来配制耐火泥的粉料。以耐火熟料粉加适量可塑黏土作结合剂和可塑剂而制成的称普通耐火泥，在高温过程中常因水分蒸发，体积收缩，而产生裂缝，破坏了严密性。高温下形成陶瓷结合才具有较高强度。以水硬性、气硬性或热硬性结合材料作为结合剂的称化学结合耐火泥，在低于形成陶瓷结合温度之前即产生一定的化学反应而硬化。

耐火泥特性有：

（1）可塑性好，施工方便；

（2）黏结强度大，抗蚀能力强；

（3）耐火度较高，可达 $1650℃ \pm 50℃$；

（4）抗渣侵性好；

（5）热剥落性好。

耐火泥主要应用于焦炉、玻璃窑炉、高炉热风炉和其他工业窑炉。近年来，我国高炉砌筑采用一种新的泥浆（高强度磷酸盐泥浆，见表 4-21），这种泥浆在高温下具有较高的黏结强度，基本不收缩，并对铁水与熔渣的侵蚀具有较强的抵抗能力。

表 4-21　高强度磷酸盐泥浆的材料组成与配比

材料名称	材料组成/%	重量配比/%
高铝熟料粉	成分：$Al_2O_3 > 15$；$Fe_2O_3 < 1.5$ 粒度：$< 0.088mm$，78；$< 0.15mm$，10.0	100
工业磷酸	浓度：85	15～17（外加）
水		16～18（外加）

注：为改善泥浆的操作性能，可用浓度为 3%～4% 的牛皮胶水代替水。

4.4　隔热材料

隔热耐火材料是指气孔率高、体积密度低、导热率低的耐火材料。隔热耐火材料又称轻质耐火材料，它包括隔热耐火制品、耐火纤维和耐火纤维制品。

隔热耐火材料的特征是气孔率高，一般为 40%～85%；体积密度低，一般低于 $1.5g/cm^3$；热导率低，一般低于 $1.0W/(m \cdot K)$，它用作工业窑炉的隔热材料，可减少炉窑散热损失，节省能源，并可减轻热工设备的重量。

隔热耐火材料机械强度、耐磨损性和抗渣侵蚀性较差，不宜用于炉窑的承重结构和直接接触熔渣、炉料、熔融金属等部位。

4.4.1　隔热耐火制品

隔热耐火制品是指气孔率不低于 45% 的耐火制品。

隔热耐火制品的种类很多，其分类方法主要有以下几种：

（1）按体积密度分为一般轻质耐火材料（体积密度为 $0.4～1.0g/cm^3$）和超低轻质

耐火材料（体积密度低于 0.4g/cm³）。

（2）按原料分为黏土质、高铝质、硅质和镁质等隔热耐火材料。

（3）按生产方法分为燃尽加入法、泡沫法、化学法和多孔材料法等隔热耐火材料。

（4）按制品形状分为定形隔热耐火制品和不定形隔热耐火制品。

（5）按使用温度分为低温隔热耐火材料（使用温度为 600~900℃）、中温隔热耐火材料（使用温度为 900~1200℃）和高温隔热耐火材料（使用温度大于 1200℃）。

4.4.1.1 高温隔热材料

各种轻质耐火材料都可作为高温隔热材料，如轻质黏土砖、轻质硅砖、轻质高铝砖以及轻质耐火混凝土等。

制造轻质耐火砖的原料，与普通耐火砖没有区别，所不同的是在制造过程中采用加入可燃物烧去法或泡沫法等，使砖中造成大量的而且分布均匀的气孔。

轻质耐火砖的耐火度，与成分相同的普通耐火砖相差不大。但由于气孔很多（显气孔率可达 45% 以上），故耐压强度、抗渣性、抗腐蚀性等性能都大大降低。所以，多数轻质耐火砖有一个最高使用温度的问题。轻质黏土砖的最高使用温度见表 4-22。

表 4-22 轻质黏土砖的耐火度及使用温度

轻质黏土砖牌号	体积密度/g·cm⁻³	耐火度/℃	最高使用温度/℃
（QN）-1.3a	<1.3	1710	1400
（QN）-1.3b	<1.3	1670	1300
（QN）-1.0	<1.0	1670	1300
（QN）-0.8	<0.8	1670	1250
（QN）-0.4	<0.4	1670	1150

轻质耐火砖的耐压强度低，故砌筑时应留有足够的膨胀缝，避免使用时因高温膨胀而引起破损。

4.4.1.2 中温隔热材料

常见中温隔热材料有硅藻土砖、密度很小的轻质黏土砖、珍珠岩和蛭石等。

硅藻土的成分是非晶体的含水二氧化硅，并含有部分黏土杂质，通常做成硅藻土砖，呈土黄色，质软，气孔率大，允许使用温度 900℃。

蛭石的外形很像云母，它是一种含水铝硅酸盐，加热时体积大大膨胀，成为体积密度很小（0.1~0.3g/cm³）的松散物料，称为膨胀蛭石。它的允许工作温度为 1000℃，导热系数很小 [0.052~0.058W/(m·℃)]，是一种良好的隔热材料。

轻质珍珠岩制品，是我国试制成功的新产品，它是以膨胀珍珠岩（含 SiO_2 70% 左右，Al_2O_3 14% 左右，体积密度为 60kg/m³）为主要原料，用磷酸铝、硫酸铝及亚硫酸盐纸浆废液为结合剂，成型后烧成的，使用温度在 1000℃ 以下。

4.4.1.3 低温隔热材料

低温隔热材料常用石棉、矿渣棉等材料。

石棉是一种纤维状矿物，其化学组成为含水硅酸盐。石棉在高温下不燃烧，在 500℃ 时开始失去化学结合水，强度降低，温度升高到 700~800℃ 时，石棉变脆。石棉可以制成各种制品，如石棉绳、石棉板、石棉布等，使用温度在 700℃ 以下。

水渣和渣棉是高温炉渣用水急冷或用压缩空气雾化所得的产物，导热系数低，重量轻。在两层砌体间用其填充，可以起到很好的隔热作用，但使用温度不能超过 600℃。

4.4.2　耐火纤维及其制品

耐火纤维是纤维状耐火材料，是近年来被广泛应用的一种新型高温隔热材料。即具有一般纤维的特性，如柔软、有弹性、有一定的抗拉强度，可以进一步把它加工成各种纸、线、绳、带、毯和毡等制品；又具有一般纤维所没有的耐高温、耐腐蚀性能。其作为隔热耐火材料，已被广泛应用于冶金、机械等工业部门。

耐火纤维分为非晶质（玻璃态）和多晶质（结晶态）两大类。非晶质耐火纤维，包括硅酸铝质、高纯硅酸铝质、含铬硅酸铝质和高铝质耐火纤维等；多晶质耐火纤维，包括莫来石纤维、氧化铝纤维和氧化锆纤维等。

硅酸铝质耐火纤维是目前发展最快，高温工业炉窑上应用最多的耐火纤维。因其主要成分之一是氧化铝，而氧化铝又是瓷器的主要成分，所以叫作陶瓷纤维。而添加氧化锆或氧化铬，可以使陶瓷纤维的使用温度进一步提高。

陶瓷纤维制品是以高铝矾土或高岭土为主要原料，在 2000~2200℃ 的高温下熔化后，用高速空气或蒸汽流喷吹制成。一般纤维的平均直径约 2.8μm，长度平均 100mm。用它可制成板、带、绳等，也可混在耐火浇注料中使用。

陶瓷纤维具有重量轻、耐高温、热稳定性好、导热率低、比热小及耐机械振动等优点，其中：耐火度约为 1760℃，真比重为 25.11×10^{-3}N/cm^3，体积密度 48~192kg/m^3，约为普通黏土砖的 1/40~1/10，导热系数约为普通黏土砖的 1/30~1/6，此外，它不与油、汽、水和许多化学药品起作用。允许工作温度为 1260~1350℃。

陶瓷纤维在炉子上的应用很广。由于它的弹性和柔性好，故可作 1500~1600℃ 高温炉的膨胀缝填料和密封料。由于它几乎没有热膨胀，只有初次加热收缩 5%，故做炉衬不必留胀缝。由于它不被熔融金属润湿，故可做铝、铅、锌和铜及这些金属的合金流槽等。由于它的抗焦性好，故可做连续加热炉炉底水冷滑钢管的支承等。由于它的高温绝热性很好，另外和一般致密耐火砖相比热稳定性更好，所以直接用它做炉子受热面的同时，可大大减少炉墙厚度和炉体蓄热量。由于用它砌的炉子热惯性小，故特别适用于要求控制加热和冷却速度的间歇作业的热处理炉。

4.5　耐火材料的选用及发展

耐火材料是冶金炉窑的主要构筑材料，根据炉窑结构特点及热工制度和生产工艺条件，正确选择和合理使用相应的耐火材料，能够延长炉子的寿命，提高炉子的生产率，降低生产成本等。

4.5.1　耐火材料选用的原则

（1）掌握冶金炉的生产特点：根据冶金炉窑的构造、各部位工作特性及运行条件，选用耐火材料。要分析耐火材料损毁的原因，做到有针对性地选用耐火材料。例如：各种熔炼炉渣线及以下部位的炉村及炉底，以受渣和金属熔体的化学侵蚀为主，其次才是温度骤变所引起的热应力作用，一般选用抗渣性优良的镁质、镁铬质耐火砖砌筑。渣线以上部位可选用镁铝砖、镁铬砖，或高铝砖砌筑。

（2）熟悉耐火材料的特性：熟悉各种耐火材料的化学矿物组成、物理性能和工作性能，做到充分发挥耐火材料的优良特性，尽量避开其缺点。如硅砖荷重软化温度高，能抵抗酸性炉渣的侵蚀，但在600℃以下发生 β 晶型向 α 晶型的快速转变，抗热震性很差，在600℃以上使用时抗热震性较好，高温下只会膨胀而不发生体积收缩，因而可选用作火焰炉炉顶砖、焦炉炭化室隔墙砖等。

（3）保证炉窑的整体寿命：要使炉子各部位所用各种耐火材料之间合理配合，确定炉子各部位及同一部位各层耐火材料的材质时，既要防止不同耐火材料之间发生化学反应而熔融损毁，又要保证各部位的均衡损耗，保证炉子整体的使用寿命。

（4）实现综合经济效益合理：选用的耐火材料要在满足工艺条件和技术要求的前提下，对材料的质量、来源与价格、使用寿命与消耗以及对产品质量的影响进行综合分析，力求做到综合经济效益合理。

总之，选择耐火材料，不仅技术上应该是合理的，而且经济上也必须是合算的。应本着就地取材原则，充分合理利用国家经济资源，能用低一级的材料，就不用高一级的，当地有能满足要求的就不用外地的。

4.5.2　我国耐火材料工业的发展方向

中国耐火材料工业健康发展、不断壮大，生产规模已多年居世界第一位。不仅满足了国内高温工业生产、发展的需求，而且产品遍及东南亚多国和美洲、欧盟、俄罗斯等150个国家（地区）。

新型绿色环保和节能降耗耐火材料将成为未来耐火材料行业发展的主要趋势，不定形耐火材料、无铬耐火材料、新型绝热耐火材料受益于产业发展政策，将成为未来迅速发展的主要产品。

A　定型耐火制品向不定形耐火材料方向发展

近年来，世界耐火材料发展的一个重要特征是不定形耐火材料迅速发展，如发达国家不定形耐火材料的生产比例已由以前的15%~20%增至现在的50%~60%。不定形耐火材料已进入高温领域并且取得良好效果。在以前，不定形耐火材料多数用于使用条件较为温和，一般没有或很少有熔渣或熔剂侵蚀的中低温环境，例如用作加热炉和热处理炉的炉衬（800~1400℃）。现在，不定形耐火材料已广泛用于温度高达1600~1700℃，并且（或者）存在熔渣（或碱）的化学侵蚀和冲刷、高温钢水的冲击、急剧的热震等恶劣使用条件的部位，例如钢铁工业的电炉炉顶、高炉出铁沟、钢包和中间包包衬等，而且使用寿命都有所改进。为扩大在高温领域的使用，研究开发了许多高温性能不定形耐火材料。突出的为低水泥（LCC）、超低水泥（ULCC）和无水泥（NCC）浇注料，它们比加入约15%水泥的传统浇注料具有更好的高温性能，尤其是热机械性能和抗侵蚀性能。开发了许多用于制备优质不定形材料的高性能合成原料，它们包括：（1）Al_2O_3 基原料，如刚玉（电熔、烧结、板状）、刚玉–莫来石、锆刚玉莫来石、莫来石和富 Al_2O_3 尖晶石等；（2）MgO 基原料，如电熔镁砂、MgO 含量为98%的高纯烧结镁砂、镁铬合成砂和富 MgO 尖晶石等；（3）微粉类原料，如硅微粉、活性 Al_2O_3 和 $\rho\text{-}Al_2O_3$ 等。

B　耐火材料材质由高纯氧化物材料向氧化物–非氧化物复合材料方向发展

高纯氧化物制品（如刚玉、刚玉–莫来石、氧化锆、锆英石和方镁石等）虽已广泛应用于高温窑炉的重要部位，但是它们存在抗热震性较差、易于产生结构剥落的弱点。近年来，具有优良抗热震和抗侵蚀性的碳结合材料迅速崛起，并已占据了炼钢过程的重要部位。然而，它们的弱点是抗氧化性和力学性能较差。综合考虑高温强度、抗热震性、抗侵蚀性和抗氧化性等各项高温使用性能，氧化物–非氧化物复合材料将会兴起并发展成为新一代的高技术、高性能的优质高效耐火材料，用于高温关键部位。

经研究表明：

（1）与碳结合材料比较，它们具有优越得多的常温和高温强度以及抗氧化性；

（2）与氧化物材料比较，它们具有较好的抗热震性；

（3）它们还具有良好的抗渣性。

C　传统耐火材料制品向功能型耐火材料发展

功能型耐火材料，是能起到类似机械部件作用的耐火材料。

钢铁冶炼用功能型耐火材料制品主要包括：（1）高炉陶瓷杯、风口砖等；（2）复吹氧气转炉用定向供气元件，钢包和精炼包用透气塞；（3）连铸用滑动水口、长水口、浸入式水口、定径水口以及分离环。此类特种功能材料制品的显著特点是高技术、高性能、高精度和高附加值。在性能上，要求其有突出的抗热震性、优良的高温强度和抗侵蚀性；在外形尺寸和平整度上的要求与金属部件相当，表面缺陷和裂纹的限制很严格，与传统耐火制品相比有数量级的差别；工艺技术的精细程度需大幅提高，需使用性能稳定的高纯原料，进行准确的配料，严格控制成型和烧成制度。关于其成型，有的用真空成型、等静压成型或热压成型；有的需在烧成后进行精密的机械加工；有的还要涂上表面涂层或进行真空油浸。

D　天然原料向优质合成原料发展

近年来，具有许多重要用途的优质耐火制品越来越多地使用合成原料，多数是由人工合成原料制备的，价格相当昂贵，如刚玉莫来石、锆莫来石和铝镁尖晶石等，都是以氧化铝为基料。利用我国丰富的高铝矾土和菱镁矿为基料，制备优质合成原料（简称"天然"合成原料），使其质量接近于人工合成原料而使用效果相当，价格却可大幅降低，这样可以得到显著的经济效益。

"天然"合成原料主要有以下三种类型：

（1）均质类。均质类是指通过均化工艺和适当高温煅烧，达到结构均匀、性能和质量稳定。我国已有均化矾土熟料的初步成果（Al_2O_3 含量为 88% ~ 89% 的品种），但尚未转化为生产力。应进一步研究开发矾土基均质料系列化产品，并促进其产业化。

（2）改性类。改性类是指通过选矿或电熔减少杂质（减法），如精选高铝矾土、矾土基电熔刚玉；或通过加入适量有益氧化物，改善高温性能（加法），如矾土基尖晶石、锆刚玉莫来石。近几年来，研究开发的有镁砂基和矾土基改性合成料。镁砂基改性合成料有含 MgO 98% 以上的高纯镁砂、合成镁铬砂和富铁镁钙砂等，都已形成了一定的生产规模，工艺基本成熟，取得了较好的应用效果，有望进一步推广。今后的另一研发重点是矾土基改性合成料，包括矾土基电熔刚玉、矾土基铝镁尖晶石、矾土基锆刚玉莫来石料。

（3）转型类。转型类是指将铝矾土原料通过高温还原和氮化工艺处理，使其转化为 Sialon、Alon 等非氧化物－氧化物复合材料，这是今后耐火材料发展的重要方向之一。我国用天然原料合成制备这类材料，已做了较多的应用基础研究，并取得了阶段性成果。今后应改进和完善转型工艺，制备出质量稳定的转型产品以及相应的氧化物－非氧化物复合制品，在高温窑炉重要部位试用并且逐步扩大应用范围，尽快促进其产业化。

总之，在多年工业发展和技术进步的促进下，我国耐火材料工业得到了迅猛发展，耐火材料产量已多年居世界第一，世界范围的耐火材料技术正在向中国转移。中国是耐火材料的产量大国和消耗大国还将持续一段时间，但耐火材料产业整体的技术水平和产品结构等方面与国际先进水平相比差距较大。面对国内高温工业技术的飞速发展和国际化带来的机遇和挑战，我国耐火材料工业将不断地寻找发展出路，经历科技创新、结构优化、企业重组和品种结构调整，从耐火材料生产和消耗大国向耐火材料技术强国转变。

自　测　题

一、单选题（选择下列各题中正确的一项）

1. 高级耐火材料的耐火度为_____。

　　A. 小于 1580℃　　　　B. 1580 ~ 1770℃　　　C. 1770 ~ 2000℃　　　D. 大于 2000℃

2. 普通耐火材料的耐火度为_____。

　　A. 小于 1580℃　　　　B. 1580 ~ 1770℃　　　C. 1770 ~ 2000℃　　　D. 大于 2000℃

3. 不属于耐火材料使用性能的有_____。

　　A. 荷重软化温度　　　B. 体积密度　　　　　C. 热稳定性　　　　　D. 耐火度

4. 不属于耐火材料物理性能的有_____。

　　A. 体积密度　　　　　B. 真比重　　　　　　C. 气孔率　　　　　　D. 耐火度

5. 含酸性较多的耐火材料，对_____炉渣的抵抗能力强。

　　A. 酸性　　　　　　　B. 碱性　　　　　　　C. 中性　　　　　　　D. 酸性和碱性

6. 耐火度最低的是_____。

  A. 黏土砖   B. 高铝砖   C. 硅砖   D. 镁砖

7. 荷重软化温度最低的是_____。

  A. 黏土砖   B. 高铝砖   C. 硅砖   D. 镁砖

8. 热稳定性最好的是_____。

  A. 黏土砖   B. 高铝砖   C. 硅砖   D. 镁砖

9. 在高温下，产生残存收缩的是_____。

  A. 黏土砖   B. 半硅砖   C. 硅砖   D. 镁砖

10. 属于中性耐火材料的是_____。

  A. 黏土砖   B. 高铝砖   C. 硅砖   D. 镁砖

11. 属于高级耐火材料的是_____。

  A. 黏土砖   B. 高铝砖   C. 硅砖   D. 镁砖

12. 荷重软化温度最高的是_____。

  A. 黏土砖   B. 高铝砖   C. 硅砖   D. 镁砖

13. 热稳定性最差的是_____。

  A. 黏土砖   B. 高铝砖   C. 硅砖   D. 镁砖

14. 属于高温隔热材料的是_____。

  A. 陶瓷纤维   B. 硅藻土砖   C. 石棉   D. 珍珠岩

15. 属于中温隔热材料的是_____。

  A. 陶瓷纤维   B. 硅藻土砖   C. 石棉   D. 矿渣棉

16. 属于低温隔热材料的是_____。

  A. 陶瓷纤维   B. 硅藻土砖   C. 石棉   D. 轻质黏土砖

二、填空题（将适当的词语填入空格内，使句子正确、完整）

1. 耐火材料按其耐火度分为_____、_____、_____三种。

2. 耐火材料的主要使用性能有_____、_____、_____、_____、_____五种。

3. 耐火材料抵抗高温而不变形的性能叫_____。

4. 耐火混凝土的组成包括_____、_____和_____。

5. 最高使用温度主要取决于_____及_____。

6. 根据使用温度不同，隔热材料可分为三类：_____、_____、_____。

知 识 拓 展

1. 什么是耐火材料？通常怎样分类？

2. 耐火材料有哪些物理性能和高温使用性能？各有什么意义？

3. 试归纳所学各种耐火砖的主要优缺点。为各冶金炉选用耐火材料并说明选用理由。

课后自测题参考答案

1.1　冶金企业常用燃料及其特性

一、单选题

1. D　2. C　3. C　4. D　5. B　6. A　7. B　8. C　9. D　10. A

二、填空题

1. 泥煤、褐煤、烟煤、无烟煤

2. 挥发分、固体碳、灰分、水分

3. 重油在50℃时的恩氏黏度为20

4. 立即关闭阀门

5. 燃料的化学组成、燃料的发热能力

6. C、H、O、N、S、M、A

7. 各组成物的重量百分数

8. 可燃性气体、不可燃气体

9. 各组成物的体积百分数

10. 各组成物的绝对含量保持不变

三、计算题

1. 解：由表1-8查出30℃时的饱和水蒸气量 $g_{H_2O}^{干} = 35.1 g/m^3$，根据式（1-2）得：

$$\varphi(H_2O^v) = \frac{0.00124 \times 35.1}{1 + 0.00124 \times 35.1} \times 100\% = 4.17\%$$

$$\varphi(CO^v) = \varphi(CO^d) \times (1 - \varphi(H_2O^v)) = 27.2\% \times (1 - 0.0417) = 27.2\% \times 0.9583 = 26.06\%$$

$$\varphi(H_2^v) = 3.2\% \times 0.9583 = 3.07\%$$

$$\varphi(CH_4^v) = 0.2\% \times 0.9583 = 0.19\%$$

$$\varphi(CO_2^v) = 14.7\% \times 0.9583 = 14.09\%$$

$$\varphi(O_2^v) = 0.2\% \times 0.9583 = 0.19\%$$

$$\varphi(N_2^v) = 54.5\% \times 0.9583 = 52.23\%$$

$$\varphi(CO^v) + \varphi(H_2^v) + \varphi(CH_4^v) + \varphi(CO_2^v) + \varphi(O_2^v) + \varphi(N_2^v) + \varphi(H_2O^v) = 26.06\% + 3.07\% + 0.19\% + 14.09\% + 0.19\% + 52.23\% + 4.17\% = 100\%$$

2. 解：将各湿成分体积百分含量的绝对值代入式（1-5）即得：

$$Q_{低} = 127.7 \times 25.96 + 108 \times 6.12 + 359.6 \times 0.29 = 4080 (kJ/kg)$$

1.2　燃烧计算

一、单选题

1. A　2. D　3. B

二、填空题

1. 化学性不完全燃烧、机械性不完全燃烧

2. 燃料内部的化学成分、外部燃烧条件

三、计算题

1. 解：（1）空气需要量

$$L_0 = 4.76 \times 22.4 \times \left(\frac{0.856}{12} + \frac{0.105}{4} + \frac{0.007}{32} - \frac{0.005}{32} \right) = 10.45 \, (\text{m}^3/\text{kg})$$

$$L_n = 1.1 \times 6.07 = 11.49 \, (\text{m}^3/\text{kg})$$

（2）燃烧产物量

$$V_0 = 22.4 \times \left(\frac{0.856}{12} + \frac{0.105}{2} + \frac{0.007}{32} + \frac{0.005}{28} + \frac{0.02}{18} \right) + 0.79 \times 10.45 = 11.06 \, (\text{m}^3/\text{kg})$$

$$V_n = 11.06 + (1.1 - 1) \times 10.45 = 12.11 \, (\text{m}^3/\text{kg})$$

（3）燃烧产物成分

$$\varphi'(\text{CO}_2) = \frac{22.4 \times \dfrac{0.856}{12}}{12.11} \times 100\% = 13.19\%$$

$$\varphi'(\text{H}_2\text{O}) = \frac{22.4 \times \left(\dfrac{0.105}{2} + \dfrac{0.02}{18} \right)}{12.11} \times 100\% = 9.91\%$$

$$\varphi'(\text{SO}_2) = \frac{22.4 \times \dfrac{0.007}{32}}{12.11} \times 100\% = 0.03\%$$

$$\varphi'(\text{N}_2) = \frac{22.4 \times \dfrac{0.005}{28} + 0.79 \times 11.49}{12.11} \times 100\% = 74.98\%$$

$$\varphi'(\text{O}_2) = \frac{0.21 \times (1.1 - 1) \times 10.45}{12.11} \times 100\% = 1.81\%$$

（4）燃烧产物密度

$$\rho_0 = \frac{1 - 0.002 + 1.293 \times 11.49}{12.11} = 1.30 \, (\text{kg/m}^3)$$

2. 解：（1）空气需要量

$$L_0 = \frac{4.76}{100} \times (0.5 \times 15.0 + 0.5 \times 29.0 + 2 \times 3.0 + 3 \times 0.6 - 0.2) = 1.41 \, (\text{m}^3/\text{m}^3)$$

$$L_n = 1.05 \times 1.41 = 1.48 \, (\text{m}^3/\text{m}^3)$$

（2）燃烧产物生成量

$$V_0 = \frac{1}{100} \times (15.0 + 29.0 + 3 \times 3.0 + 4 \times 0.6 + 7.5 + 42.0 + 2.7) + 0.79 \times 1.41$$

$$= 2.19 \, (\text{m}^3/\text{m}^3)$$

$$V_n = 2.19 + 0.05 \times 1.41 = 2.26 \, (\text{m}^3/\text{m}^3)$$

（3）燃烧产物成分

$$\varphi'(CO_2) = \frac{(2.90 + 3.0 + 2 \times 0.6 + 7.5) \times \dfrac{1}{100}}{2.26} \times 100\% = 18.00\%$$

$$\varphi'(H_2O) = \frac{(15.0 + 2 \times 3.0 + 2 \times 0.6 + 2.7) \times \dfrac{1}{100}}{2.26} \times 100\% = 11.02\%$$

$$\varphi'(N_2) = \frac{\dfrac{42}{100} + 0.79 \times 1.48}{2.26} \times 100\% = 70.32\%$$

$$\varphi'(O_2) = \frac{0.21 \times (1.05 - 1) \times 1.41}{2.26} \times 100\% = 0.66\%$$

（4）燃烧产物密度

$$\rho_0 = \frac{44 \times 18 + 18 \times 11.2 + 28 \times 70.32 + 32 \times 0.66}{22.4 \times 100} = 1.33 \, (\text{kg/m}^3)$$

1.3　燃料燃烧

一、单选题

1. A　2. A　3. A　4. B　5. D　6. D　7. B　8. C　9. C

二、填空题

1. 混合、预热、燃烧

2. 粉煤的颗粒大小、所含挥发分的多少

3. 碳氢化合物

4. 雾化程度的好坏

5. 煤气与空气的混合、混合后的可燃气体的加热和着火、完成燃烧反应

6. 着火温度、着火浓度极限

7. 混合区、预热区、燃烧反应区

8. 脱火

9. 煤气与空气的混合速度

10. 长焰燃烧、无焰燃烧、短焰燃烧

2.1　基本概念及气体的物理性质

一、单选题

1. D　2. B　3. B　4. A　5. B　6. A

二、填空题

1. 液体、气体

2. 摄氏温标、绝对温标

3. $T = t + 273$

4. 101325

5. $p_{\text{表}} = p_{\text{绝}} - p_{\text{大气}}$

6. 零压面

7. 炉气向大气中溢气

8. 分子掺混作用

9. 分子引力

10. 黏度为零的流体

三、计算题

1. 解：（1）$T = t + 273 = 527 + 273 = 800(\text{K})$

（2）因为 $p_{\text{表}} = p_{\text{绝}} - p_{\text{大气}}$，$p_{\text{表}} = 10\text{mmH}_2\text{O} = 98.1(\text{Pa})$

所以 $p_{\text{绝}} = p_{\text{表}} + p_{\text{大气}} = 98.1 + 101325 = 101423(\text{Pa})$

（3）在标准状态下

$$\rho_{\text{煤}} = \rho_{\text{CO}}a_{\text{CO}} + \rho_{\text{CO}_2}a_{\text{CO}_2} + \rho_{\text{N}_2}a_{\text{N}_2} = 1.251 \times 0.7 + 1.997 \times 0.13 + 1.251 \times 0.17$$

$$\approx 1.35(\text{kg/m}^3)$$

$$v = \frac{1}{\rho} = \frac{1}{1.35} = 0.74(\text{m}^3/\text{kg})$$

（4）实际状态下

$$\rho_t = \frac{\rho_0}{1 + \beta t} = \frac{1.35}{1 + \dfrac{527}{273}} = 0.46(\text{kg/m}^3)$$

$$v_t = \frac{1}{\rho_t} = \frac{1}{0.46} = 2.17(\text{m}^3/\text{kg})$$

2. 解：由公式

$$\frac{P_0 V_0}{T_0} = \frac{P_1 V_1}{T_1}$$

得

$$\frac{760 \times V_0}{273} = \frac{(755 - 300) \times 4 \times 10^5}{273 + 130}$$

$$V_0 = 162224(\text{m}^3/\text{h})$$

2.2　气体静力学

一、单选题

1. A　2. B

二、填空题

1. 气体绝对压力变化、气体表压力变化

2. 10

三、计算题

1. 解：当认为大气为不可压缩性气体时，大气的密度为

$$\rho_t = \frac{\rho_0}{1 + \beta t} = \frac{1.293}{1 + \dfrac{25}{273}} = 1.18(\text{kg/m}^3)$$

200m 处的大气压力为 $p_2 = p_1 - Hg\rho_t = 101325 - 200 \times 9.81 \times 1.18 = 99001(\text{Pa})$

2. 解：当炉气温度为 1300℃ 时，炉气的密度为 $\rho = \dfrac{1.3}{1 + \dfrac{1300}{273}} = 0.225(\text{kg/m}^3)$

20℃ 的空气密度为 $\rho' = \dfrac{1.293}{1 + \dfrac{20}{273}} = 1.205(\text{kg/m}^3)$

由式（2-21）得 $p_{表顶} = p_{表底} + (\rho' - \rho)gH$

由题意知 $p_{表底} = 0$

故 $p_{表顶} = (1.205 - 0.225) \times 9.81 \times 2 = 19.23(\text{Pa})$

2.3 气体动力学

一、单选题

1. A 2. B 3. B 4. C 5. C 6. A 7. A 8. C 9. C 10. C 11. A 12. C 13. A

二、填空题

1. 自由流动、强制流动

2. 层流、紊流

3. 抛物线

4. 惯性力、黏性力

5. 临界雷诺数

6. 增大

7. 物质不灭

8. 能量守恒

9. 静压、位压、动压

10. 摩擦损失、局部损失

三、计算题

1. 解：根据连续性方程

$$wA_{CD} = w_{BC}A_{BC}$$

$$w\frac{\pi}{4}d_{CD}^2 = w_{BC}\frac{\pi}{4}d_{BC}^2$$

故 $\qquad W_{BC} = \left(\dfrac{d_{CD}}{d_{BC}}\right)^2 w = \left(\dfrac{25}{50}\right)^2 \times 10 = 2.5(\text{m/s})$

同理 $\qquad w_{AB} = \left(\dfrac{d_{CD}}{d_{AB}}\right)^2 w = \left(\dfrac{25}{100}\right)^2 \times 10 = 0.625(\text{m/s})$

$$V = wA_{CD} = w\frac{\pi}{4}d_{CD}^2 = 10 \times \frac{3.14}{4} \times \left(\frac{25}{1000}\right)^2 = 4.906 \times 10^{-3}(\text{m}^3/\text{s})$$

2. 解：烟气每秒流量为 $V_0 = 4300/3600 = 1.2(\text{Nm}^3/\text{s})$

烟气在 70℃ 时秒流量为 $V_t = V_0(1 + \rho t) = 1.2 \times (1 + 70/273) = 1.5(\text{m}^3/\text{s})$

$$V_t = W_1 f_1, \quad f_1 = V_t/W_1 = 1.5/100 = 0.015(\text{m}^2)$$

则喉口直径 $d_1 = \sqrt{\dfrac{4f}{\pi}} = \sqrt{\dfrac{4 \times 0.015}{3.14}} = 0.14(\text{m}) = 140(\text{mm})$

$$F_2 = V_t / W_2 = 1.5/10 = 0.15(\text{m}^2)$$

则出口直径 $d_1 = \sqrt{\dfrac{4f}{\pi}} = \sqrt{\dfrac{4 \times 0.15}{3.14}} = 0.45(\text{m}) = 450(\text{mm})$

3. 解：取容器上面为基准面，则按规定可知底部热气体对基准面的位压头为正值。

$$h_{位} = Hg\left(\dfrac{\rho_0'}{1+\beta t'} - \dfrac{\rho_0}{1+\beta t} \right) = 10 \times 9.81 \times \left(\dfrac{1.293}{1+\dfrac{20}{273}} - \dfrac{1.34}{1+\dfrac{546}{273}} \right)$$

$$= 74.5(\text{N/m}^2)$$

4. 解：现以 1—1 截面为基准面写出伯努利方程：

$$h_{静1} + (\rho - \rho')gH_1 + W_1^2\rho/2 = h_{静2} + (\rho - \rho')gH_2 + W_2^2\rho/2$$

因为 $h_{动} = 0$，即 $W_1^2\rho/2 = W_2^2\rho/2 = 0$

而在上盖打开时顶部热气体和大气相通，即 $h_{静2} = 0$

于是得：

$$h_{静1} = (\rho - \rho')gH_2 = [1.3/(1+500/273) - 1.293] \times 9.81 \times 20$$

$$= -163.56(\text{Pa})$$

5. 解：按图 2-32 写出伯努利方程：

$$h_{静1} + (\rho - \rho')gH_1 + W_1^2\rho/2 = h_{静2} + (\rho - \rho')gH_2 + W_2^2\rho/2$$

取 1—1 面为基准面，又 $h_{静2} = 0$，上式为：

$$h_{静1} = (\rho - \rho')gH_2 + W_2^2\rho/2 - W_1^2\rho/2$$

$$(\rho - \rho')gH_2 = [1.3/(1+500/273) - 1.293] \times 9.81 \times 20 = -163.56(\text{Pa})$$

而

$$W_{01} = q_{V0}/F_1 = 4 \times 1.5/(3.14 \times 1.2^2) = 1.33(\text{m/s})$$

$$W_{02} = q_{V0}/F_2 = 4 \times 1.5/(3.14 \times 0.8^2) = 2.99 \approx 3.00(\text{m/s})$$

于是　　　$W_2^2\rho/2 - W_1^2\rho/2 = (W_{02}^2 - W_{01}^2)\rho_0(1+\beta t)/2$

$$= (3.00^2 - 1.33^2) \times 1.3 \times (1+500/273)/2$$

$$= 13.31(\text{Pa})$$

故此时　　　　　　$\Delta p_1 = -163.56 + 13.31 = -150.25(\text{Pa})$

6. 解：先分别计算总管与分管中的摩擦阻力：

（1）总管 ABCD 摩擦阻力的计算

总管截面积 $f_{总}$ 等于

$$f_{总} = \dfrac{\pi D^2}{4} = \dfrac{3.14 \times 0.435^2}{4} = 0.149(\text{m}^2)$$

总管内空气的标准状态流速 $w_{总}$ 等于

$$w_{总} = \dfrac{V_0}{3600 f_{总}} = \dfrac{5335}{3600 \times 0.149} = 9.95(\text{m/s})$$

所以总管的摩擦阻力为

$$h_{摩总} = \xi \frac{L_{总}}{D} \frac{\rho_0 w_{总0}^2}{2} (1 + \beta t) \frac{p_0}{p_t}$$

$$= 0.045 \times \frac{2+5+20}{0.435} \times \frac{1.293 \times 9.95^2}{2} \times \left(1 + \frac{20}{273}\right) \times \frac{760}{600}$$

$$= 243.0 (Pa)$$

（2）支管 DEF 摩擦阻力的计算

支管截面积 $f_{支}$ 等于

$$f_{支} = \frac{\pi d^2}{4} = \frac{3.14 \times 0.25^2}{4} = 0.049 (m^2)$$

设空气流入支管 DEF 及 DGH 的流量均等，则流经每边的标准状态流量为

$$\frac{1}{2} V_0 = \frac{5335}{2} = 2667.5 (m^3/h)$$

则支管空气的标准状态流速为

$$w_{支} = \frac{1/2 V_0}{3600 f_{支}} = \frac{2667.5}{3600 \times 0.049} = 15.12 (m/s)$$

支管的摩擦阻力为

$$h_{摩支} = \xi \frac{L_{支}}{d} \frac{\rho_0 w_{支0}^2}{2} (1 + \beta t) \frac{p_0}{p_t} = 0.045 \times \frac{2+3}{0.25} \times \frac{1.293 \times 15.12^2}{2} \times \left(1 + \frac{20}{273}\right) \times \frac{760}{300}$$

$$= 180.8 (Pa)$$

（3）由 A 至 F 的总摩擦阻力等于

$$\sum h_{摩} = h_{摩总} + h_{摩支} = 243.0 + 180.8 = 423.8 (Pa)$$

2.4 气体输送

一、单选题

1. A   2. B   3. A   4. B   5. A   6. A   7. C

二、填空题

1. 位压头

2. 供气管道、供气设备

3. 促使气体流动和混合

三、计算题

1. 解：烟囱的抽力应比总的压头损失大 30%，保证抽力有一定的富裕量，故其抽力为

$$h_{抽} = 184.9 \times 1.30 = 240.35 (Pa)$$

取烟囱出口流速 $w_{0_2} = 3 m/s$

故烟囱顶部直径为

$$d_2 = \sqrt{\frac{4 V_0}{\pi w_{0_2}}} = \sqrt{\frac{4 \times 6.88}{3.14 \times 3}} = 1.71 (m)$$

烟囱底部直径为 $d_1 = 1.5 d_2 = 1.5 \times 1.71 = 2.56 (m)$

烟囱平均直径为　　　　　$d = \dfrac{d_1 + d_2}{2} = \dfrac{2.56 + 1.71}{2} = 2.14(\text{m})$

烟囱底部气流速度为

$$w_{01} = \frac{4 V_0}{\pi d_1^2} = \frac{4 \times 6.88}{3.14 \times 2.56^2} = 1.34(\text{m/s})$$

烟囱内烟气的平均流速为

$$w = \frac{w_{01} + w_{02}}{2} = \frac{1.34 + 3}{2} = 2.17(\text{m/s})$$

为了求烟囱内烟气的温度降落，必须根据 $H \approx (25 \sim 30) d_2$ 估计烟囱高度的近似值，$H \approx 25 \times 1.71 = 42.75\text{m}$，取 $H \approx 40\text{m}$。

已知烟囱底部温度 t_1 为 420℃，设为砖砌烟囱，每米高度的温度降低为 1℃，则烟囱顶部烟气的温度为

$$t_2 = 420 - 40 \times 1 = 380(℃)$$

烟囱内烟气的平均温度为　　　$t = \dfrac{t_1 + t_2}{2} = \dfrac{420 + 380}{2} = 400(℃)$

在 400℃ 时，烟气的密度为

$$\rho_{烟} = \rho_{0烟} \frac{1}{1 + \beta t} = 1.28 \times \frac{1}{1 + \dfrac{400}{273}} = 0.519(\text{kg/m}^3)$$

在 30℃ 时，空气的密度为

$$\rho_{0空} = \rho_{0空} \frac{1}{1 + \beta t_{空}} = 1.293 \times \frac{1}{1 + \dfrac{30}{273}} = 1.165(\text{kg/m}^2)$$

烟囱顶部烟气动压头为

$$\frac{\rho_{0烟} w_{02}^2}{2}(1 + \beta t_2) = \frac{1.28 \times 3^2}{2} \times \left(1 + \frac{380}{273}\right) = 13.78(\text{Pa})$$

烟囱底部烟气的动压头为

$$\frac{\rho_{0烟} w_{01}^2}{2}(1 + \beta t_1) = \frac{1.28 \times 1.34^2}{2} \times \left(1 + \frac{420}{273}\right) = 2.92(\text{Pa})$$

烟囱烟气平均流速下的动压头为

$$\frac{\rho_{0烟} w^2}{2}(1 + \beta t) = \frac{1.28 \times 2.17^2}{2} \times \left(1 + \frac{400}{273}\right) = 7.43(\text{Pa})$$

烟囱内部摩擦阻力造成有压头损失（每米高）为

$$h_{w烟} = \frac{\lambda}{d} \frac{\rho_{0烟} w^2}{2}(1 + \beta t) = \frac{0.05}{2.14} \times 7.43 = 0.174(\text{Pa/m})$$

所以烟囱的高度为

$$H = \frac{h_{抽} + \left[\dfrac{\rho_{0烟} w_{02}^2}{2}(1 + \beta t_2) - \dfrac{\rho_{0烟} w_{01}^2}{2}(1 + \beta t_1) \right]}{(\rho_{空} - \rho_{烟}) g - h_{w烟}} = \frac{240.35 + (13.78 - 2.92)}{(1.165 - 0.519) \times 9.81 - 0.174} \approx 40(\text{m})$$

2.5　高压气体流动

1. 解：（1）喷出压力和原始压力的比值为

$$\frac{p_0}{p_1} = \frac{98066}{980660} = 0.1$$

氧气的 $k = 1.4$，故查附录 1，当压力比为 0.1 时的密度比为 $\frac{\rho_0}{\rho_1} = 0.193$。

氧气喷出时的密度应为

$$\rho_0 = 0.193\rho_1 = 0.193 \times 12.9 = 2.49（\text{kg/m}^3）$$

氧气喷出时的比容为

$$v_0 = \frac{1}{\rho_0} = \frac{1}{2.49} = 0.403（\text{m}^3/\text{kg}）$$

计算表明，氧气由 10 个大气压降至 1 个大气压时，其密度由 12.9kg/m³ 降为 2.49kg/m³，而其比容由 0.0775m³/kg 增为 0.403m³/kg。

当压力比 $\frac{p_0}{p_1} = 0.1$ 时，查图得温度比 $\frac{T_0}{T_1} = 0.517$。则得

$$T_0 = 0.517T_1 = 0.517 \times 293 = 151（\text{K}）$$

计算表明，氧气由 10 个大气压降至 1 个大气压时，氧气的温度由 20℃ 降至 −122℃，共下降 142℃。

根据氧气的原始温度 $T_1 = 293\text{K}$，得氧气的临界速度为

$$w_界 = 17.41\sqrt{T_1} = 17.40\sqrt{293} = 298（\text{m/s}）$$

取速度系数 $\psi = 0.97$，则可得实际临界速度为

$$w_{界实} = \psi w_界 = 0.97 \times 298 = 289（\text{m/s}）$$

当气体由 $p_1 = 10\text{at}$ 降为 $p_0 = 1\text{at}$ 时，压力比 $\frac{p_0}{p_1} = 0.1$。查图得 $\frac{w}{w_界} = 1.695$，则在喷出压力 p_0 为 1at 时喷出速度为

$$w = 1.695w_界 = 1.695 \times 298 = 505（\text{m/s}）$$

实际喷出速度为

$$w_实 = \psi w = 0.97 \times 505 = 490（\text{m/s}）$$

计算表明，氧气在该原始条件下被喷向 1 个大气压的炉膛时，其实际临界速度 $w_{界实} = 289\text{m/s}$，实际喷出速度 $w_实 = 490\text{m/s}$。

（2）氧气的质量流量为

$$M = \frac{V_0\rho_0}{3600} = \frac{7200 \times 1.429}{3600} = 2.86（\text{kg/s}）$$

将已知值代入公式可得临界断面为

$$f_界 = \frac{M}{0.68 \times \sqrt{\dfrac{P_1}{v_1}}} = \frac{2.86}{0.68 \times \sqrt{\dfrac{980660}{0.0775}}} = 0.00118（\text{m}^2）$$

当压力比 $\frac{p_0}{p_1} = 0.1$ 时，查图得断面比 $\frac{f}{f_界} = 1.9$。所以喷口断面为

$$f = 1.9 f_界 = 1.9 \times 0.00118 = 0.00224 (\text{m}^2)$$

取 $\psi = 0.97$，则

$$f_{界实} = \frac{f_界}{\psi} = \frac{0.00118}{0.97} = 0.00122 (\text{m}^2)$$

$$f_实 = \frac{f}{\psi} = \frac{0.00224}{0.97} = 0.0023 (\text{m}^2)$$

（3）管嘴形式的确定。已知氧气的原始压力 $P_1 = 10\text{at}$，炉膛压力 $P_0 = 1\text{at}$，故 $P_1 > 2P_0$。因此，应采用超音速管嘴。

管嘴主要尺寸的确定：

1）收缩管尺寸的确定。已知氧气流量 $V_0 = 7200\text{m}^3/\text{h}$，取氧气在氧枪管内的流速 $w_0 = 40\text{m/s}$（压力为 $10 \sim 20\text{at}$ 的氧气管内经验流速为 $30 \sim 50\text{m/s}$），则管嘴的原始断面 $f_始$ 为

$$f_始 = \frac{V_0}{3600 w_0} = \frac{7200}{3600 \times 40} = 0.05 (\text{m}^2)$$

原始直径为

$$d_始 = \sqrt{\frac{4 f_始}{\pi}} = \sqrt{\frac{4 \times 0.05}{3.14}} = 0.252 (\text{m})$$

临界直径为

$$d_界 = \sqrt{\frac{4 f_{界实}}{\pi}} = \sqrt{\frac{4 \times 0.00122}{3.14}} = 0.0394 (\text{m})$$

取收缩角 $\beta = 40°$，则收缩管长度为

$$L_缩 = \frac{d_始 - d_界}{2\tan\dfrac{\beta}{2}} = \frac{0.252 - 0.0394}{2\tan\dfrac{40°}{2}} = 0.292 (\text{m})$$

2）扩张管尺的确定。已知管嘴的出口断面 $f_实 = 0.0023\text{m}^2$。得出口直径为

$$d_出 = \sqrt{\frac{4 f_实}{\pi}} = \sqrt{\frac{4 \times 0.0023}{3.14}} = 0.054 (\text{m})$$

取扩张角 $\alpha = 8°$，则扩张管长度为

$$L_张 = \frac{d_出 - d_界}{2\tan\dfrac{\alpha}{2}} = \frac{0.054 - 0.034}{2\tan\dfrac{8°}{2}} = 0.104 (\text{m})$$

3.1　概　　述

一、判断题

1. √　2. ×　3. √

二、填空题

1. 高温、低温

2. 传导、对流、辐射

3. 分子、原子、自由电子

4. 弹性波

5. 原子或分子的扩散

6. 自由电子的扩散

7. 气体、液体、温度不同的各部分流体发生扰动和混合

8. 综合传热

9. 热流、热压

10. 等温面

3.2　传导传热

一、判断题

1. ×　2. ×　3. √　4. ×　5. √　6. ×

二、单选题

1. C　2. A　3. B　4. C　5. A　6. B

三、填空题

1. 材料的性质、温度

2. 稳定态导热

3. 薄、大

4. 导热、热量

四、计算题

1. 解：假定中间层温度 $t_2 = 980℃$

则　　　　　$\lambda_1 = 0.7 + 0.00064 \times \left(\dfrac{1250 + 980}{2} \right) = 1.414(\text{W/m} \cdot ℃)$

　　　　　　$\lambda_2 = 0.12 + 0.000186 \times \left(\dfrac{100 + 980}{2} \right) = 0.220(\text{W/m} \cdot ℃)$

则 $q = \dfrac{1250 - 100}{\dfrac{0.232}{1.414} + \dfrac{0.116}{0.220}} = 1663(\text{W/m}^2)$

再验算中间层温度 t_2 为：$t_2 = 1250 - 1663 \times \dfrac{0.232}{1.414} = 977(℃)$

显然这与假定温度十分接近，故 $q = 1663\text{W/m}^2$，中间层温度 $t_2 = 977℃$

2. 解：$d_{外} = 2d_{内}$，所以 $F_{外} = 2F_{内}$

　　　　$\lambda_{外} = \dfrac{1}{2}\lambda_{内}$

$$Q_1 = \frac{\Delta t}{\dfrac{s}{\lambda_{内} F_{内}} + \dfrac{s}{\lambda_{外} F_{外}}} = \frac{\Delta t}{\dfrac{s}{\lambda_{内} F_{内}} + \dfrac{s}{\dfrac{1}{2}\lambda_{内} \times 2F_{内}}} = \frac{\Delta t}{\dfrac{2s}{\lambda_{内} F_{内}}}$$

$$Q_2 = \frac{\Delta t}{\dfrac{s}{\lambda_{外} F_{内}} + \dfrac{s}{\lambda_{内} F_{外}}} = \frac{\Delta t}{\dfrac{s}{\dfrac{1}{2}\lambda_{内} F_{内}} + \dfrac{s}{\lambda_{内} \times 2F_{内}}} = \frac{\Delta t}{\dfrac{5s}{2\lambda_{内} F_{内}}}$$

$$\frac{Q_1}{Q_2} = \frac{5}{4}$$

3.3　对流给热

一、判断题

1. ×　2. √　3. √

二、单选题

1. A　2. B　3. A　4. B　5. C　6. A　7. A　8. A　9. A　10. D　11. C　12. C　13. A

三、填空题

1. 自然对流给热、强制对流给热

2. 同名相似准数

3. 增加、降低

四、计算题

1. 解：当烟气温度为1000℃时查表3-8得出 A 为6.64

$$w_{01} = \frac{V_1}{f_1} = \frac{0.15}{0.01 \times 3.14} = 4.777 \, (\text{m/s})$$

$$w_{02} = \frac{V_2}{f_2} = \frac{0.15}{0.0025 \times 3.14} = 19.1058 \, (\text{m/s})$$

对流给热系数　$\alpha_{\text{对}1} = A \dfrac{w_{0.1}^{0.8}}{d^{0.2}} = 6.64 \times \dfrac{4.777^{0.8}}{0.2^{0.2}} = 32.01 \, (\text{W/}(\text{m}^2 \cdot \text{℃}))$

同理可得：$\alpha_{\text{对}2} = 111.47 \, (\text{W/}(\text{m}^2 \cdot \text{℃}))$

2. 解：当水为40℃时，查附表8，$\nu = 0.658 \times 10^{-6} \, (\text{m}^2/\text{s})$

$$w = w_0 (1 + \beta t) = 0.8 \times \left(1 + \frac{40}{273}\right) = 0.92 \, (\text{m/s})$$

$$Re = \frac{wd}{\nu} = \frac{0.92 \times 0.05}{0.658 \times 10^{-6}} = 69908$$

由于 $Re > 5 \times 10^3$，查表3-12，$B = 1258$

$\varphi = 10° < 90°$，查表3-11，$\varepsilon_\varphi = 0.42$

$$\alpha_{\text{对}} = B \frac{w_0^{0.6}}{d^{0.4}} \varepsilon_\varphi = 1258 \times \frac{0.8^{0.6}}{0.05^{0.4}} \times 0.42 = 1532 \, (\text{W/}(\text{m}^2 \cdot \text{℃}))$$

3.4　辐射换热

一、判断题

1. √　2. ×　3. √　4. √　5. √　6. √　7. √　8. √

二、单选题

1. B　2. A　3. B　4. B　5. A　6. A　7. A　8. D　9. C　10. D

三、填空题

1. 反射、吸收、透过

2. 辐射强度、波长、温度

3. $F_1 \varphi_{12} = F_2 \varphi_{21}$

4. $1/n + 1$

5. 该物体辐射能力接近绝对黑体辐射能力的程度

6. 四次方

四、计算题

1. 解：可将此体系视为砖槽大表面包围热风管的小表面。

$$小表面 \ F_1 = \pi dL = 3.14 \times 1 \times 1 = 3.14 (\text{m}^2/\text{m})$$

$$大表面 \ F_1 = (1.8 + 1.8) \times 2 \times 1 = 7.2 (\text{m}^2/\text{m})$$

于是　$\varphi_{12} = 1$

$$\varphi_{21} = \frac{F_1}{F_2} = \frac{3.14}{7.2} = 0.436$$

$$Q = \frac{5.67}{\left(\dfrac{1}{\varepsilon_1} - 1\right)\varphi_{12} + 1 + \left(\dfrac{1}{\varepsilon_2} - 1\right)\varphi_{21}} \left[\left(\frac{T_1}{100}\right)^4 - \left(\frac{T_2}{100}\right)^4\right] F_1 \varphi_{12}$$

$$= \frac{5.67}{\dfrac{1}{0.8} + \left(\dfrac{1}{0.93} - 1\right) \times 0.436} \times \left[\left(\frac{227+273}{100}\right)^4 - \left(\frac{27+273}{100}\right)^4\right] \times 3.14 \times 1$$

$$= 7550 (\text{W/m})$$

2. 解：此种情况可视为一平面和一曲面组成的封闭体系的辐射换热

$F_1 = (0.7 + 0.5) \times 0.4 \times 2 + 0.7 \times 0.5 = 1.31 (\text{m}^2)$

$F_2 = 0.5 \times 0.4 = 0.2 (\text{m}^2)$

$\varphi_{21} = 1$

$\varphi_{12} = F_2/F_1 = 0.2/1.31$

$$Q = \frac{5.67}{\left(\dfrac{1}{\varepsilon_1} - 1\right)\varphi_{12} + 1 + \left(\dfrac{1}{\varepsilon_2} - 1\right)\varphi_{21}} \left[\left(\frac{T_1}{100}\right)^4 - \left(\frac{T_2}{100}\right)^4\right] F_1 \varphi_{12}$$

$$= \frac{5.67}{\left(\dfrac{1}{0.7} - 1\right) \times \dfrac{0.2}{1.31} + \dfrac{1}{0.8}} \times \left[\left(\frac{1350+273}{100}\right)^4 - \left(\frac{500+273}{100}\right)^4\right] \times 0.2 = 56738 (\text{W})$$

3. 解：当盛钢桶敞开后，盛钢桶口 $F_1 = 2\text{m}^2$，$\varepsilon_1 = 0.35$，$T_1 = 1600℃$

车间内表面可视为无限大 $F_2 = \infty$，$\varepsilon_2 = 1$，$T_2 = 30℃$

则　$\varphi_{12} = 1$

$$\varphi_{21} = F_1/F_2 = 2/\infty = 0$$

$$Q_2 = \frac{5.67}{\left(\dfrac{1}{\varepsilon_1} - 1\right)\varphi_{12} + 1 + \left(\dfrac{1}{\varepsilon_2} - 1\right)\varphi_{21}} \left[\left(\frac{T_1}{100}\right)^4 - \left(\frac{T_2}{100}\right)^4\right] F_1 \varphi_{12}$$

$$= \frac{5.67}{\left(\dfrac{1}{0.35} - 1\right) \times 1 + 1} \left[\left(\frac{1600+273}{100}\right)^4 - \left(\frac{30+273}{100}\right)^4\right] \times 2 = 488129 (\text{W})$$

3.5　综合给热

一、判断题

1. ×　　2. √

二、计算题

1. 解：假设黏土砖外表面温度为100℃，其导热系数

$$\lambda = 0.697 + 0.00055t_{均} = 0.697 + 0.00055 \times \left(\frac{870 + 100}{2} \right) = 0.964 \left(W^2 / (m \cdot ℃) \right)$$

此时，传热系数

$$K = \frac{1}{\dfrac{S}{\lambda} + \dfrac{1}{\propto_{\Sigma}}} = \frac{1}{\dfrac{0.92}{0.964} + 0.06} = 0.986 \left(W / (m^2 \cdot ℃) \right)$$

每平方米的热损失为：$Q = K(t_1 - t_2)F = 0.986 \times 820 \times 1 = 808.5 \left(W/m^2 \right)$

2. 解：已知 $d_1 = 0.1m$，$d_2 = 0.11m$，$d_3 = 0.21m$，$l = 20m$。

$$Q = \frac{\pi l (t_1 - t_2)}{\dfrac{1}{\alpha_{综合1} d_1} + \dfrac{1}{2\lambda_1} \ln \dfrac{d_2}{d_1} + \dfrac{1}{2\lambda_2} \ln \dfrac{d_3}{d_2} + \dfrac{1}{\alpha_{综合2} d_3}}$$

$$= \frac{\pi \times 20 \times (180 - 20)}{\dfrac{1}{1163 \times 0.1} + \dfrac{1}{2 \times 48.85} \ln \dfrac{0.11}{0.1} + \dfrac{1}{2 \times 0.2} \ln \dfrac{0.21}{0.11} + \dfrac{1}{11 \times 0.21}} = 4882.4 (W)$$

所以，管内蒸汽每小时传给周围空气的热量为

$$Q \times \frac{3600}{1000} = 17576.7 (kJ/h)$$

3.6　余热利用

一、填空题

1. 金属换热器、陶土换热器

2. 高温余热、中温余热、低温余热

3. 顺流、逆流、交叉流

4. 软化水装置、供水设施、冷却构件、上升管、下降管、汽包

5. 自然循环、强制循环

4　耐火材料

一、单选题

1. C　2. B　3. B　4. D　5. A　6. A　7. A　8. A　9. A　10. B　11. B　12. C　13. C

14. A　15. B　16. C

二、填空题

1. 普通耐火材料、高级耐火材料、特级耐火材料

2. 耐火度、荷重软化温度、热稳定性、高温体积稳定性、抗渣性

3. 耐火度
4. 骨料、胶结料、掺合料
5. 骨料及胶结料的品种和数量
6. 高温隔热材料、中温隔热材料、低温隔热材料

参 考 文 献

[1] 贺成林. 冶金炉热工基础 [M]. 北京：冶金工业出版社，2007.

[2] 王鸿雁. 冶金炉热工基础 [M]. 北京：化学工业出版社，2014.

[3] 宋长华. 热工基础 [M]. 北京：机械工业出版社，2015.

[4] 刘春泽. 热工学基础 [M]. 北京：机械工业出版社，2015.

[5] 沈巧珍. 冶金传输原理 [M]. 北京：冶金工业出版社，2011.

[6] 陈鸿复. 冶金炉热工与构造 [M]. 北京：冶金工业出版社，1999.

[7] 韩昭沧. 燃料及燃烧 [M]. 北京：冶金工业出版社，2016.

[8] 杨世铭. 传热学 [M]. 北京：高等教育出版社，2006.

[9] 储满生. 钢铁冶金原燃料及辅助材料 [M]. 北京：冶金工业出版社，2010.

[10] 袁好杰. 耐火材料基础知识 [M]. 北京：冶金工业出版社，2013.

附　　录

附录1　当 $k=1.4$ 时各比值关系的图表

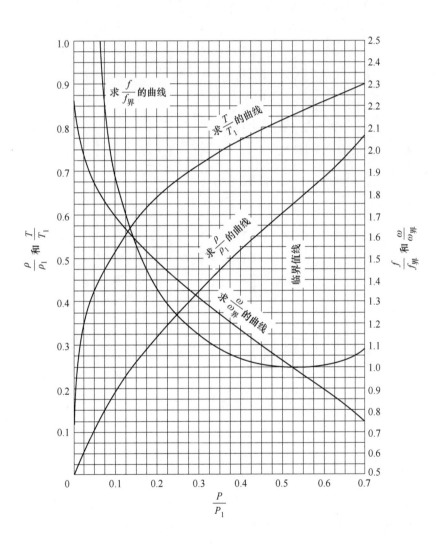

附录 2　当 $k = 1.33$ 时各比值关系的图表

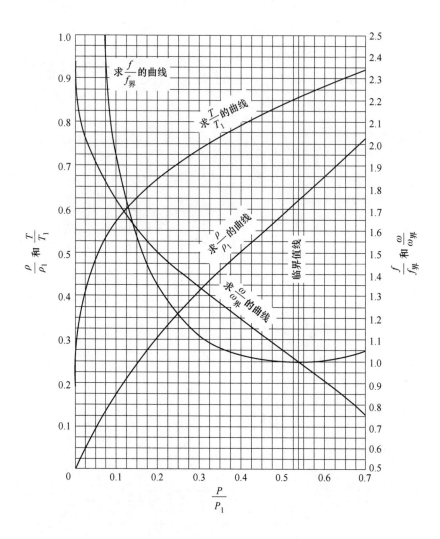

附录 3　局部阻力系数

名　称	略　图	局部阻力系数 K 值	计算所用速度
进入静止气体	→静止气体　w	1	w

名　称	略　图	局部阻力系数 K 值	计算所用速度
分流		2	w
分流		1.5	w
汇流		3	w
汇流		3	w
转 45°折弯		0.5	w
急转 180°弯		2	w
闸板		$\left(\dfrac{f_1}{0.7f_2}-1\right)^2$	w_1
蝶阀		$\left(\dfrac{f_1}{0.7f_2}-1\right)^2$	w_1

续附录 3

名　称	略　图	局部阻力系数 K 值					计算所用速度
孔板		$\dfrac{D}{d}$	2	3	4	5	w
		K	30	195	225	1560	
直通式砖格子	格孔直径D	$\dfrac{1.14}{D^{0.25}}H$					w
交错式砖格子	格孔直径D	$\dfrac{1.57}{D^{0.25}}H$					w

附录 4　不同温度下金属的导热系数

$(W/(m \cdot ℃))$

金　属	温度/℃						
	0	100	200	300	400	500	600
铝	202	206	229	272	319	371	423
镁	—	149	—	206	—	134	131
黄铜（90—10）	102	117	134	149	166	180	195
黄铜（70—30）	106	109	111	114	116	120	121
黄铜（67—30）	100	107	113	121	128	135	151
黄铜（60—40）	94	120	137	152	169	186	198
铜	392	385	380	375	366	362	357
镍	59.2	58.5	57.2	56.9	55.6	55.2	53.5
锡	63	59	55	—	—	—	—
铅	34.7	34.3	32.9	31.9	—	—	—
银	423	416	411	405	400	394	388
锌	113	107	102	98.3	93	—	—
软钢	63	57	52	47	42	36	31
生铁	50	49	35	40	56	78	95

附录 5　金属的密度 ρ 及热容量 c

金　属	$\rho/\mathrm{kg} \cdot \mathrm{m}^{-3}$	$c/\mathrm{kJ} \cdot (\mathrm{kg} \cdot \mathrm{℃})^{-1}$
铝	2670	0.92
镁	1737	0.997
青铜	8000	0.381
黄铜	8600	0.377
铜	8800	0.381
镍	9000	0.46
锡	7230	0.226
汞	13600	0.138
铅	11400	0.130
银	10500	0.234
锌	7000	0.394
钢	7900	0.46
生铁	7220	0.50

附录 6　铁和碳素钢的热含量

（kJ/kg）

温度/℃	纯铁	含碳量/%										
		0.090	0.234	0.300	0.540	0.610	0.795	0.920	0.994	1.235	1.410	1.575
100	46.5	46.5	46.5	46.9	47.3	47.7	48.2	50.2	48.6	49.4	48.6	50.2
200	98.0	95.5	95.9	95.9	95.9	96.3	96.7	100.5	99.2	100.1	98.8	100.9
300	153.2	148.2	150.0	150.7	151.6	152.8	154.5	155.8	154.5	154.9	154.5	157.0
400	214.4	205.2	206.0	206.4	208.9	209.8	210.2	213.5	211.0	213.1	210.6	214.0
500	208.5	265.5	266.7	267.5	268.4	269.2	271.3	276.0	272.2	274.2	272.2	276.8
600	356.7	339.1	340.0	340.8	343.3	343.8	344.6	349.6	346.3	347.5	345.4	351.3
700	419.0	419.1	419.5	420.8	422.9	423.7	424.6	427.5	422.9	427.9	425.4	431.3
800	505.04	531.7	542.6	550.6	547.7	542.2	550.2	550.2	544.3	548.5	544.3	553.9
900	584.09	629.3	631.4	628.1	620.1	616.7	610.9	602.9	605.2	602.9	605.9	613.8
1000	675.24	704.7	701.7	698.8	689.2	686.7	679.1	653.6	670.8	661.1	673.3	670.0
1100	744.24	705.5	772.5	768.3	760.8	757.4	749.5	724.8	741.1	732.3	744.9	720.2
1200	815.51	850.4	844.5	841.6	831.5	829.0	821.1	791.3	804.3	795.5	813.1	783.0
1250	—	885.6	880.1	877.6	868.8	866.3	856.2	824.8	841.6	833.2	849.5	817.7

附录7　合金钢的平均比热

钢	温度范围 /℃	比热 c /kJ · (kg · ℃)$^{-1}$
熟铁	0 ~ 250	0.46 ~ 0.50
碳钢，含碳1.5% $\Big\{$	17 ~ 100 17 ~ 680	0.448 0.578
含 Ni 10% 的钢	30 ~ 250	0.495
含 Ni 20% 的钢	30 ~ 250	0.499
含 Ni 40% 的钢	30 ~ 250	0.470
含 Ni 60% 的钢	30 ~ 250	0.502
奥氏体钢	0	0.502
钨钢	20	0.440
不锈钢 V_2A	0	0.494
不锈钢（1.09% C 及 9.5% Cr）	0	0.505
耐热钢 $\Big\{$ 25% ~ 30% Cr 0.1% ~ 0.3% C	18 ~ 200 18 ~ 600	0.628 0.691
变压器钢（4% Si） $\Big\{$	0 ~ 100 0 ~ 700 0 ~ 1300	0.452 0.630 0.716

附录8　碳素钢导热系数随温度的变化

$(W/(m · ℃))$

温度/℃	λ_t	
	当 $\lambda_0 > 47$ 时	当 $\lambda_0 < 47$ 时
0	λ_0	λ_0
200	$0.95\lambda_0$	$(1.07 ~ 0.0032\lambda_0)\lambda_0$
400	$0.85\lambda_0$	$(1.22 ~ 0.01\lambda_0)\lambda_0$
600	$0.75\lambda_0$	$(1.36 ~ 0.017\lambda_0)\lambda_0$
800	$0.68\lambda_0$	$(1.46 ~ 0.021\lambda_0)\lambda_0$
1000	$0.68\lambda_0$	$(1.46 ~ 0.021\lambda_0)\lambda_0$
1200	$0.73\lambda_0$	$(1.37 ~ 0.017\lambda_0)\lambda_0$

附录 9 干空气的物理性质

温度 /℃	密度 ρ /kg·m⁻³	热容 c_p /kJ·(kg·K)⁻¹	导热系数 λ /W·(m·K)⁻¹	导温系数 α /×10⁶m²·s⁻¹	动力黏度 μ /×10⁶Pl	运动黏度 ν /×10⁶m²·s⁻¹	普兰特准数 Pr
0	1.252	1.011	0.0237	19.2	17.456	13.9	0.71
10	1.206	1.010	0.0244	20.7	17.848	14.66	0.71
20	1.164	1.012	0.0251	22.0	18.240	15.7	0.71
30	1.127	1.013	0.0258	23.4	18.682	16.58	0.71
40	1.092	1.014	0.0265	24.8	19.123	17.6	0.71
50	1.057	1.016	0.0272	26.2	19.515	18.58	0.71
60	1.025	1.017	0.0279	27.6	19.907	19.4	0.71
70	0.996	1.018	0.0286	29.2	20.398	20.65	0.71
80	0.968	1.019	0.0293	30.6	20.790	21.5	0.71
90	0.942	1.021	0.0300	32.2	21.231	22.82	0.71
100	0.916	1.022	0.0307	33.6	21.673	23.6	0.71
120	0.870	1.025	0.0320	37.0	22.555	25.9	0.71
140	0.827	1.027	0.0333	40.0	23.340	28.2	0.71
150	0.810	1.028	0.0336	41.2	23.732	29.4	0.71
160	0.789	1.030	0.0344	43.3	24.124	30.6	0.71
180	0.755	1.032	0.0357	47.0	24.909	33.00	0.71
200	0.723	1.035	0.0370	49.7	25.693	35.5	0.71
250	0.653	1.043	0.0400	60.0	27.557	42.2	0.71
300	0.596	1.047	0.0429	68.9	39.322	49.2	0.71
350	0.549	1.055	0.0457	80.0	30.989	56.5	0.72
400	0.508	1.059	0.0485	89.4	32.754	64.6	0.72
500	0.442	1.076	0.0540	113.2	35.794	81.0	0.72
600	0.391	1.089	0.0581	133.6	38.638	98.8	0.73
700	0.351	1.101	0.0599	162.0	41.580	118.95	0.73
800	0.318	1.114	0.0669	182	43.640	137	0.73
900	0.291	1.126	0.0673	216	46.876	160	0.74
1000	0.268	1.139	0.0762	240	48.445	181	0.74
1100	0.248	1.156	0.0825	277	51.191	206	0.74
1200	0.232	1.164	0.0845	301	52.662	227	0.74
1400	0.204	1.186	0.0930	370	56.781	278	0.76
1600	0.182	1.218	0.1012	447	60.409	332	0.76
1800	0.165	1.243	0.1093	—	63.841	387	—

注：1at = 98066.5N/m²，1kal/h = 1.163W，1kal = 4.1868kJ。

附录 10　水的物理性质

温度 /℃	密度 ρ /kg · m⁻³	热容 c_p /kJ · (kg · K)⁻¹	导热系数 λ /W · (m · K)⁻¹	导温系数 a / ×10⁶m² · s⁻¹	动力黏度 μ / ×10⁶Pl	运动黏度 ν / ×10⁶m² · s⁻¹	普兰特准数 Pr
0	999.9	4.226	0.558	0.131	1793.636	1.789	13.7
5	1000.0	4.206	0.568	0.135	1534.741	1.535	11.4
10	999.7	4.195	0.577	0.137	1296.439	1.300	9.5
15	999.1	4.187	0.587	0.141	1135.610	1.146	8.1
20	998.2	4.182	0.597	0.143	993.414	1.006	7.0
25	997.1	4.178	0.606	0.146	880.637	0.884	6.1
30	995.7	4.176	0.615	0.149	792.377	0.805	5.4
35	994.1	4.175	0.624	0.150	719.808	0.725	4.8
40	992.2	4.175	0.633	0.151	658.026	0.658	4.3
45	990.2	4.176	0.640	0.155	605.070	0.611	3.9
50	988.1	4.178	0.647	0.157	555.056	0.556	3.55
55	985.7	4.179	0.652	0.158	509.946	0.517	3.27
60	983.2	4.181	0.658	0.159	471.670	0.478	3.00
65	980.6	4.184	0.663	0.161	435.415	0.444	2.76
70	977.8	4.187	0.668	0.163	404.034	0.415	2.55
75	974.9	4.190	0.671	0.164	376.575	0.366	2.23
80	971.8	4.194	0.673	0.165	352.059	0.364	2.25
85	968.7	4.198	0.676	0.166	328.523	0.339	2.04
90	965.3	4.202	0.678	0.167	308.909	0.326	1.95
95	961.9	4.206	0.680	0.168	292.238	0.310	1.84
100	958.4	4.211	0.682	0.169	277.528	0.294	1.75
110	951.0	4.224	0.684	0.170	254.973	0.268	1.57
120	943.5	4.232	0.685	0.171	235.360	0.244	1.43
130	934.8	4.250	0.686	0.172	211.824	0.226	1.32
140	926.3	4.257	0.684	0.172	201.036	0.212	1.23
150	916.9	4.270	0.684	0.173	185.346	0.201	1.17
160	907.6	4.285	0.680	0.173	171.616	0.191	1.10
170	897.3	4.396	0.679	0.172	162.290	0.181	1.05
180	886.6	4.396	0.673	0.172	152.003	0.173	1.01
190	876.0	4.480	0.670	0.171	145.138	0.166	0.97
200	862.8	4.501	0.665	0.170	139.254	0.160	0.95
210	852.8	4.560	0.655	0.168	131.409	0.154	0.92

续附录 10

温度 /℃	密度 ρ /kg · m^{-3}	热容 c_p /kJ · (kg · K)$^{-1}$	导热系数 λ /W · (m · K)$^{-1}$	导温系数 a / ×10^{6}m^2 · s^{-1}	动力黏度 μ / ×10^{6}Pl	运动黏度 ν / ×10^{6}m^2 · s^{-1}	普兰特准数 Pr
220	837.0	4.605	0.652	0.167	124.544	0.149	0.90
230	827.3	4.690	0.637	0.164	119.641	0.145	0.88
240	809.0	4.731	0.634	0.162	113.757	0.141	0.86
250	799.2	4.857	0.618	0.160	109.834	0.137	0.86
260	779.0	4.982	0.613	0.156	104.931	0.135	0.86
270	767.9	5.030	0.590	0.152	101.989	0.133	0.87
280	750.0	5.234	0.588	0.147	98.067	0.131	0.89
290	732.3	5.445	0.558	0.140	94.144	0.129	0.92
300	712.5	5.694	0.564	0.132	92.182	0.128	0.98
310	690.6	6.155	0.519	0.122	88.260	0.128	1.05
320	667.1	6.610	0.494	0.112	85.318	0.128	1.13
325	650.0	6.699	0.471	0.108	83.357	0.127	1.18
330	640.2	7.245	0.468	0.101	81.395	0.127	1.25
340	609.4	8.160	0.437	0.088	77.473	0.127	1.45
350	572.0	9.295	0.400	0.076	72.569	0.127	1.67
360	524.0	9.850	0.356	0.067	66.685	0.127	1.91
370	448.0	11.690	0.293	0.058	56.879	0.127	2.18

注：1at = 98066.5N/m^2。